普通高等院校航空专业"十二五"规划教材

航空器可靠性工程

Aircraft Reliability Engineering

主编 么娆

国防工业出版社

·北京·

内 容 简 介

本书以可靠性为中心的维修(Reliability Centered Maintenance,RCM)思想为指导,全面系统地介绍了可靠性维修保障的基本原理、基本方法及工程应用,包括:以可靠性为中心的维修思想及相关基本参数,可靠性常用特征量及常用失效分布函数,系统可靠性模型的建立过程及可靠度的计算方法,可靠性预计与分配的典型方法,故障树建模与定性和定量分析,可靠性分析的定量化方法,可靠性与维修性的数字仿真方法,维修性的建模、分配与预计,保障性的基本原理及应用方法,结构与机构可靠性分析的基本方法。

本书内容丰富,体系完整,可作为民航院校研究生、本科生教材,也可供航空机务人员、航空设备管理人员以及从事设备研制、生产的工程技术人员使用。

图书在版编目(CIP)数据

航空器可靠性工程 / 么娆主编. —北京:国防工业出版社,2023.8 重印
 ISBN 978 – 7 – 118 – 10955 – 9

Ⅰ. ①航… Ⅱ. ①么… Ⅲ. ①航空器 – 可靠性工程 – 研究 Ⅳ. ①V27

中国版本图书馆 CIP 数据核字(2017)第 012628 号

※

*国防工业出版社*出版发行
(北京市海淀区紫竹院南路 23 号 邮政编码 100048)
北京虎彩文化传播有限公司印刷
新华书店经售

*

开本 787×1092 1/16 印张 15½ 字数 353 千字
2023 年 8 月第 1 版第 2 次印刷 印数 2001—2500 册 定价 42.00 元

(本书如有印装错误,我社负责调换)

国防书店:(010)88540777　　书店传真:(010)88540776
发行业务:(010)88540717　　发行传真:(010)88540762

前　言

现代维修思想是以可靠性为中心的维修(Reliability Centered Maintenance,RCM),是以保持产品固有可靠性和安全性为原则的维修过程。因此,对于现代工业来讲,可靠性的研究与发展表现出越来越重要的作用。可靠性技术从第二次世界大战得以发展以来,其应用早已从航空工业和电子工业领域,扩展到宇航、化工、机电、医学、计算机等领域。随着航空航天科技的发展,国内开办民航各类专业的高校越来越多,尤其民航管理、飞机维修等专业,国内对该类教材的需求将会越来越旺盛。本教材将可靠性、维修性和保障性的相关内容有机结合,以系统的结构呈现给读者,考虑各专业工程技术人员学习可靠性相关知识的需要,编辑整理了可靠性的基础知识,并结合其在航空器上的应用原理、应用方法,以帮助读者更好地理解相关的基本原理。

本书共10章:第1章为以可靠性为中心的维修概述;第2章为可靠性特征量;第3章为系统可靠性模型;第4章为可靠性预计与分配;第5章为故障树分析;第6章为可靠性分析的定性化方法;第7章为可靠性与维修性分析的数字仿真方法;第8章为维修性建模、分配与预计;第9章为保障性原理与应用;第10章为结构、机构可靠性分析。

本书的读者对象不仅限于航空航天类专业人员,其中可靠性的基本原理与基本方法同样适用于高等院校其他理工科专业本、专科生的需要,同时也考虑了在职工程技术人员学习和未修过可靠性基础课程的研究生学习的要求。

本书在编写过程中参阅了相关的书籍文献,在此向原著作者表示感谢。

受限于编者有限的知识水平和经验,书中难免存在一些错误和不足,恳请读者和同仁们给予批评指正并深表感谢。

编　者
2016年8月

目 录

第1章 以可靠性为中心的维修概述 1

1.1 RCM 基本概念 1
1.1.1 基本概念 1
1.1.2 RCM 分析的根本目的 1
1.1.3 RCM 的产生与发展 1

1.2 可靠性基本概念 4
1.2.1 可靠性的定义 4
1.2.2 可靠性研究的基础内容概述 4

1.3 维修性及维修性指标 13
1.3.1 维修性的定义 13
1.3.2 维修性定量参数 14
1.3.3 维修性定性要求 18

1.4 维修要求的制定 20
1.4.1 维修目标 20
1.4.2 维修要求 21
1.4.3 某型飞机维修要求的制定 23

1.5 维修要求的设计实现 26
1.5.1 维修要求设计的基本流程 26
1.5.2 可靠性参数、维修性参数的选择原则和依据 27
1.5.3 可靠性、维修性指标应与各种指标相互协调 28
1.5.4 可靠性、维修性指标在系统不同层次的分配 28

习题与思考题 30

第2章 可靠性特征量 31

2.1 可靠性特征量 31
2.1.1 可靠度 31
2.1.2 可靠度估计值 31

2.2 累积失效概率 32
2.2.1 累积失效概率的定义 32
2.2.2 累积失效概率的估计值 33

2.3 失效概率密度 33

  2.3.1 失效概率密度的定义 ·········· 33
  2.3.2 失效概率密度的估计值 ········ 33
 2.4 失效率 ························ 34
  2.4.1 失效率的定义 ················ 34
  2.4.2 失效率的估计值 ·············· 35
  2.4.3 平均失效率$\bar{\lambda}$ ················ 35
  2.4.4 失效率单位 ·················· 36
 2.5 产品的寿命特征 ················ 36
  2.5.1 平均寿命 ···················· 36
  2.5.2 可靠寿命、特征寿命和中位寿命 ··· 37
 2.6 航空器可靠性指标 ·············· 37
  2.6.1 航空器可靠性概念 ············ 37
  2.6.2 航空器常用可靠性指标 ········ 38
 2.7 常用失效分布 ·················· 41
  2.7.1 指数分布 ···················· 41
  2.7.2 威布尔分布 ·················· 43
  2.7.3 正态分布 ···················· 45
  2.7.4 对数正态分布 ················ 46
 习题与思考题 ······················ 47

第3章 系统可靠性模型 ················ 49

 3.1 布尔代数、容斥原理和不交型算法简介 ··· 49
  3.1.1 布尔代数 ···················· 49
  3.1.2 容斥原理 ···················· 52
  3.1.3 不交型算法 ·················· 53
 3.2 系统可靠性模型建立过程 ········ 55
  3.2.1 产品的定义 ·················· 56
  3.2.2 建立系统可靠性模型 ·········· 58
  3.2.3 确定可靠性数学模型的方法 ··· 59
  3.2.4 选择可靠性模型的原则 ········ 60
  3.2.5 实例 ························ 60
 3.3 系统可靠性模型的建立 ·········· 65
  3.3.1 串联系统的可靠性模型 ········ 66
  3.3.2 并联系统的可靠性模型 ········ 68
  3.3.3 混联系统的可靠性模型 ········ 71
  3.3.4 n中取k的表决系统的可靠性模型 ··· 72
  3.3.5 储备系统的可靠性模型 ········ 75
  3.3.6 一般网络的可靠性模型 ········ 76
 习题与思考题 ······················ 85

第4章 可靠性预计与分配 87

4.1 可靠性预计 87
4.2 元器件的可靠性预计 88
4.2.1 收集数据预计法 88
4.2.2 经验公式计算法 89
4.2.3 元器件计数预计法 89
4.2.4 元器件应力分析预计法 90
4.3 系统的可靠性预计 93
4.3.1 上下限法的基本思想 93
4.3.2 上下限法的计算方法 94
4.3.3 上下限综合计算 96
4.4 可靠性分配 98
4.4.1 串联系统的可靠性分配 99
4.4.2 并联冗余单元系统的可靠性分配 109
习题与思考题 111

第5章 故障树分析 113

5.1 建立故障树 113
5.1.1 建立故障树的常用符号 113
5.1.2 建立故障树的基本方法 115
5.1.3 建立故障树的示例 116
5.2 故障树的数学描述 119
5.2.1 故障树的结构函数 119
5.2.2 故障树与可靠性框图的等价关系 120
5.3 故障树的定性分析 121
5.3.1 最小割集及其故障树结构函数 121
5.3.2 求故障树最小割集的方法 122
5.3.3 应用最小割集对故障树进行定性评定 123
5.3.4 故障树的定性分析示例 125
5.4 故障树的定量分析 127
5.4.1 由各单元的失效概率求系统的失效概率 127
5.4.2 求系统各单元的重要度 128
5.4.3 故障树的定量分析示例 129
习题与思考题 132

第6章 可靠性分析的定性化方法 134

6.1 概述 134
6.2 故障模式影响及危害性分析 134

  6.2.1 分析方法 ………………………………………………………… 134
  6.2.2 FMECA 的准备工作 …………………………………………… 135
  6.2.3 FMECA 的步骤 ………………………………………………… 135
  6.2.4 FMECA 工作表的填写程序 …………………………………… 139
  6.2.5 FMECA 中的维修性信息 ……………………………………… 143
  6.2.6 FMECA 应用示例 ……………………………………………… 144
习题与思考题 …………………………………………………………………… 148

第 7 章 可靠性与维修性分析的数字仿真方法 ……………………………… 150

7.1 概述 ……………………………………………………………………… 150
7.2 基于可靠性框图的数字仿真方法的基本模型 ………………………… 150
7.3 伪随机数及随机变量产生原理 ………………………………………… 153
  7.3.1 伪随机数的基本概念 …………………………………………… 153
  7.3.2 产生伪随机数的基本方法 ……………………………………… 153
  7.3.3 任意分布随机变量的产生 ……………………………………… 154
7.4 可靠性与维修性指标计算方法 ………………………………………… 157
7.5 一种可靠性与维修性分析的数字仿真软件系统介绍 ………………… 158
  7.5.1 系统的主要功能 ………………………………………………… 158
  7.5.2 系统的应用举例 ………………………………………………… 161
习题与思考题 …………………………………………………………………… 162

第 8 章 维修性建模、分配与预计 ……………………………………………… 164

8.1 概述 ……………………………………………………………………… 164
8.2 维修性模型分类 ………………………………………………………… 164
  8.2.1 维修性的系统框图模型 ………………………………………… 165
  8.2.2 维修性数学模型 ………………………………………………… 167
8.3 维修性分配 ……………………………………………………………… 170
  8.3.1 维修性分配前应具备的条件 …………………………………… 170
  8.3.2 维修性分配步骤 ………………………………………………… 170
  8.3.3 维修性分配方法 ………………………………………………… 171
  8.3.4 进行维修性分配需要注意的问题 ……………………………… 177
8.4 维修性预计 ……………………………………………………………… 177
  8.4.1 预计前应具备的条件和准备工作 ……………………………… 178
  8.4.2 维修性预计方法 ………………………………………………… 179
习题与思考题 …………………………………………………………………… 186

第 9 章 保障性原理与应用 ……………………………………………………… 187

9.1 概述 ……………………………………………………………………… 187
  9.1.1 综合保障工程的研究对象和范围 ……………………………… 187

9.1.2 装备保障是综合保障工程的研究对象 ············ 187
  9.1.3 保障性与可靠性、维修性等专业工程的关系 ········ 188
  9.1.4 综合保障与技术保障的区别与联系 ············ 188
 9.2 保障性要求的确定 ···················· 189
 9.3 保障性分析 ······················ 190
  9.3.1 保障性分析的概念 ················ 190
  9.3.2 保障性分析的应用与任务 ·············· 190
  9.3.3 保障性分析与装备设计过程的关系 ·········· 190
  9.3.4 保障性分析主要内容介绍 ·············· 191
  9.3.5 保障性分析技术简介 ················ 193
 9.4 装备的保障性设计 ···················· 194
  9.4.1 装备的保障性设计基本内容 ············· 194
  9.4.2 装备的保障性设计发展 ··············· 194
 9.5 保障系统设计 ····················· 196
  9.5.1 规划保障 ···················· 196
  9.5.2 规划保障资源 ·················· 197
 9.6 保障性评估 ······················ 202
  9.6.1 基本概念 ···················· 202
  9.6.2 保障性试验 ··················· 202
  9.6.3 保障性评价 ··················· 203
 习题与思考题 ························ 203

第10章 结构、机构可靠性分析 ···················· 204

 10.1 概述 ························· 204
  10.1.1 结构可靠性概述 ················· 204
  10.1.2 机构可靠性发展现状及趋势概况 ··········· 204
 10.2 结构可靠性分析方法概述 ················ 205
  10.2.1 结构设计中的不确定因素及可靠性分析的基本过程 ···· 205
  10.2.2 结构元件可靠性分析的基本方法 ··········· 206
  10.2.3 机械疲劳强度可靠性 ··············· 216
  10.2.4 机械摩擦零件的可靠性分析方法 ··········· 227
 10.3 机构可靠性分析方法 ·················· 233
  10.3.1 机构启动可靠性分析方法 ············· 233
  10.3.2 继续运动可靠性分析方法 ············· 234
  10.3.3 防卡可靠性分析方法 ··············· 234
  10.3.4 机构运动精度可靠性分析方法 ··········· 234
 习题与思考题 ······················· 235

参考文献 ·························· 236

第1章 以可靠性为中心的维修概述

1.1 RCM 基本概念

1.1.1 基本概念

以可靠性为中心的维修(Reliability Centered Maintenance, RCM),是指按照以最少的维修资源消耗保持产品固有可靠性和安全性的原则,应用逻辑决断的方法确定产品预防性维修要求的过程。RCM 的最终结果是产生产品预防性维修大纲。

产品的预防性维修大纲是产品的预防性维修要求的汇总文件,一般包括下列内容:

(1) 需进行预防性维修的产品和项目。在此"项目"指某些产品结构的各分析层次,因为最低分析层次有可能是一结构零件上的某一个部位,故称为项目。

(2) 需维修产品(项目)要实施的预防维修工作类型及工作的简要说明。

(3) 各项预防性工作的间隔期。

(4) 实施每项预防性维修工作的维修级别。

由此可见,预防性维修大纲就是要解决以下问题:哪些产品和项目需要实施预防性维修?在哪一级别实施维修?以何种工作类型完成维修以及完成的时机?

1.1.2 RCM 分析的根本目的

RCM 用于确定产品预防性维修大纲,其根本目的如下:

(1) 通过确定适用而有效的预防性维修工作,以最少的资源消耗保持和恢复产品可靠性和安全性的固有水平。产品可靠性和安全性的固有水平是由设计与制造赋予的,通过进行适用而有效的预防性维修,可以使其固有水平得以充分发挥。

(2) 提供必要的设计改进所需的信息。通过 RCM 分析,可以有效地发现对产品可靠性、安全性和维修保障等有重大影响或后果的设计缺陷,为改进设计提供重要信息。

1.1.3 RCM 的产生与发展

在长期的维修实践中,人们一直在不断地探索既实用又科学的维修理论与方法,以便指导维修实践活动,确保产品能够发挥其应有的效能。

20 世纪 50 年代末以前,在各国产品维修中普遍的做法是对产品实行定时翻修,这种做法来自早期的对机械事故的认识:机件工作就有磨损,磨损则会引起故障,而故障影响安全,所以,产品的安全性取决于可靠性,而产品可靠性是随时间增长而下降的,必须经常检查并定时翻修才能恢复其可靠性。预防性维修工作做得越多,翻修周期越短,翻修深度越大,产品就越可靠。可见,传统的维修思想是以定时翻修为主的维修思想,其理论基础是故障规律为典型的"浴盆曲线"。然而,在多年的实践中人们发现,无论这种维修活动进行得多么充分,很多故障也不能防止和有效减少,同时,这种维修方式的维修费用不堪负担。

20世纪50年代末期,国际民用航空机群的规模逐渐发展到有充足的数据可供研究的程度,而且维修费用日益迅速增长,人们开始对传统做法的实际效果进行彻底检查,与此同时,负责管理航空公司维修工作的联邦航空局也在困境中体验到,对某些型号的不可靠发动机来讲,不可能通过改变预定大修的范围或频度而控制其故障率。因此,于1960年成立了一个由联邦航空局和各航空公司两方面代表所组成的特别工作组来调查研究预防性维修的作用。其结果使人们认识到:①预定大修对复杂设备的整体可靠性影响极小,除非该设备具有一种支配性故障模式;②对于相当多的设备,预定维修的方式没有什么效果。

人们尝试将各种可靠性大纲中所学到的东西组织起来,研究出一种合理的、通用的制订预防性维修大纲的方法。1965年,有人提出了一种不成熟的决断图方法,并在1967年6月召开的美国航空和宇航学会的民用飞机设计与运行会议上发表了一篇论述其应用的报告。这种方法经完善后编入了为管理制订新型波音747飞机初始大纲而成立的维修指导小组所起草的一本关于维修评估和制订大纲的手册中。由航空界和联邦航空局人员组成的工作组应用这份称为MSG-1的文件,制订了第一个以RCM原理为基础的预防维修大纲。波音747飞机的维修大纲获得了成功。

决断图方法在使用中得到了进一步完善,两年后被编入了第二份文件,即"MSG-2;航空公司/制造公司维修大纲制订书"。使用MSG-2制订了洛克希德1011和道格拉斯DC-10飞机的预防维修大纲,这些大纲也很成功。MSG-2还被用于军用战术飞机,首批采用的是洛克希德公司的S-3和P-3飞机及麦克唐纳公司的F4J型飞机。欧洲也编写了与此类似的文件,作为空中客车公司的A-300和协和式飞机的初始大纲的依据。

MSG-1和MSG-2中将这些方法的目的概括为制订一个能以最低的成本确保达到设备可能达到的最大安全性和可靠性的预防维修大纲。经济上得益于这种方法的例子是,按传统的维修方针,道格拉斯DC-8飞机的初始大纲中要求对339个部件进行预定大修,与之相比,DC-10飞机的大纲中只有7个这样的部件。DC-10大纲中不再规定大修期限的部件之一为涡轮推进发动机。取消发动机的预定大修不仅使人工和材料费用大为降低,也使车间检修所需的备份发动机的库存量减少了50%以上。由于当时大型飞机的发动机每台价值在100万美元以上,因而可节省大量经费。

另一个例子是,按照波音747的MSG-1大纲,在达到该型飞机第一次大检查的20000h的基本间隔期以前,联合航空公司只用了66000h就完成了飞机的结构大检查。而按照传统的维修方针,对于体积较小、复杂程度较低的DC-8飞机,在相同的结构检查间隔期需要耗费400万工时才能完成检查。对任何一个负责维修由复杂设备构成的庞大机群的单位来讲,这么大幅度地降低费用具有很重要的意义。更重要的是,这种费用降低是在不降低可靠性的情况下达到的。相反,更好地了解复杂设备的失效过程,使预防性维修能针对潜在故障的特定迹象,实际上是提高了可靠性。

尽管MSG-1和MSG-2彻底改革了运输机维修大纲的制订方法,但在其他类型设备上的应用却因其简短性和针对性而受到限制。此外,某些概念的系统阐述也不够完善。例如,决断推理起始于对所建议工作的评估,而不是对确定该工作是否需要以及需要时其实际目的的故障后果的评估;未提及确定工作间隔的问题;隐蔽功能故障的作用尚不清楚;结构维修的论述不够充分;也未对设备投入使用后如何利用运行资料对初始大纲进行改进和完善加以说明,即未对有效管理现行大纲所需的信息系统加以说明。所有这些缺陷,以及阐明许多基本原理的需要,导致产生了应用范围更广泛的逻辑分析方法,并形成了现在称为"以可靠性为中心的维修"的逻辑学科。在航空工业中,RCM 也称为 MSG-3。时至今日,它仍保留着对所有主要型号飞机制定和细化维修大纲所采用的程序。

1978 年,美国国防部委托美国联合航空公司韵斯坦利·诺兰(Stanley Nowlan)和霍华德·希普(Howard Heap)所撰写的关于民用航空工业制订飞机维修大纲所采用方法的报告,即著名的"以可靠性为中心的维修"报告,这篇报告全面阐述了 RCM 在民用航空工业中的研究与应用情况,它标志着 RCM 理论的诞生。这篇报告成为以后 RCM 研究的基础。

从 20 世纪 80 年代起,RCM 已应用于世界上许多工业部门,它正迅速成为维修管理实践的基础。自 20 世纪 60 年代美国民航界首先创立以可靠性为中心的维修理论以来,经历了怀疑、试验、肯定、推广和制定标准的过程,在 40 年来指导维修实践的过程中,该理论不断地得到发展和完善,目前,RCM 的国际标准正在拟制中。今天,这一理论已成为指导机械、机电、电器和电子等各类设备维修的共性基础理论。

1990 年 9 月,英国阿兰德公司莫布雷在 RCM 和"MSG-3 修改 1"的基础上,结合民用设备的实际情况,提出了 RCMZ,到 2000 年,该理论已在英国、爱尔兰共和国、美国、中国香港、澳大利亚、西班牙和新加坡等国家和地区的钢铁、电力、铁路、汽车、地铁、海洋石油、核工业、建筑、供水、食品、造纸、卷烟及药品等行业广泛应用。RCM 已被各层次的人员欣然接受,并使这些国家和地区的用户都取得了成功,这一事实说明文化上的差异对 RCM 的影响远小于很多其他这类参数的影响。

1979 年,中国民航和空军首先引进了以可靠性为中心的维修理论,取得了较好的效果。随后,海、陆军和各工业部门也逐步开展了研究和应用。例如,某型坦克发动机应用以可靠性为中心的维修理论,使其寿命延长了 40%,1987 年在国产民用运输机上全面开展的 RCM 研究,取得了成功。

1989 年 5 月,原航空航天工业部发布了航空工业标准《飞机、发动机及设备以可靠性为中心的维修大纲的制订》(HB 6211—89),并运用于轰炸机和教练机维修大纲的制订。1992 年,总后勤部、国防科工委发布了国家军用标准《装备预防性维修大纲的制订要求与方法》(GJB 1378),并于 1994 年 3 月颁布了该标准的实施指南,用标准的形式对 RCM 加以规范化,并用以指导各类武器装备维修大纲的制订。

以可靠性为中心的维修理论更新了传统维修的观念,按照新理论指导的维修实践,与传统维修的做法有较大的差别。

1.2 可靠性基本概念

1.2.1 可靠性的定义

产品的质量指标有很多种，例如，一辆摩托车的指标就有功率、耗油率、最大速度、噪声等。这类指标通常称为性能指标，即产品完成规定功能所需要的指标。此外，产品还有另一类质量指标，即可靠性指标。它反映产品保持其性能指标的能力，如摩托车出厂时的各项性能指标经检验都符合标准，但行驶 10 万公里后摩托车是否仍能保持其出厂时的各项性能指标呢？这是用户十分关心的问题。生产厂为了说明自己产品保持其性能指标的能力，就要提出产品的可靠性指标(可靠性特征量)，如可靠度、平均寿命、失效率等。

根据国家标准《可靠性、维修性术语》(GB 3187—1994)，可靠性定义为"产品在规定条件下和规定的时间区间内完成规定功能的能力。"这种能力以概率(可能性)表示，故可靠性也称可靠度。定义中的"产品"是指作为单独研究和分别试验的任何元件、器件、零部件、组件、设备和系统；"规定条件"是指产品的使用条件、维护条件、环境条件和操作技术；"规定时间区间"是指产品的工作期限，可以用时间单位，也可以用周期、次数、里程或其他单位表示；"规定功能"通常用产品的各种性能指标来表示。对以上 4 个方面内容必须有明确的规定，研究产品可靠性才有意义。

1.2.2 可靠性研究的基础内容概述

1. 可靠性常用指标

可靠性有狭义和广义两种意义。狭义可靠性仅指产品在规定条件下和规定时间区间内完成规定功能的能力。以后对"可靠性"一词若不加以注明，均指狭义可靠性。广义可靠性通常包含狭义可靠性和维修性等方面的内容。将产品在规定的维护修理使用条件下，产品在执行任务期间某一时刻处于良好状态的能力称为广义可靠性。

维修是为了保持或恢复产品能完成规定功能而采取的技术管理措施，仅适用于可修复产品。维修性则是在规定条件下使用的产品在规定的时间内，按规定的程序和方法进行维修时，保持或恢复到能完成规定功能的能力。

狭义可靠性和维修性两方面的内容合起来称为有效性。有效性是指可维修产品在某时刻具有或维持规定功能的能力。

产品长期储存，其材料将会老化变质。在规定的储存条件下，产品从开始储存到丧失其规定功能的时间称为储存寿命。

狭义可靠性、广义可靠性、维修性、有效性和储存寿命的相互关系，可用图 1-1 表示。图中的狭义可靠性、有效性和储存寿命，称为可靠性的三大指标。

这里还需指出的是，为什么不把广义可靠性作为可靠性的一个指标而用有效性代替？这是因为当前工程界对维修性的研究和应用还暂不如狭义可靠性，特别是定量研究分析方面。本书主要研究产品的狭义可靠性问题。狭义可靠性具体指标详见第 2 章。可靠性基本理论除了可靠性具体指标外，还包括以下内容。

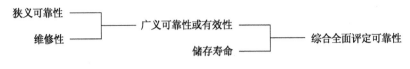

图 1-1 可靠性的三大指标

2. 可靠性模型的建立与分析

可靠性模型是指可靠性框图及其数学模型。建立各级产品可靠性模型的目的是定量分配、估算和评价产品的可靠性。

1) 几种典型的可靠性模型

(1) 串联模型指组成产品的所有单元中任一单元发生故障都会导致整个产品故障的模型。

(2) 并联模型指组成产品的所有单元同时工作,只要有一个单元不故障,产品就不故障,也称工作储备模型。例如,某液压系统中有两个液压泵同时工作,虽然其中一个泵故障了,但该系统仍能正常工作即属此类。

(3) r/n 模型指组成产品的所有单元同时工作,但至少 r 个正常,产品才能正常的模型。例如,一架具有 3 台发动机的飞机,按规定只要两台发动机能正常工作,飞机即可正常飞行,即属 2/3 模型。

(4) 旁联模型指组成产品的所有单元中,只有一个单元在工作,当工作单元故障后通过检测转换装置接到另一单元进行工作的模型,也称非工作储备模型。例如,某燃油系统由正常、应急分系统组成,当正常系统故障后转为应急系统工作,即属此类模型。

几种典型可靠性模型如表 1-1 所列。

2) 可靠性建模与分析的主要用途

(1) 从可靠性角度出发,为设计方案等的决策提供依据。

(2) 定量地预计或评价装备的可靠性,发现其薄弱环节。

(3) 它是进行故障模式、影响及危害性分析的基础。

表 1-1 典型的可靠性模型

可靠性框图	数学模型
(a) 串联系统	$R_s(t) = \prod_{i=1}^{n} R_i(t)$ $\lambda_s = \sum_{i=1}^{n} \lambda_i$ $\text{MTBF}_s = 1/\lambda_S$ 假设各单元寿命服从指数分布
(b) 并联系统	$R_S(t) = 1 - \prod_{i=1}^{n}(1 - R_i(t))$

(续)

可靠性框图	数学模型
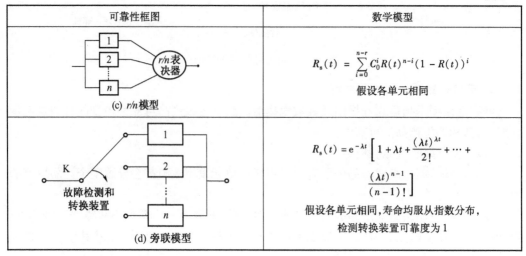 (c) r/n 模型	$R_s(t) = \sum_{i=0}^{n-r} C_0^i R(t)^{n-i}(1-R(t))^i$ 假设各单元相同
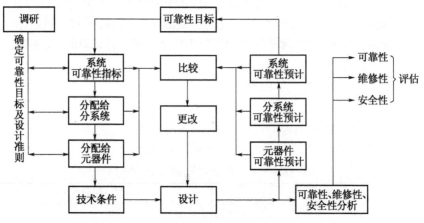 (d) 旁联模型	$R_s(t) = e^{-\lambda t}\left[1 + \lambda t + \frac{(\lambda t)^{\lambda t}}{2!} + \cdots + \frac{(\lambda t)^{n-1}}{(n-1)!}\right]$ 假设各单元相同，寿命均服从指数分布，检测转换装置可靠度为1

3. 可靠性预计与分配

1）可靠性预计、分配的目的及相互关系

可靠性预计与分配是可靠性设计的重要任务之一。在装备寿命周期的前几个阶段要反复进行多次。可靠性预计、分配的关系如图1-2所示。

图1-2 可靠性预计和分配

可靠性预计是根据组成系统的元件、组件、分系统的可靠性来推测系统的可靠性。这是一个从小到大、由下向上的综合过程。其主要目的是：从可靠性角度出发，对不同的设计方案进行比较，为设计决策提供依据；发现设计中的薄弱环节，为设计改进或生产过程控制提供依据；为可靠性试验方案设计提供依据；对可靠性分配、维护使用提供有益信息。可靠性分配是把系统可靠性指标分给分系统、设备、组件和元件。这是一个从大到小、由上到下的分解过程。其主要目的是分配给各级产品可靠性指标，使各级设计人员明确其可靠性设计要求，并研究实现这些要求的可能性及方法。它也是可靠性试验与评价的依据。

2）可靠性预计方法

工程中常用的可靠性预计方法见表1-2。

表 1-2 民航飞机的主要可靠性参数

序号	指标类型	具体指标
1	安全性	损失概率;事件率
2	可用性	出勤可靠度或延误率;航班可靠度
3	可靠性	出勤可靠度或延误率;平均故障间隔时间或失效率;航行可靠度;发动机空中停车率;发动机送修率;平均非计划拆卸间隔时间
4	耐久性	首次翻修间隔时间;翻修间隔时间;总寿命;储存期限

3) 可靠性分配方法

工程中常用的可靠性分配方法见表 1-3。

表 1-3 常用的可靠性预计方法

序号	预计方法	适用范围	适用阶段	简要说明
1	元件计数法	电子类产品 基本可靠性预计	方案论证及初步设计	根据元器件的品种及粗略的质量要求,查 MIL-HDBK-217(国外元器件)或 GJB/Z299A(国内元器件),得到各元器件故障率数据,按产品中元器件数量将故障率相加
2	应力分析法	电子类产品 基本可靠性预计	详细设计	根据元器件的品种、质量水平、工作应力及环境应力等因素,查 MIL-HDBK-217(国外元器件)或 GJB/Z299A(国内元器件),得到各元器件故障率数据,按产品中元器件数量将故障率相加
3	故障率预计法	机械、电子和机电类产品,但要求组成产品的所有单元均有故障率数据 基本或任务可靠性预计	详细设计	根据产品原理图,建立其可靠性模型,输入各单元的故障率设计进行计算
4	相似产品法(含相似电路、相似设备)	机械、电子和机电类产品,具有相似产品的可靠性数据 基本或任务可靠性预计	方案论证及初步设计	将研制的新产品与其可靠性已知的相似产品进行比较
5	评分法	机械、机电类产品,产品中仅个别单元有故障率数据 基本或任务可靠性预计	方案论证及初步设计	专家根据其经验,按几种因素(如复杂度、环境和技术水平等)对产品的各单元进行评分。通过已知故障率单元的数据,推算出其他单元的故障率。按数学公式算出产品的故障率
6	性能参数预计法	比较复杂的机械、电子和机电系统或分系统 基本或任务可靠性预计	方案论证及初步设计	根据同类型产品的大量统计数据,建立产品可靠性与其性能参数的数学关系。将新研产品的有关性能参数代入,预计新研产品的可靠性
7	上、下限法	复杂的机械、电子和机电系统或分系统,其各单元均有可靠性数据 任务可靠性预计	初步设计及详细设计	利用简化方法算出复杂系统可靠性的上、下限,再将上、下限综合预计系统可靠性

4. 故障寿命分布规律及维修策略

1）浴盆曲线

研究故障宏观统计规律主要是研究故障率随时间变化的规律。认为具有代表性的是图1-3所示的规律。

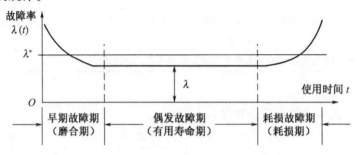

图1-3 浴盆曲线

从图1-3可看出,在一个复杂系统或设备的寿命周期中,故障率随时间的变化分为3个阶段,即早期故障期、偶发故障期和耗损故障期。

(1) 早期故障期的故障主要由设计、制造和材质上的缺陷或操作不熟练等原因造成,发生在设备的使用初期、大修理或改造后使用初期。开始故障率较高,随着故障的排除,故障率逐渐下降。

(2) 偶发故障期的故障主要由构成系统(设备和零部件)的某些无法预测的缺陷所引起。在此期间,故障不可预测,不受运转时间的影响而随机发生。此时期的故障大体以一定的比率发生,故障率$\lambda(t)$基本保持不变,且服从指数分布。这一时期是设备的最佳工作期。

(3) 耗损故障期的故障主要由构成设备的大部分零部件集中耗损而产生,其表现形式是随着运转时间的增加,故障率逐渐升高。

通常,根据设备的耗损故障情况和能力,制定一条"允许的故障率λ^*"的界线,以控制实际故障率不超过此范围。维修人员的工作是努力延长设备寿命,减少停机时间,降低故障率,使其不超过规定的"允许的故障率λ^*"界线。

2）一般设备故障率曲线的基本形式

通过美国宇航局统计数据表明,航空设备故障率大致可以分为6种类型,其故障率曲线如图1-4所示。

从图1-4中的6种故障率曲线可以看到,图1-4(a)所示为经典的浴盆曲线,有明显的耗损期；图1-4(b)所示的故障率具有常数或渐升的特征,然后出现明显的耗损期,符合这两种形式的是各种零件或简单产品的故障,如轮胎、刹车片或活塞式发动机汽缸的故障,它们通常具有机械磨损、材料老化或金属疲劳等；图1-4(c)所示的没有明显的耗损期,但是故障率也是随着使用时间的增加而增加；图1-4(d)显示了新设备从刚出厂的低故障率急剧增长到一个恒定的故障率；图1-4(e)显示设备的故障为恒定值,出现的故障常常是偶然因素造成的；而图1-4(f)显示设备开始有高的初期故障率,然后急剧下降到一个恒定的或者是增长极为缓慢的故障率。

具有图1-4(a)、(b)耗损特性的航空设备仅占全部设备的6%,具有经典浴盆曲线

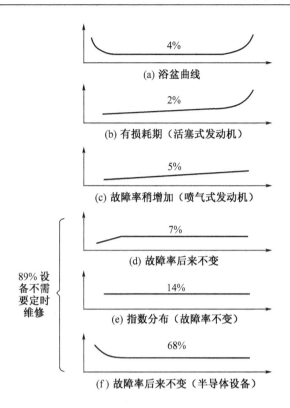

图 1-4 6 种基本故障率 λ 与时间 t 的关系曲线
纵轴表示故障率 λ；横轴表示从新的或翻修后算起的时间 t；百分数表示
具有某些曲线样式的机件在所研究机件总数中所占的比例

(图1-4(a))的仅占4%,没有明确耗损期(图1-4(c))的占5%。以上3种形式故障率的设备共占11%,而89%的设备则没有耗损期(图1-4(d)~(f)),归为图1-4(e)所示,这些不需要定时维修。

一般来说,在实际运行中,设备的故障率应该是图1-4所示的6种曲线中的一种或几种的合成(图1-4(a)可以看作图1-4(b)、(e)、(f)的合成),其故障率可能与民用飞机的故障率不完全相同。但是,设备故障率取决于设备的复杂性,设备越复杂,其故障曲线越接近于图1-4(e)、(f)。

图1-4(a)、(b)、(c)、(e)所示的4种曲线的分布函数及其故障率模型和维修策略分别如下。

(1) 浴盆曲线(图1-4(a)所示曲线)。浴盆曲线的分布函数为

$$F(t;\eta,\beta) = 1 - \exp\left[1 - \exp\left(\frac{t}{\eta}\right)^{\beta}\right] \quad t \geq 0; \eta,\beta > 0 \qquad (1-1)$$

相应的密度函数为

$$f(t;\eta,\beta) = \exp\left[1 - \exp\left(\frac{t}{\eta}\right)^{\beta}\right] \times \exp\left(\frac{t}{\eta}\right)^{\beta} \times \frac{\beta t^{\beta-1}}{\eta^{\beta}} \qquad (1-2)$$

这是一个两参数模型,其失效率函数为

$$r(t;\eta,\beta) = \exp\left[\left(\frac{t}{\eta}\right)\right] \times \frac{\beta t^{\beta-1}}{\eta^\beta} \qquad (1-3)$$

这里故障率函数 $r(t)$ 可以看作两个函数,即

$$r_1(t;\eta,\beta) = \frac{\beta}{\eta}\left(\frac{t}{\eta}\right)^{\beta-1}$$

$$r_2(t;\eta,\beta) = \exp\left[\left(\frac{t}{\eta}\right)^\beta\right]$$

的乘积。其中,当 $\beta<1$ 时,r_1 为减函数,r_2 则总是增函数。这里 $r(t)$ 的导数为

$$r'(t;\eta,\beta) = \frac{\beta r(t)}{t}\left[\left(\frac{t}{\eta}\right)^\beta - \left(\frac{1}{\beta}-1\right)\right] \qquad (1-4)$$

由式(1-4)知,当 $\beta<1$ 时,$r(t)$ 是浴盆曲线形状的,其最低点对应的 t 值为

$$t = \eta\left(\frac{1}{\beta}-1\right)^{\frac{1}{\beta}} \qquad (1-5)$$

浴盆曲线的维修策略为:对于早期故障,只能在发现故障后立即采取排除措施,不适于采取定时更换的事前预防对策。因为在早期故障率高的情况下,如果企图以新品更换在用品,就等于用故障率高的机件更换故障率低的机件,不仅不能降低总的故障率,反而会产生相反的效果。

图1-5显示每相隔间隔期 T 实行定时更换时故障率的变化情况。每次定时更换,都会使故障率升高,并使平均故障率大于 $\lambda(T)$,保持在一个较高的水平。

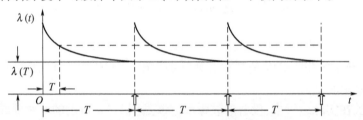

图1-5 定时更换产生反效果的示意图

偶发故障期,不能用定时更换的办法来预防。故障率本来是常数,即使更换了,故障率也不发生变化,定时更换无效果(图1-6)。这时只能让它一直工作到有用寿命末期为止。如果更换修理,也许会引起附加的早期故障,增加人为差错的概率。

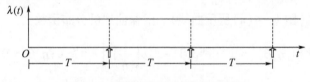

图1-6 定时更换无效果的示意图

耗损故障期,设备的故障率开始随着时间的增加而迅速增大,表现出故障集中出现的趋势。如果在进入耗损故障期之前定时更换,故障率递增的趋势是可以控制住的。

(2)正态分布函数(图1-4(b)所示曲线图1-7)。正态分布函数分布密度、可靠度

和故障率函数分别为

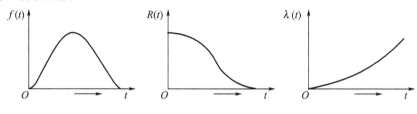

图1-7 正态分布曲线

$$f(t) = \frac{1}{\sigma\sqrt{2\pi}} e^{-\frac{(t-\mu)}{2\sigma^2}} \quad (1-6)$$

$$R(t) = 1 - \int_0^t f(t)\,dt \quad (1-7)$$

$$\lambda(t) = \frac{f(t)}{1-F(t)} \quad (1-8)$$

正态分布曲线的维修策略：对于故障率服从正态分布的设备存在两种情况，如图1-8和图1-9所示。图1-8所示的设备，其状态变化分布范围小，故障率在短时间内增长很快，设备故障多发期的时间跨度短，故可采用定期维修策略，在设备故障率急剧增长之前进行定期维修。图1-9所示的设备，其状态变化分布范围大，故障率增长缓慢，设备故障多发期跨越了较长的时间段，很难判断合适的维修周期，此时可采用基于状态的维修策略。

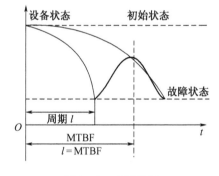
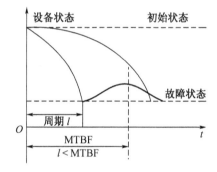

图1-8 定期维修　　　　　图1-9 基于状态的维修

（3）线性递增函数（图1-4(c)所示曲线）。该分布函数、分布密度及故障率函数分别为

$$F(t;a,b) = 1 - \exp\left[-\int_0^T (at+b)\,dt\right] \quad (1-9)$$

$$f(t;a,b) = (at+b)\exp\left[-\int_0^T (at+b)\,dt\right] \quad (1-10)$$

$$r(t,a,b) = at+b \quad (1-11)$$

式中：a为斜率；b为截距。

（4）指数分布函数（图1-4(d)所示曲线）。其分布函数、可靠度及故障率函数分

别为

$$f(t) = \lambda e^{-\lambda t} \quad (1-12)$$
$$R(t) = e^{-\lambda t} \quad (1-13)$$
$$\lambda(t) = \lambda \quad (1-14)$$

式中：$1/\lambda$ 为平均故障间隔时间（MTBF）。

指数分布曲线的维修策略：故障服从指数分布的设备，平均故障间隔期等于故障率 λ 的倒数，即 $1/\lambda$。因此，对于可修复系统可以认为大约每隔 $1/\lambda$ 时间发生一次故障，此时可以通过改进设计和设备的检修来改善设备的状态（图 1-10）。

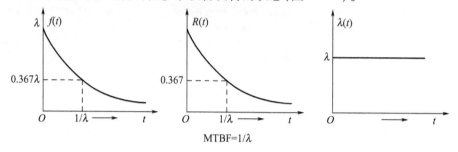

图 1-10 指数分布相关曲线

3）复杂设备故障率曲线

复杂设备是相对简单设备而言的，简单设备是指只有一种或很少几种故障模式能引起故障的设备。复杂设备是指具有多种故障模式能引起故障的设备，如飞机、轮船、汽车及其各系统、设备和动力装置均属于复杂设备。

1960 年 2 月，美国贝尔电话实验室的德雷尼克首次发表了复杂设备的故障定律。后来也称之为德雷尼克定律。其内容是：可修复的复杂设备，不管其故障件寿命分布类型（如指数分布、正态分布等）如何，故障件修复或更新之后，复杂设备的故障率随着时间的增长而趋于常数，如图 1-11 所示。

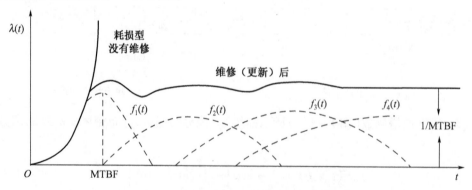

图 1-11 复杂设备维修（更新）后的故障率曲线

一般的机械设备、机电设备、电气设备和电子设备等多属于复杂设备。复杂设备的故障定律应用十分广泛，它使我们在故障机制尚不清楚的情况下，可以回避故障的物理原因，也可不必知道故障件的分布类型，为实施预防性维修工作提供了简便而又重要的理论依据。

复杂设备故障定律的物理解释：复杂设备的故障是由许多不同的故障模式造成的，而每一种故障模式会在不同的时间发生，具有偶然性。如果出现了故障就及时排除——更新的话，那么故障件的更新也具有偶然性，因而使得设备总的故障率为常数。

1.3　维修性及维修性指标

1.3.1　维修性的定义

维修性是航空器与维修保障密切相关的另一类质量属性，是由设计赋予航空器的维修保障简便、迅速、经济的维修保障品质。

最初提出维修性概念时，仅把它作为可靠性的部分内容加以考虑，直到20世纪60年代中期，维修性才被公认为一个独立的专业。目前在系统工程中，通常将维修性作为一种设计出来的系统固有特性，这种固有的、可量化的特征决定了为把系统维持在或恢复到给定的使用状态所需的维修工作量。确切地说，维修性定义的是系统在规定的条件下（包括维修等级、人员技术水平与资源等），在规定的时间内，按给定的程序和方法进行维修时，保持或恢复到规定状态的能力。

所以维修性就是在规定的约束（时间、条件、程序和方法等）下完成维修的能力，它反映着上述的维修及时、有效和经济的目标。维修性具有以下特点：

（1）直接影响到可用性。

（2）维修性的好坏，关系着维修所需的时间、工时以及其他物质资源消耗，直接决定着维修费用，维修性是影响寿命周期的重要因素。

国外的经验表明，在研制阶段投入1USD改进维修性，可望取得减少全寿命费用（Life Cycle Cost，LCC）达到50~100USD的效益。维修的经济性可以用直接维修成本来度量。直接维修成本（Direct Maintenance Cost cycle cost，DMC）是指在完成飞机或设备维修中直接花费的人工时和材料的费用。维修性包括直接维修成本属性。

航空器的测试性（testability）是维修保障过程的重要条件。测试的概念很广泛，包括对航空器进行的检查、测量、试验。测试性定义为能及时、准确地确定产品（系统、子系统、设备或组件）状态（可工作、不可工作、性能下降）和隔离其内部故障的一种设计特性。航空器好的测试性主要表现在：产品系统中重要零部件出现影响安全、经济和使用的状态时能够被检测或监测到；有完善的机载监测系统，自检功能强、测试方便；便于使用外部的检查、监测设备和分析技术进行状态监测和故障诊断。测试性的问题，包括现代监测与诊断技术，是可以构成维修工程的两个单独分支进行研究发展的。本书从概念上把测试性作为维修性的一部分。

本书绪论中已经提到，进行维修和维修决策之前，能否通过机内传感器及其诊断系统和离位检测诊断技术，及时、准确地确定、预测到航空器的状态并将故障隔离到修理的位置，即航空器具有的预测与健康管理能力，是进行正确、及时维修保障的重要前提，是航空器越来越重要的属性。

维修性，包括测试性和直接维修成本，虽然是产品的固有特性，但是不能脱离人的因素影响。系统的固有维修性主要取决于系统各组成部分的物理特性。但是，相同的系统，由于采用不同的维修概念和不同的后勤保障方式,还由于从事维修工作的人员技术水平的差异,会表现出不同的维修特性,这一点是维修性和可靠性的重要差别。工程应用中,可以将维修性分成固有维修性和使用维修性两种。

固有维修性:也称为设计维修性,是在例行的保障条件下表现出来的维修性,它完全取决于设计和制造。

使用维修性:实际使用过程中表现出来的维修性,它不但包括产品设计、生产质量影响,而且包括产品和使用环境、维修策略、保障延误等因素的综合影响,使用维修性不能直接用设计参数表示,而是使用维修参数表示,如平均停机时间。

1.3.2 维修性定量参数

1. 维修性定量参数

与可靠性一样,维修性的特征量也是概率参数,用连续型随机变量或离散型随机变量、概率参数和统计分布进行分析。维修性基本量化参数是维修度 M,它是指系统(或产品)在规定的条件下进行维修时,在规定的时间内,保持或恢复到规定状态的概率。

民用飞机的维修性参数是描述飞机维修性的某种度量,反映了对飞机正点运营和经济性的要求。定量的维修要求主要包括以下参数,现分别解释其含义和计算方法。

1)用概率表示的指标

(1)维修度 M。可修产品在规定条件下进行维修时,在规定时间内完成维修的概率称为维修度。维修度表示维修的难易程度,也是维修时间的函数,其表达式为

$$M(t) = \frac{n_R}{n_0} \tag{1-15}$$

式中:n_R 为在 t 时间内产品的修复件数;n_0 为产品的总修复件数。

不同时间的维修度不同,维修时间越长,维修度 M 越大,到某一时刻,$M(t)$ 可达到 100%。

(2)可用度 A。产品在某时刻具有或维持其规定功能的概率称为可用度。可用度为广义可靠性参数,它是不发生故障的可用度和排除故障的维修度的综合量度,即在可靠度和维修度的综合作用下,产品保持可用状态的概率,可用度分为固有可用度和使用可用度。

固有可用度可以表示为

$$A_1 = \frac{\text{MTBF}}{\text{MTBF} - \overline{M}} \tag{1-16}$$

使用可用度表示为产品能工作时间与能工作时间和不能工作时间的和之比,即

$$A_0 = \frac{T_v}{T_v + T_{\bar{v}}} \tag{1-17}$$

设产品只允许维修一次,且修复后对工作没有影响,则可用度、可靠度和维修度间的关系可以表示为

$$A_1(t,\tau) = R(t) + [1 - R(t)]M(t) \tag{1-18}$$

式中：$R(t)$ 为时间从 0 到 t 时产品无故障部分；$[1-R(t)]$ 为产品使用到 t 时发生故障的部分；$[1-R(t)]M(\tau)$ 为在 τ 时间内产品经过维修恢复正常功能的部分。$M(t)=0$ 为不可修产品，即 $A_1(t,\tau)=R(\tau)$，此条件下，产品的可靠性参数只考虑可靠度。

2）用时间计量的指标

(1) 平均修复时间 MTTR。平均修复时间 MTTR 指排除故障所需实际修复时的平均值。其度量方法：在规定条件和时间内，产品在任一规定的维修级别上，修复性维修总时间 $\sum_{i=1}^{r} t_i$ 除以被修复产品的故障总数 r，即

$$\text{MTTR} = \frac{\sum_{i=1}^{r} t_i}{r} \tag{1-19}$$

式中：t_i 为排除第 i 次故障所需的实际修复时间。

当设备由 n 个可修复项目组成时，平均修复时间定义为

$$\text{MTTR} = \frac{\sum_{i=1}^{n} \text{MTTR}_i}{\sum_{i=1}^{n} \lambda_i} \tag{1-20}$$

式中：λ_i 为第 i 个可修工作项目的故障率；MTTR_i 为第 i 个可修工作项目的平均修复时间。

在进行 MTTR 计算时，所考虑的只是实际修理时间，包括准备时间、故障检测和诊断时间、拆卸时间、修理（更换时间）失效部分的时间、重装时间、校验时间和启动时间等，不应计入行政与供应延误时间。

(2) 恢复功能用的任务时间（Mission Time To Restore Function，MTTRF）是任务维修性的测度。其度量方法：在规定的任务剖面中，产品致命性故障的总维修时间与致命性故障总数之比，也可以理解为排除致命性故障所需实际时间的平均值。MTTR 是指在设备寿命剖面内排除所有故障的平均值，主要反映设备完好性和对维修资源与费用的要求，因而是一个基本的维修性参数。而 MTTRF 只是指在设备的任务剖面内排除致命性故障所需时间的平均值，主要反映任务成功性的要求，是任务维修性参数。

(3) 最大修复时间 M_{maxct}。最大修复时间指设备达到规定的维修度所需的维修时间，即预计完成全部维修工作项目的某个规定的百分比所需的时间，它反映了设备能在多长时间内完成维修。

如当维修时间服从正态分布 $N(\overline{M_{\text{ct}}},\sigma^2)$ 给定维修 $M(t)=p=0.9$ 时，设 Z_p 为正态分布的 p 分位数，则有

$$M_{\text{maxct}} = \overline{M_{\text{ct}}} + Z_p\sigma \tag{1-21}$$

(4) 平均预防性维修时间 $\overline{M_{\text{pt}}}$。$\overline{M_{\text{pt}}}$ 指设备每次进行预防性维修所需时间的平均值，即

$$\overline{M_{\text{pt}}} = \frac{\sum_{j=1}^{n} f_{pj} \overline{M_{ptj}}}{\sum_{j=1}^{m} f_{pj}} \tag{1-22}$$

式中：f_{pj} 为第 j 项预防性维修作业的频率；m 为预防性维修作业的项目数；$\overline{M_{ptj}}$ 为第 j 项预防性维修的平均时间。

(5) 平均维修时间 $\overline{M}$。平均维修时间是综合反映设备的修复性维修时间与预防性维修时间大小的维修型参数。其度量方法是：在规定的条件下和规定的时间内，产品修复性维修和预防性维修的总时间与该产品的维修总次数之比，具体计算公式为

$$\overline{M} = \frac{\lambda \overline{M}_{ct} + f_p \overline{M}_{pt}}{\lambda + f_p} \qquad (1-23)$$

式中：λ 为产品的总故障率；f_p 为产品的预防性维修频率。

(6) 维修停机时间率 M_{DT}。M_{DT} 指产品每工作小时停机时间的平均值，这里包括修复性维修与预防性维修。具体可用式(1-24)计算，即

$$M_{DT} = \sum_{i=1}^{n} \lambda_i \overline{M}_{cti} + \sum_{j=1}^{m} f_{pj} M \qquad (1-24)$$

(7) 重构时间 M_{rt}。重构时间指设备发生故障或受到损伤后，重新构成能完成其功能的系统所需的时间，如对于有冗余设计的设备可指冗余部件的切换时间。

3) 用单位时间比率计量的参数

(1) 维修率 $\mu(t)$。产品在维修时间已达到某时刻 t 后尚未修复，在该时刻后单位时间内完成修复的概率称为维修率。维修率是维修时间 t 的函数，它反映了某时刻的修复情况，单位时间为 1/h。

若以 $M(t)$ 为维修率，$m(t) = \mathrm{d}M(t)/\mathrm{d}t$ 为维修概率密度，则 $\mu(t)$ 为

$$\mu(t) = \frac{\mathrm{d}M(t)}{1-M(t)\,\mathrm{d}t} = \frac{m(t)}{1-M(t)} \qquad (1-25)$$

(2) 维修性指数 M_I。维修性指数是指维修工时参数 T_{OH}，又称维修工时率，其定义为每工作小时的平均维修工时（如人力消耗等）。具体可用式(1-26)计算，即

$$M_I = \frac{M_{MH}}{T_{OH}} \qquad (1-26)$$

式中：M_{MH} 为设备在规定的使用期间内的维修工时数；T_{OH} 为设备在规定的使用期间内的工作小时或寿命单位数。

2. 测试性定量参数

测试性定量要求是一系列的指标，而指标是测试性参数的要求值。常用测试性参数介绍如下。

1) 故障检测率 r_{FD}

故障检测率是被测试项目在规定期间内发生的所有故障，在规定条件下用规定的方法能够正确检测出的百分数，即

$$r_{FD} = \frac{N_D}{N_T} \times 100\% \qquad (1-27)$$

式中：N_T 为在规定期间内发生的全部故障数；N_D 为在同一期间内，在规定条件下用规定方法正确检测出的故障数。

这里的"规定期间"是指用于统计故障发生总数和检测出故障数的时间区间，此时间

应足够长。

对于电子系统和设备及一些复杂装备,在进行测试性分析、预计时可取故障率 λ 为常数,式(1-27)变为

$$r_{FD} = \frac{\lambda_D}{\lambda} = \frac{\sum \lambda_{Di}}{\lambda_i} \times 100\% \quad (1-28)$$

式中: λ_i 为被测试项目中第 i 个部件或故障模式的故障率; λ_{Di} 为其中可检测的故障率。

从式(1-28)中可以看出,设计时应优先考虑故障率高的部件或故障模式的检测问题。

2) 故障隔离率 r_{FI}

故障隔离率是被测试项目在规定期间内已被检出的所有故障,在规定条件下用规定方法能够正确隔离到规定个数 L 以内可更换单元的百分数为

$$r_{FI} = \frac{N_L}{N_D} \times 100\% \quad (1-29)$$

式中: N_L 为在规定条件下用规定方法正确隔离到不大于 L 个可更换单元的故障数。

当 $L=1$ 时是确定(非模糊)性隔离,要求直接将故障确定到需要更换以排除故障的那一个单元。$L>1$ 时为不确定(模糊)性隔离,即 BIT(Built-In Test)或其他检测设备等只能将故障隔离到 $1 \sim L$ 个单元,到底是哪个单元损坏还需要采用交替更换等方法来确定。所以,L 表示隔离的分辨能力,称为模糊度。

与故障检测率类似,分析和预计时可用数学模型表示,即

$$r_{FI} = \frac{\lambda_L}{\lambda_D} = \frac{\sum \lambda_{Li}}{\sum \lambda_{Di}} \times 100\% \quad (1-30)$$

式中: λ_{Li} 为可隔离到不大于 L 个可更换单元的第 i 个故障模式或部件的故障率。

3) 虚警率 r_{FA}

BIT 或其他检测设备指示被测项目有故障,而实际该项目无故障称为**虚警**(False Alarm FA)。虚警率是在规定期间内发生的虚警数与故障指示总次数之比。以百分数表示,即

$$r_{FA} = \frac{N_{FA}}{N_F + N_{FA}} \times 100\% \quad (1-31)$$

式中: N_{FA} 为虚警次数; N_F 为真实故障指示次数。

与检测率类似,在分析预计时可用数学模型表示为

$$r_{FA} = \frac{\sum \delta_i}{\sum \lambda_{Di} + \sum \delta_i} \times 100\% \quad (1-32)$$

式中: δ_i 为第 i 个导致虚警事件的频率,包括会导致虚警的机内测试设备 BITE 故障模式的故障率和未防止的其他因素、事件发生的频率等。

4) 其他测试性参数

(1) 故障检测时间。从故障发生到检出故障并给出指示所经过的时间。

（2）故障隔离时间。从检出故障到完成隔离程序指出要更换的故障单元所经过的时间，称为故障隔离时间。

（3）不能复现率（Can Not Duplicate，CND）。BIT和其他检测装置指示被测项目有故障，在现场维修检测时故障不能重现比例，称为不能复现率。

（4）重测合格率（ReTest OK，RTOK）。在现场识别出有故障的项目，在中继级或基层级维修测试中是合格的比例，称为重测合格率。

除上述系统测试性参数外，机内测试设备、外部专用测试设备、自动测试设备还有可靠性、维修性、体积、重量和功耗等要求。这些要求与测试性有关，但不是系统测试性的要求。

维修性参数可分为使用参数和合同参数。使用参数是反映设备使用需求的参数，是从实际需要出发提出的，通常考虑了设备的使用、保障和管理等方面的因素，其中有些是研制方难以控制的。使用参数的指标值是设备在实际使用条件下表现出来的值。合同参数则指在设备研制合同中表述的参数，是指承制方在设备的研制与生产过程中完全能够控制和验证的参数。一般地，可用指标的固有值表示，即由设计与制造决定的设备维修性指标值。

在确定设备的维修参数时，要注意从以下几个方面考虑：

（1）设备的使用需求，如发生故障将影响任务的完成，应提出任务维修性参数要求，使其能迅速恢复。

（2）设备的构造特点，如对电子设备，故障检测与诊断是影响维修时间的主要因素，因此应加入对测试性方面要求的参数。

（3）在确定新设备的维修性指标时可参照国内外同类设备的维修性水平，一般而言，新设备的维修性指标应高于同类设备的维修性指标。应分析同类设备的维修性设计问题，再根据新设备对维修性的改进及国内的实际技术水平，可提出合理的指标。

（4）现行的维修保障体制、维修方案、各维修级别对维修时间的限制等，对不同的维修级别应确定不同的维修参数和维修指标。

（5）维修性指标应通过与可靠性、寿命周期费用、研制进度等进行综合权衡确定。例如，提高设备的可靠性可以提高设备的可用性，减少对维修人力的需求和停机时间。

（6）提出的维修性指标应是可以验证的。

1.3.3 维修性定性要求

1. 维修性定性要求及作用

维修性定性要求是维修简便、迅速、经济的具体化。定性要求有两个方面的作用：①实现定量指标的具体技术途径或措施，按照这些要求去设计以实现定量指标；②定量指标的补充，即有些无法用定量指标反映出来的要求，只好定性描述。对不同的产品，维修性定性要求应当有所区别和侧重。下面对定性要求作一些概要介绍。

1）简化设计和维修的要求

例如，简化、合并其组成系统的功能，减少元器件、零部件的品种与数量，改善产品检测、维修的可达性，航空器与其维修工作协调设计等。

2) 具有良好的维修可达性

维修可达性是指维修产品时,接近维修部位的难易程度。可达性好,能够迅速、方便地达到维修的部位并能操作自如。通俗地说,也就是维修部位能够"看得见、够得着"或者很容易"看得见、够得着",而不需过多拆装、搬动。显然,良好的可达性能够提高维修的效率,减少差错,降低维修工时和费用。实现产品的可达性主要措施有两个方面:①合理地设置各部分的位置,并要有适当的维修操作空间,包括工具的使用空间;②要提供便于观察、检测、维护和修理的通道。

3) 提高标准化程度和互换性

标准化的主要形式是系列化、通用化、组合化。互换性是指同种产品之间在实体上(几何形状、尺寸)、功能上能够彼此互相替换的性能。实现标准化有利于产品的设计与制造,有利于零部件的供应、储备和调剂,从而使产品的维修更为简便。互换性使产品中的零部件能够互相替换,便于换件修理,并减少了零部件的品种规格,简化和节约了备品供应及采购费用。有关标准化、互换性、通用化和模块化设计的要求,如优先选用标准件、提高互换性和通用化程度以及尽量采用模块化设计等。

4) 具有完善的防差错措施及识别标记

产品在维修中,常常会发生漏装、错装或其他操作差错,轻则延误时间、影响使用,重则危及安全。因此,应采取措施防止维修差错。

5) 保证维修安全

维修安全性是指能避免维修人员伤亡或产品损坏的一种设计特性。为了保证维修安全,有以下一般要求:

① 设计产品时,不但应确保使用安全,而且应保证储存、运输和维修时的安全。

② 设计时,应使产品在故障状态或分解状态进行维修是安全的。

③ 在可能发生危险的部位,应提供醒目的标记、警告灯、声响警告等辅助预防手段。

④ 严重危及安全的部分应有自动防护措施。

⑤ 凡与安装、操作、维修安全有关的地方,都应在技术文件资料中提出注意事项等。

(1) 直接维修成本的定性要求。重要高价件的可修复性,使高价件可调、可拆、可焊、可校。

(2) 测试性定性要求。与维修性相似,测试性的定性要求既是定量要求的补充,又是落实定量要求的技术措施。测试性的定性要求一般包括以下内容:

① 产品划分的要求。把航空器按照功能和结构合理地划分为LRU、SRU(车间可拆换件)和可更换的组件等易于检测和更换的单元,以提高故障隔离能力。

② 测试点要求。在航空器上,根据需要设置充分的内部和外部测试点,以便在各级维修测试时使用,测试点应有明显标记。

③ 性能监控要求。对航空器使用安全和关键任务有影响的部件,应能进行性能监控和自动报警。

④ 原位测试要求。无充分BIT测试能力的装备,应考虑采用机载原位检测,及时在线地发现故障、隔离故障,以便尽快修复。

⑤ 测试输出要求。故障指示、报告、记录（存储）要求。民用飞机现在一般要提供和 QAR 的数据接口，或能通过 ACARS 实时传输故障信息。

⑥ 兼容性要求。被测试项目与计划用的外部测试设备应具有兼容性，这涉及性能和物理上的接口问题。如果不能用 BITE，最好能用通用的外部测试设备。

⑦ 综合测试能力要求。依据维修方案和维修人员水平，应考虑用 BIT、ATE 和人工测试或它们的组合，为各级维修提供完全的测试能力。应当在各种测试方式、测试设备之间进行权衡，取得最佳性能费用比。

军、民用飞机和发动机，由于使用特点和保障要求有所不同，其测试性要求的具体内容、侧重点也有所不同，应根据其使用需求、类型等确定。

在测试性工作中，要采用"综合诊断"来提高系统和设备的诊断能力。综合诊断是指通过综合考虑全部有关诊断要素，如测试方法、自动和人工测试设备、培训、维修辅助技术信息等，使航空器达到最佳诊断能力而构成的设计和管理过程或程序。它包括设计、工程技术、测试性、可靠性、维修性、人机工程以及保障性分析之间的接口关系。其目标是有效地检测和准确隔离系统和设备的故障，以满足航空器的任务要求。

1.4　维修要求的制定

前文中已经指出，维修要求是为了便于对产品进行维修而对航空器设计、维修和保障所提出的要求，是使用、维修、成本、设计、效率等多种因素的权衡，维修要求的顶层来源于使用要求，也是维修工程学要实现的具体要求和指标。

维修要求具体要求转化为详细的维修性要求和可靠性要求在产品设计中加以落实，它可以具体分解为可靠性指标和维修性指标加以贯彻和实现，包括定性指标和定量指标。维修要求涉及可靠性工程、维修性工程和维修工程等领域，不仅包括产品整机的维修要求，而且还包括系统、分系统和部件等各层次的维修要求。值得说明的是，维修要求的制定虽然来源于使用要求，隶属于可靠性设计、维修性设计的范畴，但也综合考虑到投入使用后的维修活动和维修成本，是站在维修工程的高度对可用度和维修成本的综合权衡与优化。

1.4.1　维修目标

- 维修目标，就是维修工程学要达到的总目标，包括安全和经济两个方面。
- 安全目标，通过维修持续保持航空器使用的安全性和可靠性，降低其使用风险。
- 经济目标，通过维修提高飞机和发动机的利用率，降低全寿命维修成本。

另外，维修还可以实现很多其他重要的目标，如维修可以保持或延长航空器的使用寿命、持续保持其运输和战术质量等，这些目标可以进一步转化或通过分解转化成安全目标和经济目标。

航空器的维修目标来源于对航空器的使用要求。通过进一步分解后，可以转化成航空器的设计目标和维修保障目标，经过全面权衡后，形成具体的维修要求，如图 1-12 所示。

最后形成的维修要求，既包括可靠性、维修性（含测试性及经济性）要求，这是对"物

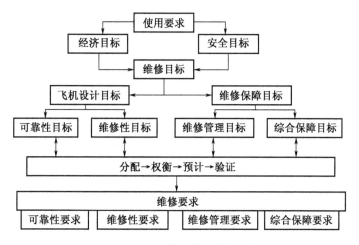

图 1-12 维修目标与维修要求

理"即航空器设计的要求,也包括维修管理(维修方案)要求和维修保障要求,这是对"事理"即维修工程学应实现的要求。

1.4.2 维修要求

1. 整机级(顶层)维修要求

1) 定性要求

例如:

(1) 降低系统和部件故障率,延长计划维修间隔,简化维修过程,减少维修工作量,降低维修成本。

(2) 可达性、标准化、通用性及互换性要求。

(3) 降低对维修人员的技能要求,设计要有利于减少实施维修计划和维修方法时的人为因素差错。

(4) 可测试性要求,如要求重要系统和重要机载设备具有机内故障监测能力。

(5) 要求发动机的主要功能故障具备嵌入式监测、诊断和预测能力等。

2) 定量要求

以民用飞机为例,重要的维修指标如下:

(1) 平均修复时间(MTTR)。MTTR 是指在规定的条件下和规定的时间内,产品在任一规定的维修级别上,修复性维修总时间与该级别上被维修产品的故障数之比。

(2) 每飞行小时维修工时。每飞行小时维修工时是指在某一规定期间内,用于维修一个特定飞机机队所花的直接工时与同一期间内的飞行小时数之比。

(3) 直接维修费用。直接维修费用是指在飞机或设备的维修中消耗的人力和器材费用。直接维修费用通常用每小时的器材费和人力费表示或用每客座每飞行小时的费用表示。

(4) 过站再次离站时间。过站再次离站时间是指使过站飞机再次离站所需的修理、检查、维护与保养、上下旅客、上下货物、客舱服务、地面服务的时间。

(5) 往返飞行再次离站时间。往返飞行再次离站时间是指飞机往返飞行时,到站后再次投入运营前地面所需要的修理、维护与保养、检查、服务的时间。

（6）可靠性、维修性综合指标，如出勤可靠度、故障隔离时间和故障检测时间等。

（7）航线可更换件(LRU)更换时间等。

2. 系统和结构的可靠性、维修性要求

显然，上述顶层维修要求涉及飞机的可靠性要求和维修性要求，要进一步分解细化成系统、子系统及部件的可靠性和维修性的指标，在产品设计和成品采购中贯彻实施。飞机布局定义、总体设计、详细设计、样机研制等每个阶段结束后，维修工程学的任务则是要采取合适的方法（分析评估或实际验证），对上述指标进行及时验证和评审，提出修改意见和措施，以确保维修要求的贯彻实施。

1）维修方案的要求

例如，要求采用最新版的 ATA MSG-3 规范，A 检间隔、C 检间隔，非计划拆换率要求等。

2）维修保障要求

例如，要求备件库存的保障率达到 95%、AOG 件 24h 到货；要求配备交互式电子手册，符合 ATA 2200 的规范的(IETMS)等。

3）维修要求

维修要求是产品可靠性、安全性和经济性目标的具体体现。

随着系统复杂性的增加，对产品的维修要求越来越高，维修可以达到以下 3 个方面功能：

（1）有效的维修能保证系统安全运转，避免重大事故发生。

（2）维持和保持产品的固有可靠性，完成其规定的性能和功能。

（3）在产品设计期和使用期，采用不同的维修策略和方法，对其进行综合权衡，实现产品的全寿命周期费用最低。

因此，维修要求实际上是在对产品的安全性、可靠性和经济性进行综合权衡得出的结果，并在产品的使用过程中指导维修工程的设计、规划和实施。

维修要求要立足于系统观点，主要有以下几个方面的含义：

（1）维修要求的制定要符合系统工程，即短期与长远利益相结合，局部与整体相结合，综合集成的观点。

（2）维修要求的实现，要站在系统工程的高度，在维修设计阶段对其进行合理设计、分析，保证维修要求的实现。

（3）在产品的使用阶段，要运用维修工程的思想，对整个维修资源进行综合规划与调度，进行恰当的维修决策，实现系统的最优化输出。

维修要求的确定要立足于全寿命的观点。在解决费用效益问题的过程中，经验已经表明，系统全费用的大部分是由系统寿命周期后期相关的使用、维修与保障活动产生的。全费用的相当一部分是由方案设计早期的决策和先期规划的后果引起的。与技术选择、材料选择、设备项目和软件选择、设计中的封装方案、自动化采用、制造工艺的选择等有关的决策都对后期费用有很大程度的影响，从而对寿命周期费用产生影响。而且，这种对费用的影响同可靠性、维修性、保障性特性与设计的融合程度有关。

因此，在系统设计的早期阶段，就要充分考虑并解决寿命周期费用问题，系统的使用与保障费用(其占全费用的比例很大)受到这些早期决策的极大影响。可靠性、维修性、安全性及其他有关的设计特性必须从一开始就给予考虑。正是在系统设计与研制的早期阶段,可以在研制能充分响应用户需求且具有良好费效比的系统方面获得最大的效果。

具体的可靠性要求和维修性要求,则要通过可靠性指标体系和维修性指标体系来加以说明。

1.4.3 某型飞机维修要求的制定

本节介绍笔者针对国内某新研制飞机制定的维修要求。

该飞机是70～90级座的以涡扇发动机为动力的中、短航程先进技术支线飞机,按照CCAR25/FAR25/JAR25等要求设计研制并进行适航审定。

基本型客运型基本布置混合级布局78座、经济级布局85座;加长型客运型基本布置混合级布局98座、全经济级布局105座。为适应不同地区、不同航线结构对支线飞机的需求,基本型和加长型又分别具有标准航程型(STD)和增大航程型(ER)两种构型。无论是基本型还是加长型,其标准航程型满客航程均为2225km(1200n mile),主要用于满足从中心城市向周边中小城市辐射型航线的使用要求;而基本型的增大航程型满客航程为3700km(2000n mile),加长型的增大航程型满客航程为3330km(1800n mile),将满足部分"点对点"的瘦长航线使用要求。限于篇幅,本书仅给出部分内容。

1. 顶层维修要求

1)通用维修要求

(1)满足客户对飞机的可维修性要求。

(2)减少审定维修要求(Certification Maintenance Requirements,CMR),适航性限制项目(Airworthiness Limited Items,ALI)。

(3)延长计划维修间隔。

(4)降低系统和部件故障率。

(5)减少维修工作量。

(6)简化维修过程。

(7)降低维修成本。

(8)降低对维修人员的技能要求。

(9)有利于减少实施维修计划和维修方法时的人为因素差错。

2)飞机运营中涉及维修要求的主要目标值

飞机运营中涉及维修要求的主要目标值如表1-4所列。

表1-4 某型飞机(标准型)的维修指标目标值

指标参数	数值	备注
经济寿命	80000FH,60000次起落,30日历年	经济寿命一般作为飞机折旧的依据是客户评定飞机可维修性的重要指标
过站停留时间(短停)	30min	在此期间,飞机进行过站维护,还包括各种勤务,上下客、货等多项工作

(续)

指标参数		数值	备注
维修成本（DMC）		338USD/FH	本指标根据我国 2003 年的经济水平计算得出,直接维修成本 DMC 主要由直接维修人工时费和航材费用构成
飞机利用率（推荐）	飞行小时/起落	1.3h	飞机的利用率是编制维修大纲的主要依据,也是设计部门要综合考虑的问题。例如,可维修性最低阈值的确定;检查重复周期的确定;维修方法的确定;环境要求的确定;基本工作量的确定等,每一项都与前述总维修要求的目标内容相关
	飞行小时/a	2720h	
	飞行起落/a	2091 起落	
	飞行小时/d	8h	
	飞行起落/d	6.15 起落	
	APU 时间/起落	1h	
派遣可靠度		99.5%	本指标可反映飞机固有可靠性和维修水平（管理、技能、资源）
发动机更换时间		4～5h	发动机上 QEC（发动机快速拆换件）已装,即发动机管路、附件等已在发动机本体上安装完成
APU 更换时间		1h	—
重要航线更换件（LRU）的更换时间	空调组件	3h	—
	1h 部件	60min	发动机附件/发电机（IDG）/液压活门/作动筒等更换
	0.5h 部件	30min	飞机辅助动力装备（APU）部件/发动机驱动液压泵（EDP）/气动活门/电动泵/厕所设备/客舱设备等更换
	20min 内部件	其他 LRU 件均在 20min 内更换完毕	—

2. 维修方案要求

通过对竞争飞机调研和分析比较,确定该型飞机的维修间隔目标值如表 1-5 所列。

表 1-5 某型飞机的维修间隔目标值

维修等级		维修间隔	维修停场时间	维修场地	GSE 要求	维修人数
A 检		500FH	不停	机库/停机坪	少量特殊设备	4
多重 A 检		N 个 500FH	4A:6～8h 其他:4h	机库/停机坪	少量特殊设备	6 4
C 检		4000FH 或 4000FC 或 18 月	3～4d	机库/停机坪	较多特殊设备	10
结构疲劳（初始值）	阈值	30000FC/15000FC	15d	机库/大修厂	较多特殊设备	15,结合 C 检
	重复检查间隔	15000FC	15d	机库/大修厂	较多特殊设备	15,结合 C 检
结构腐蚀	阈值	10a/5a	15d	机库/大修厂	较多特殊设备	15,结合 C 检
	重复检查间隔	5a	15d	机库/大修厂	较多特殊设备	15,结合 C 检

注：GSE 为专用地面支援设备。

3. 维修保障要求

1) 维修检查等级

该飞机的维修等级可以分为 A 检、多重 A 检、C 检及多重 C 检。各级维修的基本规划分别如表 1-6 所列。

表 1-6 各级维修的基本规划

	定义	间隔为 500FH/N 个 500FH 的定期维护
A 检/ 多重 A 检	性质	航线维修/小修
	维修地点	A 检：停机坪 多重 A 检：机库
	维修通道	打开货舱门；打开发动机整流罩（多重 A 检）
	工作台	可移动式工作平台（多重 A 检）
	计划维修内容	机舱和发动机的一般目视检查（GVI）（打开发动机整流罩）；易接近区域的润滑；少量的使用检查；机内测试设备（BITE）的检查；液压系统压力指示和堵塞指示检查；发动机和 APU 碎屑探测器检查；发动机和 APU 滑油压差指示器检查；APU 滑油滤更换；发动机和 APU 的孔探检查；某些显示系统的检查等
	非计划维修内容	对遗留故障或新发现故障的排除
C 检	定义	间隔时间为 4000FH 的定期维护
	性质	C 检：定期维修/小修
	维修地点	机库
	维修通道	襟翼放下；口盖和一些门打开；发动机整流罩打开
	工作台	可移动式工作平台
	计划维修内容	飞机外部的一般目视检查（GVI）；其他有快速口盖区域的 GVI（如航电设备舱、后机身、发动机、吊挂、平尾和垂尾后梁、机翼前后梁）；润滑和液压油的补充；L/G 减振器压力检查；发动机燃油和滑油过滤器的清洗/更换；操作/检查；功能检查，可借助外部仪器设备；少量系统安装情况的详细检查
	非计划维修内容	排除故障或缺陷
结构检查/ 多重 C 检	定义	飞机结构疲劳和腐蚀检查，多重 C 检
	性质	大修，通常结合多重 C 检（4C,8C）完成
	维修地点	机库
	维修通道	打开所有口盖，拆除绝热层、厨房、厕所
	工作台	全机固定工作台（机坞）或可移动式工作平台
	计划维修内容	内部结构和系统安装的 GVI 检查；结构详细检查；指定结构区的 NDT 检查；防腐检查和处理，部分系统安装的详细检查；使用检查；功能检查；分解部件的车间检查（如压力容器、滑轨等）和报废换新
	非计划维修内容	外部打磨或喷漆；结构修理；客舱整新、修理；部件更换

注：高级别的检查包括低级别的所有相关维修工作。

2) 对部件修理或翻修时间的要求

部件修理或翻修时间是指从产品送抵修理车间起，至离开车间止所经历的时间。其中不包括运输、管理等其他时间。对部件修理或翻修时间总的要求是维修间隔越长越好，修理周期(Turn Around Time,TAT)越短越好。其具体要求如下：

(1) 部件大修　30个工作日。

(2) 电子产品修理　15个工作日。

(3) 非电子产品修理　10个工作日。

(4) 发动机大修　45个工作日。

3) 专用地面支援设备(GSE)要求

(1) GSE设备应结构简单、轻便、操作方便，从而减少操作人员的特殊培训。

(2) GSE设备应符合人机工程的要求，不会引发操作人员的误操作。

(3) GSE设备应故障少、价格合理。

4) 维修工具及设备

(1) 飞机研制期间，必须把工具、设备要求的考虑和规定作为飞机研制过程中的一项重要内容；否则就可能需要过多的专用工具或工具不足。

(2) 充分考虑通用性，尺寸规格采用英制单位。

(3) 使专用工具、设备的需要量减少到最低限度。

(4) 要考虑维修保障的组织和任务分工，应根据维修大纲和预防性维修计划所规定的各维修级别的任务分工、维修频度、人员数量和技能水平等情况配备相应的维修工具、设备。

(5) 综合比较维修工具、设备的适用性、有效性和经济性，要比较不同工具设备对维修质量、效果、速度和经费等方面的影响，要比较维修工具、设备的利用率和经济性。

(6) 配置在航线维修的工具设备要强调小型和多用途、轻便灵活、减少品种。

(7) 检测设备的选择不仅要考虑其有效性和性能指标，而且还应综合考虑经济性、飞机的结构特点、飞机的使用维修要求、使用部门的维修保障体制、人员技能要求、检测设备本身的保障要求等。

1.5　维修要求的设计实现

1.5.1　维修要求设计的基本流程

维修要求确定后，要转入可靠性设计、维修性设计和本书后面各章要介绍的维修规划设计等专门学科，才能得以实现。这里，只简单介绍可靠性设计、维修性设计的基本程序。可靠性、维修性设计的基本流程如图1-13所示。

(1) 根据面向客户的使用要求设计维修要求。

(2) 综合考虑维修性工程、可靠性工程、维修保障工程的内容，对其进行系统优化，确定可靠性指标和维修性指标。

(3) 确定部件级的可靠性指标、维修性指标目标值。

(4) 对设计指标值进行验证。

(5) 整个环节是一个反馈过程，贯穿着设计改进和产品改进。

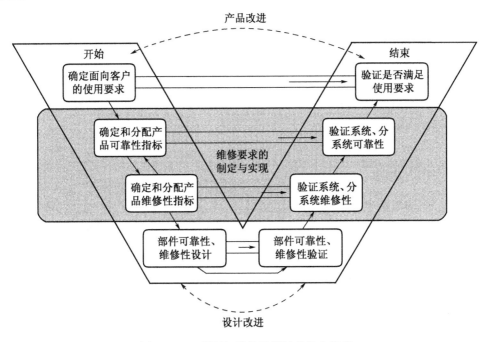

图 1-13 可靠性、维修性设计的基本流程

1.5.2 可靠性参数、维修性参数的选择原则和依据

1. 产品的使用要求

以民用飞机为例,必须达到最低安全要求,需要选择与安全性有关的可靠性参数,如损失率、事件率等。考虑到可靠性、维修性指标直接影响到用户的运行安全和运营成本,需要选用国际公认的惯用参数,如可靠性中的出勤可靠度或延误率、航班可靠度、平均故障间隔时间、发动机空中停车率、平均非计划拆卸间隔时间、翻修间隔期限、总寿命以及维修性中的平均修复时间、每飞行小时维修工时、每飞行小时直接维修费用、故障检测率和故障隔离率等。

2. 产品的层次和特点

以民用飞机为例,根据飞机的整机、发动机、飞机分系统、机载设备和重要零部件等不同产品层次和特点来选取可靠性、维修性参数。

3. 预期的维修方案

对于采用定时维修方式的机体结构、发动机重要部件和机载设备可选用首翻期、翻修间隔期、总寿命等;对采用视情维修或状态监控方式的系统、机载设备可采用平均故障间隔时间、平均非计划拆卸间隔时间等。另外,依据不同的维修级别和维修支援条件,可选择每飞行小时维修工时综合反映维修工作量;对维修方案要求无外部测试设备的系统或设备,可选用故障检测率、故障隔离率、虚警率和故障检测时间等;对采用故障更换的维修策略,则可选用平均修复时间或设备更换时间。

4. 验证方法

采用外场试验验证的飞机或系统应选择使用参数,如航班可靠度、出勤可靠度、平均故障间隔飞行小时、发动机空中停车率、总寿命、每飞行小时维修工时、每飞行小时直接维修费用等；采用内场试验验证方法的产品和重要零部件、采购的货架产品应选用合同参数，如平均故障间隔时间、首次翻修期限、平均修复时间、故障检测率和故障隔离率等。

5. 产品的重要程度

对一般产品，选择可靠性、维修性或耐久性参数，对飞机安全性影响较大的产品还应选择与安全性有关的参数。

6. 采购方案和系统集成方案

该飞机及其系统可分为自主研发、A类（采购成品、自行综合）、B类（采购系统"成品包"、自行综合）和C类（采购系统、以国外国内供应商为主综合）四大类，在选择可靠性、维修性参数时，应根据系统的具体情况综合分析确定，如C类系统可主要选择合同参数，前三类系统和整机以使用参数为主，辅以合同参数。

1.5.3 可靠性、维修性指标应与各种指标相互协调

应注意合同指标与使用指标、可靠性与维修性各指标之间、可靠性与维修性指标与其他指标之间的相互协调，通常应通过权衡分析来实现各种指标间的相互协调。

1. 合同指标与使用指标间的相互协调

为了保证这两个指标间的相互协调，合同中规定的指标应根据订购方提出的使用指标转换确定，如平均故障间隔时间指标应根据平均故障间隔飞行小时或平均维修间隔时间来确定。

2. 可靠性与维修性指标间的相互协调

其包括可靠性与维修性要求与性能费用间的协调，可靠性与安全性、基本任务可靠性、预防性维修与修复性维修等相关参数指标的协调。

（1）可靠性与维修性要求与技术性能及费用的协调。可靠性与维修性要求与性能、费用的权衡一般通过效能与费用分析、备选方案分析及寿命周期分析等工具来实现。

（2）可靠性与安全性要求的协调。对于某些关键系统或设备来说，规定了设备或系统的损失概率或安全可靠度指标。为了保证这些安全关键系统的安全性，通常需要采用冗余、容错、隔离及监控（告警）等安全性设计技术。这将降低系统的可靠性水平。因此，在规定安全性要求时，应进行权衡分析，来协调可靠性与安全性要求。

（3）预防性维修与修复性维修的协调。在确定每飞行小时维修工时等维修性指标时，应通过以可靠性为中心的维修分析，并根据系统或设备的机内测试系统的故障诊断能力，对预防性维修与修复性维修进行权衡。例如，对于影响安全的，而且不能通过机内测试系统进行故障检测的产品，一般都应规定预防性维修；对于采用先进的机内状态监控系统的设备，由于监控系统具有故障预测能力，则可取消定时维修。

（4）可靠性指标与维修性指标间的协调。对于相互关联的可靠性与维修性参数，在确定其指标时，必须注意它们之间的相互协调。

1.5.4 可靠性、维修性指标在系统不同层次的分配

将产品的可靠性指标、维修性指标分配到各功能层次的各部分，归根结底是为了明确各部分的可靠性、维修性目标或指标，如表1-7和表1-8所列。其具体目的如下：

表1-7 飞机不同层次的可靠性、维修性指标

序号	系统	主要指标
1	飞机整机	1. 损失概率;2. 出勤可靠度;3. 进站再次离站时间;4. 往返飞行再次离站时间;5. 平均故障间隔飞行小时;6. 每飞行小时维修工时;7. 每飞行小时直接维修费用
2	动力装置	1. 空中停车率;2. 发动机送修率;3. 平均故障间隔时间;4. 平均修复时间;5. 平均拆换时间;6. 每飞行小时维修工时
3	飞机系统与分系统	1. 平均故障间隔时间;2. 平均非计划拆卸间隔时间;3. 平均修复时间;4. LRU平均拆换时间;5. 故障检测率;6. 故障隔离率;7. 虚警率

表1-8 美国航空运输协会给飞机及其系统规定的可靠性参数(带√者)

可靠性参数 \ 飞机或系统	飞机总体（含动力装置）	飞机系统及结构	总的动力装置	动力装置系统	部件
适用于ATA-100的章节号	21~80 总的	21~57 个别的	71~80 总的	71~80 个别的	21-80 按需
延误/取消率	√	√	√	√	
驾驶员汇报事故率	√	√	√	√	
空中停车率			√		
提前换发率			√		
总拆换率					√
延误/取消率(由于机械故障引起的)		√			√
勤务工作困难报告		√			√

(1) 为系统或设备的各部分（各个低层次产品）研制者提供可靠性、维修性设计指标,以保证系统或设备最终符合规定的维修要求。

(2) 通过可靠性、维修性分配,明确各承制方或供应方的产品维修性指标,以便于系统承制方对其实施管理。

维修性指标的分配主要考虑以下因素：

(1) 维修级别。维修性指标是按哪一个维修级别规定的,就按该级别的条件及完成的维修工作分配指标。

(2) 维修类别。指标要区别清楚是修复性维修还是预防性维修,或者是二者的组合,相应的时间或工时与维修频率不得混淆。

(3) 产品功能层次。维修性分配是要将指标自上而下一直分配到需要进行更换或修理的低层次产品;要按产品功能关系根据维修需要划分产品。

(4) 维修活动。每一次维修都要按合理顺序完成一项或多项维修活动,而一次维修的时间则由相应的若干时间元素组成。通常可分为以下7项维修活动：

① 准备。

② 针对。

③ 更换、拆卸。

④ 调整、校准。

⑤ 保养。

⑥ 检验。
⑦ 原件修复。

通常采用的维修性分配的方法包括以下几种：

(1) 等分配法。适用条件是组成上层次产品的各单元的复杂程度、故障率维修难易程度大致相同，也可用在缺少可靠性、维修性信息时作初步的分配。

(2) 按可用度分配法。维修性设计的主要目标是确保产品的可用性，按照规定的可用度要求确定和分配维修性指标。

(3) 相似产品分配法。借用已有的相似产品维修性状况提供的信息，作为新研制或改建产品维修性分配的依据，这种方法普遍适用于产品的改进、改型中的分配；由于新产品往往也总有某种继承性，因此，只要找到适宜的相似产品数据，这种方法也是适用的。

(4) 加权因子分配法。将分配时考虑的因素转化为加权因子，按加权因子分配是一种简便、实用的分配方法，在方案阶段后期及工程研制阶段都是适用的。

习题与思考题

1-1 描述可靠性的概念及主要指标类型。

1-2 描述串联模型、并联模型、r/n 模型、旁联模型的概念及其可靠性数学模型。

1-3 根据图 1-2 论述可靠性预计和分配的流程。

1-4 设备故障率曲线的基本形式有哪 6 种？分别画出其故障率曲线图，并说明当设备的故障率服从其中的哪几种故障率时设备不适合采用定时维修？

1-5 用公式表示主要可靠性指标 $R(t)$、$F(t)$、$\lambda(t)$、$f(t)$ 之间的相互关系。

1-6 何为维修性？评价其定量和定性指标有哪些？

1-7 描述可靠性与维修性设计的基本流程。

1-8 可靠性、维修性指标在系统不同层次分配的目标是什么？

第 2 章　可靠性特征量

2.1　可靠性特征量

可靠性的特征量主要有可靠度、失效概率、失效率、失效概率密度和寿命等，它们代表了产品可靠性的主要内容。

2.1.1　可靠度

可靠度是指产品在规定的条件下和规定的时间内完成规定功能的概率。它是时间的函数，记做 $R(t)$，为可靠度函数的简称，即可靠度。

设 T 为产品寿命的随机变量，则

$$R(t) = P(T > t) \qquad (2-1)$$

式(2-1)表示产品的寿命 T 超过规定时间 t 的概率，即产品在规定时间 t 内完成规定功能的概率。

根据可靠度的定义，可以得出

$$R(0) = 1.0, \quad R(\infty) = 0$$

即开始使用时，所有产品都是好的；只要时间充分大，全部产品都会失效。

可靠度与时间的关系曲线如图 2-1 所示。

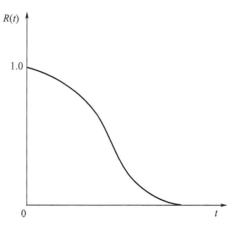

图 2-1　可靠度分布函数

2.1.2　可靠度估计值

(1) 对于不可修复的产品，可靠度估计值是指在规定的时间区间 $(0,t)$ 内，能完成规定功能的产品数 $n_s(t)$ 与在该时间区间开始时投入工作的产品数 n 之比。

(2) 对于可修复的产品，可靠度估计值是指一个或多个产品的无故障工作时间达到或超过规定时间 t 的次数 $n_s(t)$ 与观测时间内无故障工作总次数 n 之比。

因此，不论对可修复产品还是对不可修复产品，可靠度估计值的公式相同，即

$$\hat{R}(t) = \frac{n_s(t)}{n} \qquad (2-2)$$

对不可修复产品，将在规定时间区间 $(0,t)$ 内失效的产品数记为 $n_f(t)$；对可修复产品，将无故障工作时间不超过规定时间 t 的次数记为 $n_f(t)$，即 $n_f(t)$ 也是 $(0,t)$ 时间区间

的故障次数。故有关系式为

$$n_s(t) = n - n_f(t) \quad (2-3)$$

按规定,在计算无故障工作时间总次数时,每个产品的最后一次无故障工作时间若不超过规定的时间则不予计入。

例 2 – 1 在规定条件下对 12 个不可修复产品进行无替换试验,试验结果如图 2 – 2(a)所示;在某观测时间内对 3 个可修复产品进行试验,试验结果如图 2 – 2(b)所示。图中"×"均为产品出现故障时的时间,t 为规定时间,求以上两种情况的产品可靠度估计值 $\hat{R}(t)$。

解 (1) 不可修复产品试验由图 2 – 2(a)统计可得在规定时间内失效产品数 $n_f(t) = 7$,因已知产品总数 $n = 12$,由式(2 – 2)和式(2 – 3)有

$$\hat{R}(t) = \frac{n_s(t)}{n} = \frac{n - n_f(t)}{n} = \frac{12 - 7}{12} = 0.4167$$

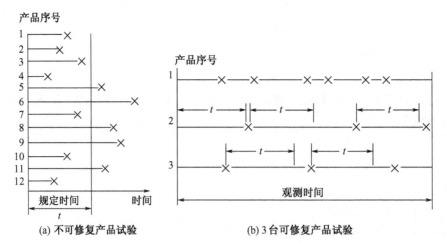

图 2 – 2 例 2 – 1 产品试验图

(2) 3 台可修复产品试验由图 2 – 2(b)统计可得无故障工作的总次数 $n = 12$,$n_s(t) = 5$,达到或超过规定时间的次数由式(2 – 2)有

$$\hat{R}(t) = \frac{n_s(t)}{n} = \frac{5}{12} = 0.4167$$

2.2　累积失效概率

2.2.1　累积失效概率的定义

累积失效概率是产品在规定条件和规定时间内失效的概率,其值等于 1 减可靠度。也可说产品在规定条件和规定时间内完不成规定功能的概率,故也称为不可靠度,它同样是时间的函数,记做 $F(t)$。有时也称为累积失效分布函数(简称失效分布函数)。其表示式为

$$F(t) = P(T \leq t) = 1 - P(T > t) = 1 - R(t) \tag{2-4}$$

从上述定义可以得出

$$F(0) = 0, \quad F(\infty) = 1$$

由此可见，$R(t)$ 和 $F(t)$ 互为对立事件。失效分布函数 $F(t)$ 与时间关系曲线如图 2-3 所示。

2.2.2 累积失效概率的估计值

$$\hat{F}(t) = 1 - \hat{R}(t) = \frac{n_\mathrm{f}(t)}{n} \tag{2-5}$$

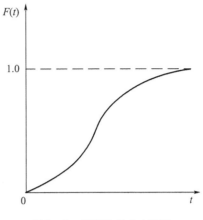

图 2-3 累积失效分布函数

例 2-2 不可维修的红外灯管有 110 只，工作 500h 时有 10 只失效，工作到 1000h 时共有 53 只失效。求该产品分别在 500h 与 1000h 时的累积失效概率。

解 $n = 110, n_\mathrm{f}(500) = 10, n_\mathrm{f}(1000) = 53$，则

$$\hat{F}(500) = 10/110 = 9.09\%, \quad \hat{F}(1000) = 53/110 = 48.18\%$$

2.3 失效概率密度

2.3.1 失效概率密度的定义

失效概率密度是累积失效概率对时间的变化率，记做 $f(t)$。它表示产品寿命落在包含 t 的单位时间内的概率，即产品在单位时间内失效的概率。其表示式为

$$f(t) = \frac{\mathrm{d}F(t)}{\mathrm{d}t} = F'(t) \tag{2-6}$$

即

$$F(t) = \int_0^t f(t)\mathrm{d}t \tag{2-7}$$

2.3.2 失效概率密度的估计值

$$\hat{f}(t) = \frac{F(t + \Delta t) - F(t)}{\Delta t} = \frac{\left[\dfrac{n_\mathrm{f}(t + \Delta t)}{n} - \dfrac{n_\mathrm{f}(t)}{n}\right]}{\Delta t} = \frac{1}{n} \cdot \frac{\Delta n_\mathrm{f}(t)}{\Delta t} \tag{2-8}$$

式中：$\Delta n_\mathrm{f}(t)$ 为在 $(t, t + \Delta t)$ 时间间隔内失效的产品数。

当产品的失效概率密度 $f(t)$ 已确定时，由式(2-4)、式(2-7)可知 $f(t)$、$F(t)$、$R(t)$ 之间的关系可用图 2-4 表示。

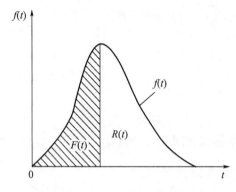

图 2-4 $f(t)$、$F(t)$、$R(t)$的关系

2.4 失 效 率

2.4.1 失效率的定义

失效率是工作到某时刻尚未失效的产品,在该时刻后单位时间内发生失效的概率。记做 $\lambda(t)$,称为失效率函数,有时也称为故障率函数。

按上述定义,失效率是在时刻 t 尚未失效的产品在 $t \sim t + \Delta t$ 的单位时间内发生失效的条件概率,即

$$\lambda(t) = \lim_{\Delta t \to 0} \frac{1}{\Delta t} P(t < T \leq t + \Delta t \mid T > t) \tag{2-9}$$

式(2-9)反映时刻 t 失效的速率,故也称为瞬时失效率。

由条件概率

$$P(t < T < t + \Delta t \mid T > t) = \frac{P(t < T < t + \Delta t)}{P(T > t)}$$

所以式(2-9)变为

$$\lambda(t) = \lim_{\Delta t \to 0} \frac{P(t < T < t + \Delta t)}{P(T > t) \cdot \Delta t} = \lim_{\Delta t \to 0} \frac{F(t + \Delta t) - F(t)}{R(t) \cdot \Delta t}$$

$$= \frac{\mathrm{d}F(t)}{\mathrm{d}t} \cdot \frac{1}{R(t)} = \frac{f(t)}{R(t)} = \frac{f(t)}{1 - F(t)} \tag{2-10}$$

对于电子设备的失效率函数有 3 种基本类型,即早期失效型、偶然失效型和耗损失效型。失效率函数与时间的关系如图 2-5(a)、(b)、(c)所示。对于系统来说,一般地在工作过程中,失效率随时间的变化而分阶段属于上述 3 种类型。其曲线呈浴盆状,该曲线图形和失效规律可参阅本书 1.2.2 小节第 4 部分有关内容。对于机械设备的失效率,如图 2-5(d)所示,它的 3 个失效期不明显。

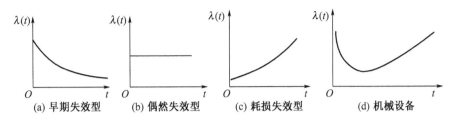

图 2-5 失效率函数与时间关系

2.4.2 失效率的估计值

不论产品是否可修复,产品失效率的估计值均可由式(2-11)求得,即

$$\hat{\lambda}(t) = \frac{n_f(t+\Delta t) - n_f(t)}{n_s(t) \cdot \Delta t} = \frac{\Delta n_f(t)}{n_s(t) \cdot \Delta t} \quad (2-11)$$

例 2-3 对 100 个某种产品进行寿命试验,在 $t=100\mathrm{h}$ 以前没有失效,而在 $100\sim105\mathrm{h}$ 之间有 1 个失效,到 1000h 前共有 51 个失效,$1000\sim1005\mathrm{h}$ 失效 1 个,分别求出 $t=100\mathrm{h}$ 和 $t=1000\mathrm{h}$ 时产品的失效率和失效概率密度。

解 (1) 求产品在 100h 时的失效率 $\hat{\lambda}(100)$ 和失效概率密度 $\hat{f}(100)$。
据题意有 $n=100, n_s(100)=100, \Delta n_f(100)=1, \Delta t = 105-100 = 5\mathrm{h}$。
由式(2-11)得

$$\hat{\lambda}(100) = \frac{\Delta n_f(100)}{n_s(100) \cdot \Delta t} = \frac{1}{100 \times 5} = 0.2\%/\mathrm{h}$$

由式(2-8)得

$$\hat{f}(100) = \frac{1}{n}\frac{\Delta n_f(100)}{\Delta t} = \frac{1}{100} \times \frac{1}{5} = 0.2\%/\mathrm{h}$$

(2) 求产品在 1000h 时的失效率 $\hat{\lambda}(1000)$ 和失效概率密度 $\hat{f}(1000)$。
据题意有 $n=100, n_s(1000)=100-51=49, \Delta n_f(1000)=1, \Delta t = 1005-1000 = 5\mathrm{h}$。
由式(2-11)得

$$\hat{\lambda}(1000) = \frac{\Delta n_f(1000)}{n_s(1000) \cdot \Delta t} = \frac{1}{49 \times 5} = 0.4\%/\mathrm{h}$$

由式(2-8)得

$$\hat{f}(1000) = \frac{1}{n}\frac{\Delta n_f(1000)}{\Delta t} = \frac{1}{100} \cdot \frac{1}{5} = 0.2\%/\mathrm{h}$$

由例 2-3 计算结果可见,从失效概率观点看,在 $t=100\mathrm{h}$ 和 $t=1000\mathrm{h}$ 处,单位时间内失效频率是相同的,而从失效率观点看,1000h 处的失效率比 100h 处的失效率加大一倍,后者更灵敏地反映出产品失效的变化速度。

2.4.3 平均失效率 $\bar{\lambda}$

在工程实践中,常常用到平均失效率,其定义如下:

（1）对不可修复的产品是指在一个规定时间内总失效产品数 $n_f(t)$ 与全体产品的累积工作时间 T 之比。

（2）对可修复的产品是指它们在使用寿命期内的某个观测期间,所有产品的故障发生总数 $n_f(t)$ 与总累积工作时间 T 之比。所以不论产品是否可修复,平均失效率估计值的公式为

$$\bar{\lambda} = \frac{n_f(t)}{T} = \frac{n_f(t)}{\sum_{i=1}^{n_f} t_{fi} + n_s t} \qquad (2-12)$$

式中：t_{fi} 为第 i 个产品失效前的工作时间；n_s 为整个试验期间未出现失效的产品数；n_f 为整个试验期间出现失效的产品数。

2.4.4 失效率单位

失效率的常用单位有 %/h、%/kh 及菲特(Fit)等。其中,(Fit)是失效率的基本单位,$1\text{Fit} = 10^{-9}/\text{h}$,它表示 1000 个产品工作 1Mh 后只有一个失效。

2.5 产品的寿命特征

在可靠性工程中,规定了一系列与寿命有关的指标,即平均寿命、可靠寿命、特征寿命和中位寿命等。这些指标总称为可靠性寿命特征,它们也都是衡量产品可靠性的尺度。

2.5.1 平均寿命

在寿命特征中最重要的是平均寿命。平均寿命就是寿命的数学期望,记做 θ,数学公式为

$$\theta = \int_0^\infty t f(t) \, dt \qquad (2-13)$$

值得注意的是,可以证明,能用可靠度 $R(t)$ 来计算平均寿命,公式为

$$\theta = \int_0^\infty R(t) \, dt \qquad (2-14)$$

由于可维修产品与不可维修产品的寿命有不同的意义,故平均寿命也有不同的意义。一般用 MTBF 表示可维修产品的平均寿命,称"平均无故障工作时间"；用 MTTF 表示不可维修产品的平均寿命,称为"失效前的平均工作时间"。

不论产品是否可修复,平均寿命的估计值的表达式均为

$$\hat{\theta} = \frac{1}{n} \sum_{i=1}^n t_i \qquad (2-15)$$

式中：n 对不可修产品它代表试验的产品数,对于可修产品它代表试验产品发生故障次数；t_i 对不可修产品它代表第 i 件产品的寿命,对于不可修产品,它代表每次故障修复后的工作时间。

2.5.2 可靠寿命、特征寿命和中位寿命

前面已经提到可靠度函数 $R(t)$ 是产品工作时间 t 的函数,在 $t=0$ 时,$R(0)=1$,当工作时间增加,$R(t)$ 逐渐减小。可靠度与工作时间有一一对应的关系。有时需要知道可靠度等于给定值 r 时产品的寿命是多少?

可靠寿命就是给定可靠度为 r 时对应的寿命 T_r,即

$$R(T_r) = r \tag{2-16}$$

图 2-6 所示为可靠寿命 T_r 与可靠度(可靠水平)r 的关系。

特征寿命就是当 $R(t)=\mathrm{e}^{-1}=0.37$ 时对应的寿命,对于失效规律服从指数分布的产品而言,特征寿命就是平均寿命。

中位寿命就是当 $R(t)=0.5$ 时对应的可靠寿命。当产品工作到中位寿命时,可靠度 $R(t)$ 和累积失效概率 $F(t)$ 都等于 50%,如图 2-7 所示。

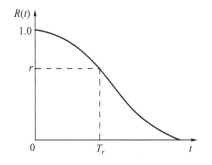

图 2-6 可靠寿命 T_r 与可靠水平 r 的关系　　图 2-7 中位寿命与 $R(t)$ 及 $F(t)$ 的关系

上面介绍了各种可靠性特征量,用图 2-8 形象地描述它们之间的关系(设 $t\geq 0$)。

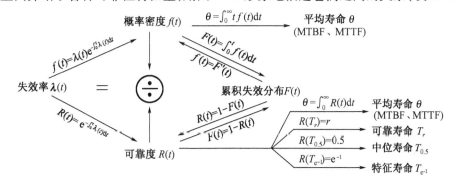

图 2-8 可靠性特征量的关系

2.6 航空器可靠性指标

2.6.1 航空器可靠性概念

可靠性是指产品在规定的条件下和规定的时间内完成规定功能的能力,或者说产品

保持其功能的时间。可靠性是产品的一项重要质量指标,具有质量的属性,具备以下特点:

(1) 规定条件下的可比性。即"规定"(规定条件、规定时间、规定功能)条件的不同,可靠性水平有较大的差异;在讨论和评估产品的可靠性时,应明确以上3个"规定";否则会失去可比性。

(2) 强调可用性。可靠性并不是笼统地要求长寿命,而是强调在规定的使用时间内能否充分发挥其功能,即产品的可用性。

(3) 统计、抽样特性。一个产品何时出现故障受许多随机因素影响,致使最终产品的无故障工作时间也具有随机特性。因此,产品的可靠性观测值是多少很难预料,可以利用概率统计理论估计整批产品的可靠性。

(4) 指标的体系性。一般来说,一个产品的可靠性可由多种指标形式表现。因为可靠性是个综合特性,它综合表现了产品的耐久性、无故障性、维修性、可用性和经济性,可分别用各种定量指标表示,形成一个指标体系。具体一个产品采用什么指标要根据产品的复杂程度和使用特点而定,一般对于可以修理的复杂系统、机器设备,常用可靠、平均故障工作时间(MTBF)、平均维修时间(MTTF)以及有效、寿命、可用度和经济性作为指标。对于不能或者不予修理的产品,如耗损件、元器件等,常用可靠度、可靠寿命、故障率、平均寿命(MTTF)等表述,材料则采用性能均值和均方差等特性作为指标。

2.6.2 航空器常用可靠性指标

在可靠性分析中,常用的指标有以下几个:

1. 用时间计量的指标

(1) 可靠度。产品在规定的条件下和规定的时间内,完成规定功能的概率称为可靠度,记为 $R(t)$。可靠度是在规定的时间内的概率,是时间的函数,对于相同的产品,在不同的时间区间内可靠度是不同的。其概率表达式为

$$R(t) = \begin{cases} P(T > t) = 1 - \int_0^t f(t)\mathrm{d}t, t \geq 0 \\ 0, t < 0 \end{cases}$$

式中:T 为产品的寿命,是一个随机变量;$f(t)$ 为寿命 t 的概率密度函数。上式中的第一式的含义表示产品的寿命至少要比时间 t 长的概率。

(2) 平均故障间隔时间(MTBF)。可修产品可靠性的一种基本指标,平均故障间隔时间是指产品发生了故障后经修理或更换零件仍能正常工作,其在两次相邻故障间隔平均工作时间。如在第一次工作 t_1 时间后出现故障,经修复第二次工作时间 t_2 后出现故障,……,第 n 次工作 t_n 后出现故障,则平均故障间隔时间为

$$\mathrm{MTBF} = \frac{\sum_{i=1}^{n} t_i}{n}$$

(3) 故障前工作时间(MTBF)。故障前平均工作时间是指不可修复的产品,由开始工作直到发生故障前连续的工作时间,t 可以认为是 $0 \to \infty$ 内的一个任意可能值。因而对

某一产品或零件的故障前的平均时间,应理解为它们连续正常工作时间的数学期望 $E(t)$。于是有

$$\mathrm{MTTF} = E(t) = \int_0^\infty tf(t)\mathrm{d}t$$

式中:$f(t)$为寿命 t 的概率密度函数。

(4) 平均故障间隔飞行小时(Mean Flight Hour Between Failures,MFHBF)。它是可修复产品使用可靠性的一种基本参数。其度量方法:在规定的条件下和规定的时间内,产品累积的总飞行小时数与同一时间内的故障总数之比。

(5) 平均拆卸间隔时间(Mean Time Between Removals,MTBR)。它是与支援资源有关的一种可靠性参数。其基本度量方法:在规定的条件下和规定的时间内,累积的总设备飞行时间除以同一时间内设备拆卸(计划的加非计划的拆卸)的次数。

(6) 平均非计划拆卸间隔时间(Mean Time Between Unscheduled Removals,MRBUR)。它是与支援资源有关的一种可靠性参数。其基本度量方法:在规定的条件下和规定的时间内,累积的总设备飞行时间除以同一时间内设备的非计划拆卸次数。

2. 用单位时间比率计量的参数

(1) 瞬时失效率。它是指产品在时刻 t 处于可用状态,当 $\Delta t \to 0$ 时,在时间 $t, t + \Delta t$ 内出现失效的条件概率与区间长度 Δt 之比的极限,以 $\lambda(t)$ 表示,它是一个条件概率。

实际中的可靠性参数,多为这些参数在具体应用中的不同表现形式。以民用飞机为例,主要包括以下具体的可靠性参数。

(2) 平均失效率。它是指在规定时间区间 (t_1, t_2) 内的瞬时失效率的平均值,即

$$\overline{\lambda}(t_1, t_2) = \frac{1}{t_2 - t_1} \int_{t_1}^{t_2} \lambda(t)\mathrm{d}t$$

(3) 累积失效率。它是指产品在规定的条件下和规定时间内失效的概率,数值上等于 $1 - R(t)$,以 $F(t)$ 表示。如果 $F(t)$ 是可微的,即 $\dfrac{\mathrm{d}F(t)}{\mathrm{d}t}$ 存在,$f(t) = \dfrac{\mathrm{d}F(t)}{\mathrm{d}t}$ 为寿命分布密度函数,有

$$F(t) = \begin{cases} \int_0^t f(t)\mathrm{d}t, & t \geq 0 \\ 0, & t < 0 \end{cases}$$

实际中的可靠性参数,多为这些参数在具体应用中的不同表现形式。以民用飞机为例,主要包括以下具体的可靠性参数:

(1) 平均寿命。它是有关产品寿命(失效前时间或失效工作时间)的平均值,随机变量 T 服从寿命分布 $F(t)$、分布概率密度函数 $f(t)$,T 数的学期望 $E(t)$ 称为平均寿命,即

$$m = E(t) = \int_0^\infty tf(t)\mathrm{d}t = \int_0^\infty R(t)\mathrm{d}t$$

对于不修理产品,当所有试验样品都观测到寿命终了的实际值时,是指算术平均值,而对于不是所有试验样品都观测到寿命终了的截尾试验时,是指受试样品的累积试验时

间与失效数之比,记为 MTTF;对于修理产品是指一个或多个产品在它的使用寿命期内的某个观察期间累积工作时间与失效数之比,记为 MTBF。

(2) 可靠寿命。指产品对于即定可靠度的工作时间 T_r,称为可靠寿命,$R(T_r) = r$。即给定产品可靠度,求产品能够达到这一可靠度的工作时间。

(3) 使用寿命。它指产品在规定的使用条件下,具有可接受的故障率的工作时间区间。

(4) 总寿命。指在规定条件下,产品从开始使用到规定报废的工作时间、循环次数和(或)日历时间。

飞机和发动机这类复杂多功能的可修产品,评定其耐久性直接采用故障前飞行小时数是比较直观的,出现故障后有可能导致发动机停车或提前换发。对于某些系统、工作机组、组件块和仪器,除按实际飞行小时数估算耐久性外,还采用循环数表示。航空发动机的启动系统、压气机和喷管的操纵机构及其他的周期性关停系统和装备都属于用循环数来表示耐久性的装置。

(5) 首次翻修间隔期。它指在规定条件下,产品从开始使用到首次翻修的工作时间和(或)日历持续时间。翻修是指把产品分解为零部件,清洗、检查,并通过修复或替换故障零部件,恢复产品寿命,使其等于或接近于其首次翻修期的修理。通常可以将可靠性寿命或者使用寿命作为首次翻修期的基值。

(6) 翻修间隔限期。它是指在规定条件下,产品两次相继翻修间隔的工作时间、循环次数和(或)日历持续时间。

(7) 存储期限。产品能够储存的日历持续时间,在此时间内,产品启封能够满足使用要求。

民航飞机的主要可靠性参数如表 2-1 所列。

表 2-1 民航飞机主要可靠性参数

序号	指标类型	具体指标
1	安全性	损失概率;事件率
2	可用性	出勤可靠度或延误率;航班可靠度
3	可靠性	出勤可靠度或延误率;平均故障间隔时间或失效率;航行可靠度;发动机空中停车率;发动机送修率;平均非计划拆卸间隔时间
4	耐久性	首次翻修间隔时间;翻修间隔时间;总寿命;储存期限

在军、民用飞机领域,与可靠性有关的常用术语还包括以下几个:

(1) 飞机利用率(aircraft utilization)。给定机队中一架在用飞机平均每日的飞行小时数。计算方法是在报告的期间内该机队积累的飞行小时数(空中时间)除以同一期间内在用飞机的架日数。飞机利用率也可以用每年的飞行小时数表示。

(2) 计划维修(scheduled maintenance)。在限定的间隔时间进行的维修,通过系统的检查、检测,更换耗损产品,调整、校正和清洗等工作,使产品保持在可使用的状态。

(3) 非计划维修(unscheduled maintenance)。通过对产品已知的和怀疑的失常和(或)缺陷进行恢复,使产品恢复到满意的状态所进行的维修。

(4) 航线可更换单元(Line Replaceable Unit, LRU)。在飞机的航线维修作业期间可以方便地在飞机上更换的产品。

(5) 航班可靠度(schedule reliability)。飞机开始完成一次定期营运飞行而不发生由于飞机系统或部件故障造成航班中断的概率。航班中断包括大于15mile(1mile≈1609m)的机械延误、取消航班、空中返航和换场着陆等事件。

(6) 签派可靠度(dispatch reliability)。没有延误(技术原因)或撤销航班(技术原因)而营运离站的百分数。在数值上，出勤签派可靠度 = 1 - 出勤延误率。

出勤延误率是指在规定的日历时间内(或规定的累计商务离站次数内)，离站因技术原因的延误及航班撤销总次数除以商务离站总次数的值。

(7) 发动机送修率(Shop Visit Rate, SVR)。在规定的时间内，发动机送修的总次数除以发动机飞行小时数。通常用每1000发动机飞行小时的送修事件数表示。

(8) 平均维修时间(Mean Maintenance Time, MMT)。这是与维修方针有关的一种维修性参数。度量方法：在规定条件下和规定时间内，产品预防性维修和修复性维修总时间除以该产品计划维修和非计划维修事件总数。

(9) 平均修复时间(mean time to repair)。这是产品维修性的一种基本参数。度量方法：在规定条件下和规定时间内，在规定的维修级别上，对指定产品实施修理所花费的累计的有效时间总和，除以同一时间内被修理产品的故障总数。

2.7 常用失效分布

产品的失效分布是指其失效概率密度函数或累积失效概率函数，它与可靠性特征量有着密切的关系。如已知产品的失效分布函数，则可求出可靠度函数、失效率函数和寿命特征量。即使不知道具体的分布函数，但如果已知失效分布的类型，也可以通过对分布的参数估计求得某些可靠性特征量的估计值。因此，在可靠性理论中，研究产品的失效分布类型是一个十分重要的问题。

2.7.1 指数分布

在可靠性理论中，指数分布是最基本、最常用的分布，适合于失效率$\lambda(t)$为常数的情况，它不但在电子元器件偶然失效期普遍使用，而且在复杂系统和整机方面以及机械技术的可靠性领域也得到使用。

1. 失效概率密度函数 $f(t)$

$$f(t) = \lambda e^{-\lambda t}, \quad t \geq 0 \tag{2-17}$$

式中：λ为指数分布的失效率，为一常数。

失效概率密度函数 $f(t)$ 的图形如图 2-9 所示。

2. 累积失效概率函数 $F(t)$

$$F(t) = \int_{-\infty}^{t} f(t)\mathrm{d}t = \int_{0}^{t} \lambda e^{-\lambda t}\mathrm{d}t = 1 - e^{-\lambda t}, \quad t \geq 0 \tag{2-18}$$

累积失效概率函数 $F(t)$ 的图形如图 2-10 所示。

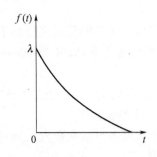
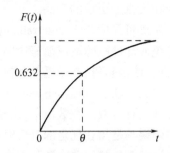

图 2-9　指数分布的失效概率密度函数　　　图 2-10　指数分布的累积失效概率函数

3. 可靠度函数 $R(t)$

$$R(t) = 1 - F(t) = e^{-\lambda t}, \quad t \geq 0 \tag{2-19}$$

可靠度函数 $R(t)$ 的图形如图 2-11 所示。

4. 失效率函数 $\lambda(t)$

$$\lambda(t) = \lambda = 常数 \tag{2-20}$$

失效率函数 $\lambda(t)$ 的图形如图 2-12 所示。

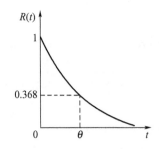
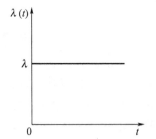

图 2-11　指数分布的可靠度函数　　　图 2-12　指数分布的失效率函数

5. 平均寿命 θ

$$\theta = \int_0^\infty R(t)\,\mathrm{d}t = \int_0^\infty e^{-\lambda t}\,\mathrm{d}t = \frac{1}{\lambda} \tag{2-21}$$

因此,当产品寿命服从指数分布时,其平均寿命 θ 与失效率 λ 互为倒数。

6. 可靠寿命 T_r

给定可靠度 r 时,根据式(2-19)可得

$$R(T_r) = e^{-\lambda T_r} = r$$

将上式两边取自然对数,可得

$$T_r = -\frac{1}{\lambda}\ln r \tag{2-22}$$

7. 中位寿命 $T_{0.5}$

将 $r=0.5$ 代入式(2-22)可得

$$T_{0.5} = -\frac{1}{\lambda}\ln 0.5 = \frac{1}{\lambda}\ln 2 = 0.693\theta = 0.693\frac{1}{\lambda} \tag{2-23}$$

指数分布有一个重要特性,即产品工作 t_0 时间后,它再工作 t 时间的可靠度与已工作过的时间 t_0 无关,而只与时间 t 的长短有关。下面用条件概率来说明。

$$R(t_0 + t) = P(T > t_0 + t \mid T > t_0) = \frac{P(T > t_0 + t, T > t_0)}{P(T > t_0)}$$

$$= \frac{P(T > t_0 + t)}{P(T > t_0)} = \frac{R(t_0 + t)}{R(t_0)} = \frac{e^{-\lambda(t_0 + t)}}{e^{-\lambda t_0}} = e^{-\lambda t} = R(t) = P(T > t)$$

由此可见,产品可靠度与产品已经使用过 t_0 时间无关,即它对用过的时间 t_0 是不作记忆的,又称为无记忆性。

2.7.2 威布尔分布

威布尔分布在可靠性理论中是使用范围较广的一种分布。它能全面地描述浴盆失效率曲线的各个阶段。当威布尔分布中的参数不同时,它可以蜕化为指数分布、瑞利分布和正态分布。大量实践说明,凡是因为某一局部失效或故障所引起的全局机能停止运行的元件、器件、设备、系统等的寿命服从威布尔分布。特别在研究金属材料的疲劳寿命,如疲劳失效、轴承失效都服从威布尔分布。

1. 失效概率密度函数 $f(t)$

$$f(t) = \frac{m}{\eta} \left(\frac{t - \delta}{\eta} \right)^{m-1} e^{-\left(\frac{t-\delta}{\eta} \right)^m}, \quad \delta \leq t; m、\eta > 0 \tag{2-24}$$

式中:m 为形状参数;η 为尺度参数;δ 为位置参数。

失效概率密度函数 $f(t)$ 的图形如图 2-13 所示。

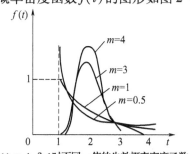
(a) $\eta=1$、$\delta=1$ 时不同 m 值的失效概率密度函数

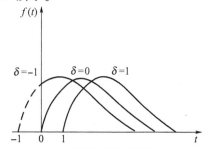
(b) $m=2$、$\eta=1$ 时不同 δ 值的失效概率密度函数

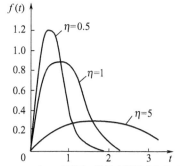
(c) $m=2$、$\delta=0$ 时不同 η 值的失效概率密度函数

图 2-13 威布尔分布的失效概率密度函数

2. 累积失效概率函数 $F(t)$

$$F(t) = 1 - e^{-\left(\frac{t-\delta}{\eta}\right)^m}, \quad \delta \leq t; m、\eta > 0 \qquad (2-25)$$

累积失效概率函数 $F(t)$ 的图形如图 2-14 所示。

3. 可靠度函数 $R(t)$

$$R(t) = e^{-\left(\frac{t-\delta}{\eta}\right)^m}, \quad \delta \leq t; m、\eta > 0 \qquad (2-26)$$

可靠度函数 $R(t)$ 的图形如图 2-15 所示。

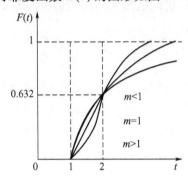

图 2-14　$\eta=1$、$\delta=1$ 时不同 m 值的累积失效概率函数

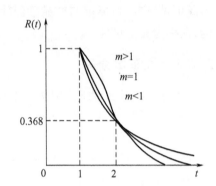

图 2-15　$\eta=1$、$\delta=1$ 时不同 m 值的可靠度函数

4. 失效率函数 $\lambda(t)$

$$\lambda(t) = \frac{m}{\eta}\left(\frac{t-\delta}{\eta}\right)^{m-1}, \quad \delta \leq t; m、\eta > 0 \qquad (2-27)$$

失效率函数 $\lambda(t)$ 的图形如图 2-16 所示。

5. 参数 (m,η,δ) 的意义

1) 形状参数 m

威布尔分布的失效概率密度曲线、累积失效概率曲线、可靠度曲线以及失效率曲线的形状都随 m 值不同而不同，所以把 m 称为形状参数。各分布曲线如图 2-14 至图 2-16 所示。

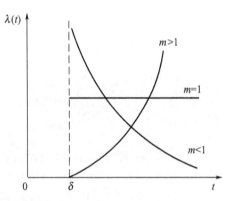

图 2-16　$\delta \neq 0$ 时不同 m 值得失效率函数

从图 2-13 至图 2-16 可以看出：

当 $m<1$ 时，$f(t)$ 曲线随时间单调下降；

当 $m=1$ 时，$f(t)$ 曲线为指数曲线；

当 $m>1$ 时，$f(t)$ 曲线随时间增加出现峰值而后下降；

当 $m=3$ 时，$f(t)$ 曲线已接近正态分布。通常 $m=3\sim4$ 即可当作正态分布。

2) 位置参数 δ

位置参数 δ 决定了分布的起始点。当 m、η 相同，δ 不同时，其失效概率密度曲线是完全相同的，所不同的只是曲线的起始位置有所变动，如图 2-13(b) 所示。

从图 2-13(b) 可以看出，当 $\delta<0$ 时，产品开始工作时就已失效了，即这些元件在储

存期已失效，$f(t)$ 曲线由 $\delta=0$ 时的位置向左平移 $|\delta|$ 的距离。

当 $\delta=0$ 时，$f(t)$ 曲线为二次函数威布尔分布。

当 $\delta>0$ 时，表示这些元件在起始时间 δ 内不会失效，$f(t)$ 曲线由 $\delta=0$ 时的位置向右平移 $|\delta|$ 的距离。此时，可将 δ 称为最小保证寿命。

3）尺度参数 η

通常将 η 称为真尺度参数，当 m 值及 δ 值固定不变，η 值不同时威布尔分布的失效概率密度曲线的高度及宽度均不相同。由图 2-13(c) 可见，当 η 值增大时，$f(t)$ 的高度变小而宽度变大，故把 η 称为尺度参数。

2.7.3 正态分布

正态分布在数理统计学中是一个最基本的分布，在可靠性技术中也经常用到它，如材料强度、磨损寿命、疲劳失效。同一批晶体管放大倍数的波动或寿命波动等都可看作或近似看作正态分布。在电子元器件可靠性计算中，正态分布主要应用于元件耗损和工作时间延长而引起的失效分布，用来预测或估计可靠度有足够的精确性。

由概率论知，只要某个随机变量是由大量相互独立、微小的随机因素的总和所构成，而且每一个随机因素对总和的影响都均匀地微小，那么，就可断定这个随机变量必近似服从正态分布。

1. 失效概率密度函数 $f(t)$

$$f(t) = \frac{1}{\sqrt{2\pi}\sigma} e^{-\frac{(t-\mu)^2}{2\sigma^2}}, \quad -\infty < t < +\infty \tag{2-28}$$

式中：μ 为随机变量的均值；σ 为随机变量的标准差。

失效概率密度函数 $f(t)$ 的图形如图 2-17 所示。

2. 累积失效概率函数 $F(t)$

$$F(t) = \frac{1}{\sqrt{2\pi}\sigma} \int_{-\infty}^{t} e^{-\frac{(t-\mu)^2}{2\sigma^2}} dt \tag{2-29}$$

若将 $Z = \dfrac{t-\mu}{\sigma}$ 代入式（2-29），则可以得到标准化正态分布的累积失效概率函数，即

$$F(t) = \Phi(z) = \frac{1}{\sqrt{2\pi}} \int_{-\infty}^{z} e^{\frac{1}{2}z^2} dz \tag{2-30}$$

累积失效概率函数 $F(t)$ 的图形如图 2-18 所示。

3. 可靠度函数 $R(t)$

$$R(t) = \frac{1}{\sqrt{2\pi}\sigma} \int_{t}^{\infty} e^{-\frac{(t-\mu)^2}{2\sigma^2}} dt \tag{2-31}$$

可靠度函数 $R(t)$ 的图形如图 2-19 所示。

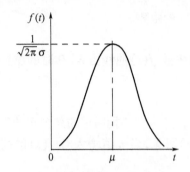
图 2-17 正态分布的失效概率密度函数

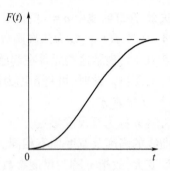
图 2-18 正态分布的累积失效概率函数

4. 失效率函数 $\lambda(t)$

$$\lambda(t) = \frac{f(t)}{R(t)} = \frac{1}{\sqrt{2\pi}\sigma}e^{-\frac{(t-\mu)^2}{2\sigma^2}} \bigg/ \frac{1}{\sqrt{2\pi}\sigma}\int_t^\infty e^{-\frac{(t-\mu)^2}{2\sigma^2}}dt \qquad (2-32)$$

失效率函数 $\lambda(t)$ 的图形如图 2-20 所示。

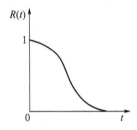
图 2-19 正态分布的可靠度函数

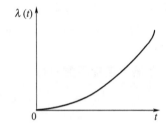
图 2-20 正态分布的失效率函数

2.7.4 对数正态分布

随机变量 t 的自然对数服从均值为 μ 和标准差为 σ 的正态分布,称为对数正态分布。这里 μ 和 σ 不是随机变量 t 的均值和标准差,而是 $\ln t$ 的均值和标准差。

1. 失效概率密度函数 $f(t)$

$$f(t) = \frac{1}{t\sigma\sqrt{2\pi}}e^{-\frac{(\ln t-\mu)^2}{2\sigma^2}} \qquad (2-33)$$

失效概率密度函数 $f(t)$ 的图形如图 2-21 所示。

2. 累积失效概率函数 $F(t)$

$$F(t) = \int_0^t \frac{1}{t\sigma\sqrt{2\pi}}e^{-\frac{(\ln t-\mu)^2}{2\sigma^2}} \qquad (2-34)$$

累积失效概率函数 $F(t)$ 的图形如图 2-22 所示。

3. 可靠度函数 $R(t)$

$$R(t) = \int_t^\infty \frac{1}{t\sigma\sqrt{2\pi}}e^{-\frac{(\ln t-\mu)^2}{2\sigma^2}}dt \qquad (2-35)$$

可靠度函数 $R(t)$ 的图形如图 2-23 所示。

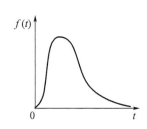

图 2-21 对数正态分布失效概率密度函数　　图 2-22 对数正态分布累积失效概率函数

4. 失效率函数 $\lambda(t)$

$$\lambda(t) = \frac{f(t)}{R(t)} = \frac{\frac{1}{t}e^{-\frac{(\ln t-\mu)^2}{2\sigma^2}}}{\int_t^\infty \frac{1}{t}e^{-\frac{(\ln t-\mu)^2}{2\sigma^2}}dt} \tag{2-36}$$

失效率函数 $\lambda(t)$ 的图形如图 2-24 所示。

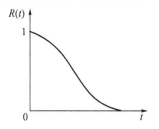
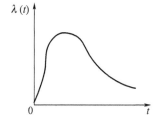

图 2-23 对数正态分布可靠度函数　　图 2-24 对数正态分布失效率函数

习题与思考题

2-1 某仪器的寿命符合指数分布,且失效率 $\lambda = 0.01/\text{kh}$,求该仪器工作到可靠度为 90% 时的时间。

2-2 设产品的失效率函数为

$$\lambda(t) = \begin{cases} 0, & x < 0 \\ \lambda, & x \geq 0 \end{cases}$$

求该产品的失效概率密度函数 $f(t)$ 和平均寿命 θ。

2-3 设产品的失效概率密度函数为

$$f(t) = \begin{cases} 0, & x < 0 \\ te^{\frac{t^2}{2}}, & x \geq 0 \end{cases}$$

求该产品的可靠度函数 $R(t)$ 和失效率函数 $\lambda(t)$。

2-4 已知某产品的失效分布函数为

$$F(t) = 1 - e^{-\left(\frac{t}{\eta}\right)^m}, \quad t \geq 0, \eta > 0$$

求该产品的可靠度函数 $R(t)$、失效率函数 $\lambda(t)$。

2-5 对 40 台仪器进行现场考查,在 $t=2000\mathrm{h}$ 以前有 1 台仪器失效,在 2000~4000h 之间有 1 台失效,在 4000~6000h 之间有 2 台失效,在 6000~8000h 之间有 2 台失效。分别求 t 为 2000h、4000h 及 4000~8000h 的可靠度和不可靠度估计值。

2-6 有 150 件产品,工作到 $t=20\mathrm{h}$ 时,失效 50 个,再工作 1h,又失效 2 个,求 $t=20\mathrm{h}$ 的失效率估计值 $\hat{\lambda}(20)$ 和失效概率密度估计值 $\hat{f}(20)$。

2-7 取 5 只指示灯泡进行寿命试验,寿命分别为 3000、8000、17500、44000、53500h,求 MTTF;若灯泡寿命服从指数分布(即 $\lambda=$ 常数),求 $\hat{\lambda}$、$\hat{R}(4000)$ 及 $\hat{t}_{0.5}$。

第3章 系统可靠性模型

3.1 布尔代数、容斥原理和不交型算法简介

为了便于下面进行可靠性数学模型的讨论,即计算系统可靠性的特征量,本节首先介绍布尔代数运算规则、容斥原理和不交型算法的概念。

3.1.1 布尔代数

1847年,英国数学家布尔(G. Boole)出版了《逻辑的数学分析》一节,1854年又出版了《思维的规律》,这是把逻辑数学化的一次成功尝试。因此,现在人们仍把逻辑代数称为布尔代数。

20世纪初,Russell和White Head出版了《数学原理》,奠定了逻辑代数在数学中的地位。20世纪30年代,C. E. Shannon又把逻辑代数发展成一种便于进行开关线路分析的形式,后来在计算机领域发挥了重要作用。以集合为研究对象的集合代数、以开关线路分析的形式表示的开关代数以及以命题为研究对象的命题代数是逻辑代数(布尔代数)的三大分支,这里主要对集合代数作简单介绍。

1. 集合的并、交和补运算

集合是具有某种特定性质的事物总体或全体,即数学中的一个基本概念。设有两个集合A和B,若集合$c_1 = \{x: x$ 属于A或属于$B\}$,则集合c_1就叫做A与B的并集,记为$c_1 = A \cup B$。显然,c_1集合的元素x是由A的元素与B的元素汇总而得。注意,如果一个元素属于A又属于B,它在c_1内只能算一个元素,因为它本来就只是同一个元素。

若集合$c_2 = \{x: x$ 既属于A又属于$B\}$,则集合c_2就叫做A与B的交集,记为$c_2 = A \cap B$。显然,c_2的元素恰是A与B的公共元素。

若集合$c_3 = \{x: x$ 不属于$B\}$,则集合就叫c_3做B的补集,记为$c_3 = B'$或$\overline{B}$。显然,c_3的元素只能由集合B以外的元素所组成。

并、交、补是集合代数中3个最基础的运算。它们可用文氏图(Venn Diagram)作直观的表示,A与B的并集、A与B的交集和B的补集的文氏图如图3-1(a)、(b)、(c)所示。

2. 集合代数的基本规律

设A、B、C为3个集合,$\emptyset$为空集,是没有任何元素的集合,I为全集,是在所讨论的一定范围内包含一切可能元素的集合。

(1) 交换律:$A \cup B = B \cup A$,$A \cap B = B \cap A$。

(2) 结合律:$(A \cup B) \cup C = A \cup (B \cup C)$,$(A \cap B) \cap C = A \cap (B \cap C)$。

(3) 分配律:$A \cap (B \cup C) = (A \cap B) \cup (A \cap C)$,$A \cap (B \cap C) = (A \cup B) \cap (A \cup C)$。

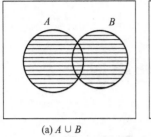 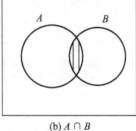 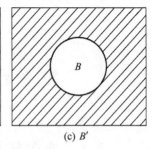

(a) $A \cup B$　　　　(b) $A \cap B$　　　　(c) B'

图 3-1　集合并、交、补集的文氏图

(4) 吸收律：$A \cup (A \cap B) = A, A \cap (A \cup B) = A$。

(5) 基元律：$\emptyset \cup A = A, \emptyset \cap A = \emptyset; I \cup A = I, I \cap A = A$。

(6) 补元律：$A \cup A' = I, A \cap A' = \emptyset$。

分配律两式的文氏图见图 3-2 和图 3-3。

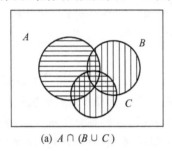 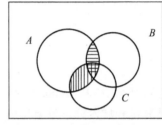

(a) $A \cap (B \cup C)$　　　　(b) $(A \cap B) \cup (A \cap C)$

图 3-2　分配律式 1 文氏图

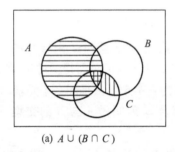 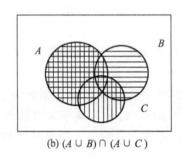

(a) $A \cup (B \cap C)$　　　　(b) $(A \cup B) \cap (A \cup C)$

图 3-3　分配律式 2 文氏图

吸收律两式文氏图见图 3-4。

3. 布尔代数的基本定理

在一个数学系统中，如果变量只能取 0 或 1，如上述并、交、补 3 种运算，且满足以上 6 条基本规律，该系统便叫做布尔代数，而"∪""∩""'"叫做布尔运算。"交"的运算符号 ∩ 可简化为"·"，而且常省略，如 $A \cap B = A \cdot B = AB$。

当元素只能在或不在某个特定集合之内（变量取值 0 或 1），有关集合的并、交、补运算满足上述 6 条基本规律，组成一个布尔代数，叫做集合代数。当开关只能处在通或断状态，开关线路中的并联、串联、反相等 3 种关系也满足上述 6 条基本规律，组成一个布尔代数，叫做开关代数。

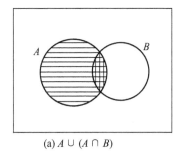
(a) $A \cup (A \cap B)$

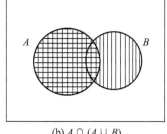
(b) $A \cap (A \cup B)$

图 3-4 吸收律的文氏图

当命题非真即假（凡可决定其真假的语句叫做命题），命题连接词"或、且、非"也满足上述 6 条基本规律，组成一个布尔代数，叫做命题代数。可见，开关代数和命题代数同集合代数的实质是一样的。

由集合代数的 6 条基本规律可以推出以下布尔代数的一系列基本定理。

（1）基元互补律：$\emptyset' = I, I' = \emptyset$。

（2）双补律：$(A')' = A$。

（3）De·Morgan 律：$(A \cup B)' = A' \cdot B', (A \cdot B)' = A' \cup B'$。

（4）等幂律：$A \cup A = A, A \cap A = A$。

（5）覆盖律：$A \cup A'B = A \cup B$，$A(A' \cup B) = AB$；$AB \cup A'C \cup CB = AB \cup A'C$，$(A \cup B)(A' \cup C)(C \cup B) = (A \cup B)(A' \cup C)$。

（6）归并律：$AB \cup AB' = A, (A \cup B)(A \cup B') = A$。

（7）对偶性定理：设在任意一个布尔表达式中，如果将其中的"∩"与"∪"互换，$\emptyset$ 与 I 互换，"'"保持不变，所得的新表达式叫做原表达式的对偶式。可以证明，布尔代数的任何一条定理的对偶式仍是一条定理，叫做原定理的对偶定理。如果能证明原定理成立，则其对偶定理必定成立。观察集合代数的基本规律和布尔运算的基本定理（双补律除外），不难看出它们的 1 式和 2 式，或 3 式和 4 式均互为原定理的对偶定理。例如，覆盖律的 1 式 $A \cup A'B = A \cup B$ 和 2 式 $A(A' \cup B) = AB$；3 式 $AB \cup A'C \cup CB = AB \cup A'C$ 和 4 式 $(A \cup B)(A' \cup C)(C \cup B) = (A \cup B)(A' \cup C)$。它们等号左右均为对偶式，故其两两（1 式和 2 式、3 式和 4 式）互为原定理和对偶定理。

对于上述布尔代数的 7 条基本定理均可应用文氏图证明，如归并律的两式文氏图如图 3-5 所示。

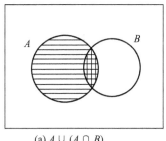
(a) $A \cup (A \cap B)$

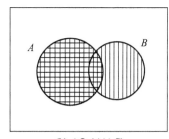
(b) $A \cap (A \cup B)$

图 3-5 归并律的文氏图

3.1.2 容斥原理

容斥原理(inclusion&exclusion principle)是集合数学中的一个命题。有许多生活中和工作中的问题可以应用容斥原理得到正确的解答。例如,某研究室订《人民日报》的有2人,订《北京日报》的有2人,订《参考消息》的有5人,订《广播电视报》的有3人;同时又知有1人订了两种报,有3人各订了3种报,请确定该室有多少人订报?经分析可知该室订报人数应为 $N = (2+2+5+3) - (1 \times 2 + 3 \times 3) + (1+3) = 5$。因为该式第一项是总订报份数,第一项减第二项是只订一份报的人数,而第三项是订多种报的人数,所以此式计算结果为订报总人数。设该室甲、乙、丙、丁、戊5个人订报,他们订报情况如表3-1所列。

表3-1 某研究室人员的订报情况

	甲	乙	丙	丁	戊
人民	√				√
北京			√	√	
参考	√	√		√	√
广播	√		√		√

从以上示例可以看出,容斥原理算法,通俗地说,是一种"加加减减"、逐项逼近问题的正确解答的算法。显然,由于有人订了多种报,使计算变得复杂了,为了方便地解决这类问题,这里介绍容斥原理计算公式。

1. 集合相容和不相容

若集合 A 与集合 B 有公共元素,则称为 A 与 B 相容,或称为相交,如图3-6所示。若集合 A 与集合 B 没有公共元素,则称为 A 与 B 不相容,或称为不相交,如图3-7所示。

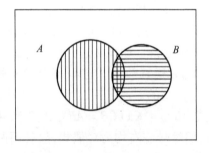

图3-6 A 集与 B 集相交的文氏图

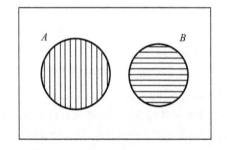

图3-7 A 集与 B 集相交的文氏图

2. 容斥原理公式

设有 n 个任意集合 $A_1, A_2, \cdots, A_n$,用数学归纳法可以证得容斥原理计算公式为

$$|A_1 \cup A_2 \cup \cdots \cup A_n| = \sum_{i=1}^{n} |A_i| - \sum_{1 \leq i < j \leq n} |A_i A_j| + \sum_{1 \leq i < j < k \leq n} |A_i A_j A_k| - \cdots \pm |A_1 A_2 \cdots A_n|$$

$$= \sum_{i=1}^{n} \left[(-1)^{i-1} \sum_{1 \leq j_1 < j_2 < \cdots < j_i \leq n} |A_{j_1} A_{j_2} \cdots A_{j_i}| \right] \quad (3-1)$$

式(3-1)中符号 $|A|$ 表示集合 A 内的元素数目(假设它是可数的、有限的),或表示文氏图中集合 A 的"面积"(假设其元素是不可数的)。

同理可以证明任意事件 $x_1, x_2, \cdots, x_n$ 的并事件发生的概率为

$$P_r(x_1 \cup x_2 \cup \cdots \cup x_n) = \sum_{i=1}^{n} \left[(-1)^{i-1} \sum_{1 \leq j_1 < j_2 \cdots j_i \leq n} P_r(x_{j_1} x_{j_2} \cdots x_{j_n}) \right] \quad (3-2)$$

例 3 – 1 求并事件 $A \cup B \cup C$ 的发生概率。

解 设 $A = x_1, B = x_2, C = x_3$。由式(3 – 2)得

$$P_r(x_1 \cup x_2 \cup x_3) = \sum_{i=1}^{3} (-1)^{i-1} \sum_{1 \leq j_1 < j_2 < j_3 \leq 3} P_r(x_{j_1} x_{j_2} x_{j_3}) = (-1)^{1-1}[P_r(x_1) + P_r(x_2) + P_r(x_3)] +$$
$$(-1)^{2-1}[P_r(x_1 x_2) + P_r(x_1 x_3) + P_r(x_2 x_3)] + (-1)^{3-1}[P_r(x_1 x_2 x_3)]$$
$$= P_r(x_1) + P_r(x_2) + P_r(x_3) - P_r(x_1 x_2) - P_r(x_1 x_3) - P_r(x_2 x_3) + P_r(x_1 x_2 x_3)$$

故并事件 $A \cup B \cup C$ 的发生概率为

$$P_r(A \cup B \cup C) = P_r(A) + P_r(B) + P_r(C) - P_r(AB) - P_r(AC) - P_r(BC) + P_r(ABC)$$

例 3 – 2 求 1、2、$\cdots$、500 中能被 3 或 5 除尽的数的个数。

解 设 A_1 为 1~500 中能被 3 除尽的数的集合,A_2 为 1~500 中能被 5 除尽的数的集合。

由式(3 – 1)得能被 3 或 5 除尽的数的集合个数为

$$|A_1 \cup A_2| = \sum_{i=1}^{2} (-1)^{i-1} \sum_{1 \leq j_1 < j_2 \leq 2} |A_{j_1} B_{j_2}|$$
$$= (-1)^{1-1}[|A_1| + |A_2|] + (-1)^{2-1}|A_1 A_2|$$
$$= |A_1| + |A_2| - |A_1 A_2|$$

因为 1~500 中能被 3 除尽的数的个数 $|A_1| = 500/3 = 166$;能被 5 除尽的数的个数 $|A_2| = 500/5 = 100$;同时被 3 和 5 除尽的数的个数 $|A_1 A_2| = 500/(3 \times 5) = 33$。故在 1~500 中能被 3 或 5 除尽的数的个数为

$$|A_1 \cup A_2| = |A_1| + |A_2| - |A_1 A_2| = 166 + 100 - 33 = 233$$

由以上例子可以看出,用式(3 – 1)和式(3 – 2)计算相交集合的并集元素数目(或文氏图"面积")及相交事件的发生概率都是比较复杂的。若集合或事件均不相交(不相容),则式(3 – 1)可为 $|A_1 \cup A_2 \cup \cdots \cup A_n| = |A_1| + |A_2| + \cdots + |A_n|$,式(3 – 2)可为 $P_r(x_1 \cup x_2 \cup \cdots \cup x_n) = P_r(x_1) + P_r(x_2) + \cdots + P_r(x_n)$。由此可见,运用这样两个公式进行集合并的计算不太方便,所以人们希望把相交集合的运算等效地转换成不相交集合进行运算,为此,下面介绍一些不交型算法的常用基本公式。

3.1.3 不交型算法

1. 不交型布尔代数及其运算规则

"不交并"(即"逻辑不交和")运算"⊎",是首先把输入变量(如欲计算的集合)不交化处理后再进行布尔代数的"并"运算"∪"的一种运算方法。如 A、B 为相交的两个集合,它们的并 $A \cup B = B \cup A$ 的文氏图见图 3 – 8(a),而它们的不交并 $A \uplus B = A \cup A'B$ 和 $B \uplus A = B \cup B'A$ 的文氏图见图 3 – 8(b)、(c)。从图中可以明显地看出,虽然 $A \cup B = A \uplus B$,但等号左边是由两个相交的集合(A 和 B)进行并计算而得,而等号右边是由两个不相

交的集合(A 和 $A'B$)进行并计算而得，$B\cup A = B \uplus A$ 的情况同样也是这样。

以上讨论的是两个集合(A 和 B)不交并的计算，对于一般情况（若有 n 个变量）的不交并又如何计算呢？

设变量为 $x_1, x_2, \cdots, x_n$，则它们的不交并计算式为

$$x_1 \cup x_2 \cup \cdots \cup x_n = x_1 + x_1'x_2 + x_1'x_2'x_3 + \cdots + x_1'x_2'\cdots x_{n-1}'x_n \quad (3-3)$$

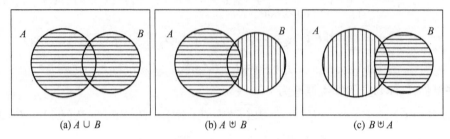

图 3-8 A、B 集合的并与不交并文氏图

同上述的集合代数及布尔代数一样，不交型布尔代数也有以下基本规律及定理。

(1) 交换律：$A \uplus B = B \uplus A$。

(2) 结合律：$A \uplus (B \uplus C) = (A \uplus B) \uplus C, A(BC) = (AB)C$。

(3) 分配律：$A(B \uplus C) = AB \uplus AC, A \uplus (BC) = (A \uplus B)(A \uplus C)$。

(4) 吸收律：$A \uplus AB = A, A(A \uplus B) = A$。

(5) 基元律：$0 \uplus A = A, 1 \cdot A = A, 1 \uplus A = 1, 0 \cdot A = 0$。

(6) 补元律：$A \uplus A' = 1, A \cdot A' = 0$。

(7) 对偶性定理：在不交型布尔代数中，把"$\uplus$"和"·"互换，"0"和"1"互换，"′"运算不变，则得对偶式。可以证明不交型布尔代数的任何一个定理的对偶式仍是一条定理，叫做原定理的对偶定理。如果能证明原定理成立，则其对偶定理必定成立。可以看出以上几个基本规律的(1)、(2)式和(3)、(4)式均互为原定理和对偶定理。

(8) 不交型 De·Morgan 定理：$(A \uplus B)' = A' \cdot B', (A \cdot B)' = A' \uplus B'$。

2. 直接不交化算法

这里只介绍直接不交化计算的不交型 De·Morgan 定理。

设变量为 $x_1, x_2, \cdots, x_n$，根据不交型 De·Morgan 定理可得

$$(x_1 x_2 \cdots x_n) = x_1' \uplus x_2' \uplus \cdots \uplus x_n'$$

根据式(3-3)可得

$$x_1' \uplus x_2' \uplus \cdots \uplus x_n' = x_1' + x_1 x_2' + x_1 x_2 x_3' + \cdots + x_1 x_2 \cdots x_{n-1} x_n'$$

故有

$$(x_1 x_2 \cdots x_n)' = x_1' + x_1 x_2' + x_1 x_2 x_3' + \cdots + x_1 x_2 x_3 \cdots x_{n-1} x_n' \quad (3-4)$$

根据对偶定理，可得

$$(x_1 \uplus x_2 \uplus x_3 \uplus \cdots \uplus x_n)' = x_1' x_2' x_3' \cdots x_n'$$

根据式(3-3)，上式可得

$$(x_1 \uplus x_2 \uplus x_3 \uplus \cdots \uplus x_n)' = (x_1 + x_1' x_2 + x_1' x_2' x_3 + \cdots + x_1' x_2' x_3' \cdots x_{n-1}' x_n)'$$

故有

$$(x_1 + x_1'x_2 + x_1'x_2'x_3 + \cdots + x_1'x_2'x_3'\cdots x_{n-1}'x_n)' = x_1'x_2'x_3'\cdots x_n' \quad (3-5)$$

以上推导出的式(3-4)和式(3-5)即是直接不交化计算的不交型 De·Morgan 定理。

在工程中常会运用式(3-4)和式(3-5),如设 A、B 分别为某一变量,则有

$$A' + AB = A' + A(B')' = (AB')'$$

也可推导出

$$B + A'B' = (B')' + A'B' = (AB')'$$

3. 不交型积之和定理

设布尔积 $S_i = \prod_{t=1}^{p} x_{it}$,其中 x_{it} 为 S_i 中的元素,$t = 1 \sim p$。

定理 3-1 若 S_i、S_j 不包含共同元素,则 $S_i'S_j$ 可用不交型运算规则直接展开。

例如,根据式(3-4)和分配律可得 $(BC)'AF = (B' + BC')AF = B'AF + BC'AF$。

定理 3-2 若 S_i、S_j 包含一些共同元素,则

$$S_i'S_j = S_{i \leftarrow j}'S_j \quad (3-6)$$

式中:$S_{i \leftarrow j}$ 为 S_i 具有的而 S_j 没有的元素的布尔积。

例如,$(ABC)'AE = (BC)'AE$

由定理 3-2 可以得到以下两个推论。

推论 3-1 若 $S_1, S_2, \cdots, S_n$ 都和 S_k 包含一些公共元素,则

$$S_1'S_2'\cdots S_n'S_k = S_{1 \leftarrow k}'S_{2 \leftarrow k}'\cdots S_{n \leftarrow k}'S_k \quad (3-7)$$

式中:$S_{1 \leftarrow k}$ 为 S_1 具有的而 S_k 没有的元素的布尔积;$S_{2 \leftarrow k}$ 为 S_2 具有的而 S_k 没有的元素的布尔积;……;$S_{n \leftarrow k}$ 为 S_n 具有的而 S_k 没有的元素的布尔积。

例如,$(ABC)'(BCE)'BC = A'E'BC$。

推论 3-2 若 $S_1, S_2, \cdots, S_n$ 均和 S_k 无共同元素,且 $S_2, S_3, \cdots, S_n$ 均包含布尔积 S_1,则

$$S_1'S_2'\cdots S_n'S_k = S_1'S_k \quad (3-8)$$

例如,$A'(ABC)'(AEC)'GF = A'GF$。

3.2 系统可靠性模型建立过程

系统(复杂产品)是完成特定功能的综合体,是若干协调工作单元的有机组合。系统和单元的概念是相对的,由许多电子元器件组成的电子整机可以看成一个系统,由许多电子整机和其他设备可以组成大型复杂系统。另外,系统也被看成产品等级中一个固定等级,关于产品等级,现在初步考虑有零件、部件、组合件、单机、机组、装置、分系统、系统8个等级。系统可靠性和系统的技术性能一样,是衡量设计优劣、质量高低的重要指标。本章仅从系统、单元的相对意义上进行讨论,介绍各类型的系统可靠性模型。建立系统可靠性模型,将系统的可靠性特征量表示为单元可靠性特征量的函数,然后通过已知的单元可靠性特征量计算出系统的可靠性特征量,这是系统可靠性一种常用分析方法。

由于系统可靠性涉及面很广,为了简化研究,这里只讨论不可修系统可靠性。

建立可靠性模型应解决以下3个方面问题:规定产品定义;建立产品可靠性框图;确定计算产品可靠性的概率表达式。

3.2.1 产品的定义

规定产品定义应该按以下步骤进行:

(1) 确定产品的定义、产品目的、用途或任务,产品完成什么任务和如何完成。
(2) 产品有没有储备功能,是否是复杂网络,是否是多功能产品。
(3) 在什么条件下作为储备功能或不作储备功能处理。
(4) 产品的性能参数,各单元的性能参数及其允许变化的范围,产品的故障判据。
(5) 产品的任务剖面、环境剖面(包括自然环境和诱导环境)。
(6) 产品完成任务时的时间及各单元在执行任务时的工作时间。
(7) 其他。

1. 产品的任务与模型

完成一项任务的产品,只需建立一个任务可靠性模型。完成多项任务的产品,如果每次执行任务只完成其中某项任务,则按任务分别建立产品的任务可靠性模型。如果一次完成几项或所有任务,这时可以按功能分别建立产品的任务可靠性模型,或者建立能够包括几项或所有功能的产品的任务可靠性模型,这时应注意是否是多功能模型(即注意同时完成多项任务时有无共用单元)。

对于用不同方式完成同一项任务的情况,可以有不同的可靠性要求和模型,如两机格斗,消灭敌机时可以发射机关炮,也可以发射机载导弹。显然,消灭敌机的两种工作模式的可靠性要求和模型是不同的。

2. 确定产品的工作模式

研究产品的工作模式的目的是为了确定产品是否存在储备功能、多功能或是复杂网络型模型。按照《可靠性模型的建立和可靠性预计》(GJB—813)对产品的工作模式做以下规定:

(1) 功能工作模式是指产品执行一种规定任务的工作方式。例如,雷达系统搜索敌机是它的一种功能工作模式,跟踪敌机是它的另一种功能工作模式。
(2) 代替工作模式是指产品有两种或两种以上的工作方式完成某一特定的任务。例如,某发射机系统中有一台高频发射机和一台超高频发射机,用两台发射机中任一台发射信息都可以完成某一任务,则称该发射系统发射信息这个特定任务具有代替工作模式。
(3) 多功能工作模式是指产品同时执行两种或两种以上的任务。例如,某直升机的电源系统的直流电源在供电时,既供直流电,又作为交流电源代替工作模式中一个单元,所以这个电源系统是多功能工作模式。

3. 规定产品及分系统的性能参数及其允许极限

将产品的性能参数列成清单或图表,参数要齐全,且必须列出允许的上限和下限。例如,表3-2中的第Ⅰ、Ⅱ、Ⅲ栏举例说明了某产品性能参数清单及其允许极限。

另外,应当在性能参数表中列出产品执行任务的失效条件,即产品的故障判据。例如,某产品完成任务的一个条件是它的发射机输出功率不小于200kW,因此导致发射机输出功率低于200kW的单个或综合的硬件和软件故障,必然构成任务失效,表3-2中第Ⅳ栏说明了规定的故障判据,超出极大偏差为故障,在允许极限外和大偏差范围内为降级使用。

表3-2 性能参数及其允许极限参数

性能参数	测量单位	规定的要求及允许极限	以性能超限为标准的故障分类
Ⅰ	Ⅱ	Ⅲ	Ⅳ
功率输出 P_0	kW	$P_0 = 500 \pm 100$	大偏差:$200 < P_0 < 400$ 极大偏差:$P_0 < 200$
信道容量 n	信道数目	$n = 48$	大偏差:$27 < n < 48$ 极大偏差:$n < 24$
电压增益 A	dB	$A = 40 \pm 3$	大偏差:$30 < A < 37$ 极大偏差:$A < 30$
侦察范围 H	m	$H = 300^{+9}_{-30}$	大偏差:$150 < H < 250$ 极大偏差:$H < 150$
误差范围 d_m	m	$d_m = 0^{+10}$	大偏差:$10 < d_m < 20$ 极大偏差:$d_m > 20$

4. 确定任务剖面与占空因数

"任务剖面"是指产品在完成规定任务这段时间内所经历的事件和环境的时序描述。其中包括任务成功或致命性故障的判断准则。

一架飞机往往有多种功能,就可能有多个任务剖面,一个产品的基本可靠性模型是唯一的,而任务可靠性模型则随任务剖面的不同而变更。对于不同任务剖面,或者一个任务剖面的不同阶段,其产品有关单元的工作状况、工作模式、工作应力、环境条件等都可能不同,这些因素在建立可靠性模型时都是必须考虑的。

占空因数是产品执行任务时,单元工作时间与产品总工作时间之比。在建立可靠性数学模型时,应当用占空因数加以修正。修正方法分为以下两种情况:

(1)当单元不工作时的故障率可以忽略不计,则单元的可靠性数学模型为

$$R = R(t,d) \tag{3-9}$$

若单元寿命服从指数分布,则

$$R = e^{-\lambda t d} \tag{3-10}$$

式中:t 为产品的工作时间;d 为占空因数($d = \dfrac{t_1}{t}$,t_1 为单元工作时间);λ 为单元的故障率。

(2)当该单元不工作时,故障率不可忽略,但与工作时又不相同,则单元可靠度数学模型为

$$R = R_1 R_2 \tag{3-11}$$

若单元寿命服从指数分布,则

$$R = \mathrm{e}^{-\lambda_1 td}\mathrm{e}^{-\lambda_2(1-d)t} = \mathrm{e}^{-[\lambda_1 td + \lambda_2(1-d)t]} \tag{3-12}$$

式中：t 为产品工作时间；d 为占空因数（$d = \dfrac{t_1}{t}$，t_1 为单元工作时间）；λ_1 为单元工作时的故障率；λ_2 为单元不工作时的故障率。

5. 确定产品的环境剖面与环境条件

飞行器总是在多种环境中使用，这种环境是由其所处自然环境和自身的诱导环境及产品周围有关产品的诱导环境综合形成的。由于任务剖面不同，飞机所使用的地域或气候季节不同，产品的环境剖面与所处的环境条件也不同。在建立可靠性模型时可按下述方法来考虑环境条件的影响：

（1）同一个产品用于多个环境条件，此时产品的可靠性框图不变，仅用不同的环境因子对单元的故障率进行修正。

（2）产品为完成某个特定任务须分为几个工作阶段，而各工作阶段的环境条件均不相同，此时，可分段建立可靠性模型，然后再综合到一个总的可靠性模型中。

（3）确定产品的结构界限和功能接口。

① 结构界限如最大尺寸、最大重量、安全规定、人的因素限制、材料能力及其他。

② 功能接口是指只要考虑的产品包括在或依赖于另一产品，产品的相互关系就必须协调一致（兼容性）。这些关系如人-机关系、与控制中心、功率源、数据要求的关系。

6. 确定构成任务失效的条件

失效指产品不能在规定的条件下完成规定的任务。应该确定和列出构成任务失效的条件。例如，完成任务的一个条件是发射机输出功率至少为 200kW。因此，导致 $P <$ 200kW 的单一的或综合的硬件和软件失效必定构成任务失效。表 3-2 第 Ⅳ 栏举例说明了失效判据的定义。

7. 确定寿命周期模型

寿命周期模型全面描述从产品接收至报废期间的所有事件和环境。

建立可靠性模型分为 3 个步骤：深入了解产品，确定产品定义；在了解产品的基础上建立产品的逻辑框图；根据产品可靠性框图列出可靠性数学模型。

3.2.2 建立系统可靠性模型

1. 确定产品的分析层次

产品的可靠性框图由方框及方框间的连线构成，每个方框代表产品中的一个单元。每个单元又可以由其组成部分绘制下一层次的可靠性框图，依此类推，如图 3-9 所示。可靠性框图绘到哪个层次必须明确规定。这种层次规定一般与"故障模式及影响分析"的最低单元层次一致，以保证可以相互引用。最低层次的确定还取决于在这个层次上能否提供用于建模的足够信息。

2. 绘制产品的可靠性框图

可靠性框图是根据系统的结构功能按可靠性要求进行分析的表示方法。产品的可靠性框图应有标题，标题的内容包括产品的名称、任务说明、框图类型、产品使用过程的要求等，如标题为"飞机起落装置起飞时的任务可靠性框图"。框图中的每一方框代表被分析系统可靠性值的单元或功能，所有连接方框的线认为是可靠的（即可靠度为1）。可靠性

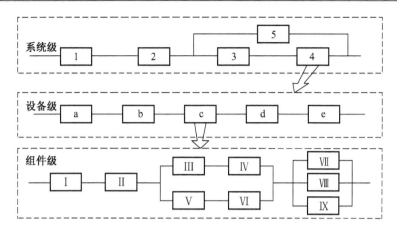

图 3-9 按级展开的可靠性框图

框图中的方框按操作过程中事件发生次序的逻辑顺序排列(基本可靠性框图不作严格要求),每个方框都应当标明代表产品的哪部分。对含有许多方框的框图应有统一的编码填入每个方框,编码应当保证每个方框对应的硬件不发生混淆,编码要用单独的明细表说明对应关系,或者与产品统一的编码一致。

可靠性框图应当将产品每个功能单元都体现出来,一个方框代表一个功能单元,基本可靠性框图是把产品的所有单元串联起来;任务可靠性框图按产品执行任务过程中的工作模式进行串联、并联、非工作储备等各种有关方式连接。

产品的可靠性框图应当体现产品的层次,同一层次的框图由同一层次的单元组成,下一层次的框图由上一层次的有关单元分解绘制出。

在建立可靠性框图时,要充分掌握系统结构性能特征与可靠性框图的关系。它们之间有密切联系,但也有较大区别。从上述分析可见,系统功能框图和可靠性框图是不同的,可靠性框图不是表示系统结构原理,而是表示系统成功状态。同一系统功能要求不同,可靠性框图也不一样。

3. 方框图中的假设

绘制可靠性框图时采用了以下假设:
(1) 所有连接方框的连线没有可靠性值,不代表与产品有关的导线或连接器。
(2) 每个方框都有可靠性特征值。
(3) 产品的所有输入量都在规定的极限范围内。
(4) 每个方框代表的单元,其故障是相互独立的,产品只有故障、正常两种状态。
(5) 当软件可靠性没有纳入产品可靠性模型时,应假设整个软件是完全可靠的。
(6) 当人的可靠性没有纳入产品可靠性模型时,应假设人员完全可靠,而且人与产品之间没有相互作用问题。

除上述 6 条一般假设外,还必须满足具体产品的特定假设。

3.2.3 确定可靠性数学模型的方法

根据产品的可靠性框图,用有关的数学方法把产品的可靠性特征值用公式表达出来,这就是可靠性数学模型。确定可靠性数学模型的方法有多种,下面仅介绍普通概率法。

根据可靠性框图用概率关系式(包括全概率公式)确定可靠性数学模型。单功能产品中串联模型、储备模型中的简单并联模型、并串联模型、串并联模型、表决模型等的数学模型已在前面介绍。对更为复杂的可靠性框图,包括多功能产品的可靠性框图,其数学模型都应当用全概率公式导出。全概率公式为

$$R_{MS} = R_A P_1(若 X 正常工作) + (1 - R_A) P_2(若 X 故障) \qquad (3-13)$$

式中:R_{MS}为模型产品的任务可靠度;X为框图中的第X个单元;R_A为单元X工作正常的概率;P_1(若X工作正常)为在单元X工作正常条件下产品完成任务的条件概率;P_2(若X故障)为在单元故障条件下产品完成任务的条件概率。

3.2.4 选择可靠性模型的原则

(1) 飞机由机体、飞行控制、动力装置、电源、起落装置、液压系统等组成,各个系统的功能无法互相替代,所以飞机是一个串联模型。

(2) 只要能满足其任务可靠性和安全性要求,飞机的系统一般也尽量采用串联模型。若不能满足,如关键系统,一般都采用储备模型。对电子产品来说,多采用工作储备模型;对非电子产品,一般采用非工作储备模型。

(3) 对于简单并联模型,余度数不宜取得太高,因为随着余度数增加,任务可靠性或安全性增加越来越慢。

(4) 在产品的低层次采用余度技术的效果比在高层次采用好。对一个系统来说,组件级采用余度技术比设备级采用余度其任务可靠性提高得更快。

(5) 航空产品常采用多功能模型和复杂网络模型,以便更好地发挥产品的作用和提高产品的可靠性。

(6) 在选择储备模型时要注意是否存在共因故障和相关故障。

(7) 对军用飞机来说,应做到当受到敌机攻击时尽量不使所有的余度破坏,并尽量采用重构技术。

采用储备模型可以提高产品的任务可靠性和安全性,但也导致产品的基本可靠性降低,并将增加产品的重量、体积和复杂度,增加产品维修和后勤保障的工作量等。因此,设计究竟采用哪种可靠性模型,必须进行综合权衡,而不能仅仅着眼于提高任务可靠性和安全性。

3.2.5 实例

例3-3 一个电容器C和一个电感线圈L在电路上并联组成一个振荡回路,从可靠性关系来看,两个单元L和C中只要有一个失效,这个振荡器就失效,因振荡回路的可靠性框图是L和C组成的串联系统。LC振荡器的功能系统(即原理框图)的可靠性框图分别如图3-10和图3-11所示。

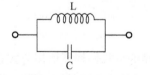

图3-10 LC振荡回路功能系统

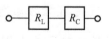

图3-11 LC振荡回路可靠性框图

例3-4 一个流体系统由一个泵和两个抑制阀串联组成,两个抑制阀的作用是泵不工作且倒流压力超过顺流压力时能阻止倒流。因此,有一个抑制阀就可以完成任务了,而用两个是起冗余作用,提高系统可靠性,因而其功能系统如图3-12所示,可靠性框图如图3-13所示。

例3-5 一液压系统如图3-14所示,图中各单元为:1—电动机;2—泵;3—滤油器;4—溢流阀;5、6—单向阀(防止泵不工作时产生倒流);7—蓄能器;8—三位四通电磁换向阀;9—工作油缸。分析保证该液压系统正常工作时各单元的工作状态,可以画出系统的可靠性框图如图3-15所示。

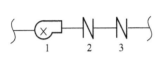

图3-12 一个泵和两个阀串联的功能系统

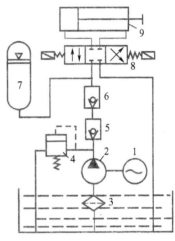

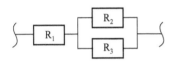

图3-13 一个泵和两个阀串联的可靠性框图　　图3-14 液压功能系统图

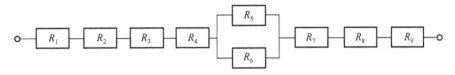

图3-15 液压系统可靠性框图

例3-6 以X型机电源为例进行可靠性建模工作。建模步骤如下:

步骤一　产品的任务

X型机电源的任务是向机上直流用电设备提供直流电源,向交流用电设备提供交流电源。根据本电源实际情况,应建直流供电、交流供电两个任务可靠性模型及其相应的基本可靠性模型。

步骤二　产品的工作模式

X型电源由直流电源系统和交流电源系统组成。

直流电源系统由3套独立的15kW直流发电分系统并联组成,通过主直流汇流向机上用直流电的设备供电。每套15kW直流发电分系统由启动发电机(OF)、控制盒(KZH)、滤波器(LBQ)、直流接触器(ZLJ)和分流器(FLQ)等设备组成。

3套15kW分系统的组成完全一样。

交流电源系统由一套变频交流发电分系统和变流机分系统并联向机上用交流电的设备供电。变频交流发电分系统由交流发电机(JF)、控制保护器(KZB)、两台差动电流互感器(DHQ)和主接触器(ZY)等组成,是一次电源。变流机分系统由变流机(BLJ)、控制保护器(KZB)和接触器(JZQ)等设备组成。变流机分系统由直流电网供电,即二次电源。

前面介绍的功能和组成,直流电源和交流电源都有代替工作模式,即并联。由于变流机分系统由直流电网供电,所以直流电源系统成为它的一个单元。

步骤三　建立可靠性模型假设条件

可靠性模型建到设备级。假设单元(即设备)的寿命分布服从指数分布;单元只有正常或故障两种状态;各单元之间是互相独立的;方框之间的连线没有实际意义。

步骤四　确定产品的分析层次

在假设条件中规定建模层次最低为设备级。直流电源系统和交流电源系统的任务可靠模型都为两层:第一层的单元为各自的分系统;第二层的单元为各自分系统的设备。基本可靠性模型规定以设备为单元,把各自的所有设备串联起来。

步骤五　绘制产品的可靠性框图

(1) 规定产品组成单元的代号及编码,如表3-3至表3-6所列。

表3-3　电源的各分系统的代号及编码

名称	直流电源分系统Ⅰ	直流电源分系统Ⅱ	直流电源分系统Ⅲ	变频交流发电分系统	变频机分系统
代号	A_1	A_2	A_3	B	C
编码	10100	10200	10300	20100	30100

表3-4　直流电源设备的代号及编码

名称	发电机	控制盒	滤波器	直流接触器	分流器	备注
代号	QF	KZH	LBQ	ZU	FLQ	
编码	10110	10120	10130	10140	10150	(A_1 的)
	10210	10220	10230	10240	10250	(A_2 的)
	10310	10320	10330	10340	10350	(A_3 的)

表3-5　变频交流发电分系统设备的代号及编码

名称	交流发电机	控制保护器	差动电流互感器	主接触器
代号	JF	KZB	DHQ	ZY
编码	20110	20120	20130①,20140①	20150

表3-6　变流机分系统单元的代号及编码

名称	交流机	控制保护器	接触器	直流电源
代号	BLJ	KZB	JZQ	A
编码	30110	30120	30130	10000

(2) 直流电源系统供电时,任务可靠性框图如图3-16所示。

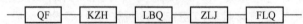

图3-16　直流电源供电时任务可靠性框图

A_1、A_2、A_3 分系统进一步分解到设备级,它的任务可靠性框图相同,如图3-17所示。

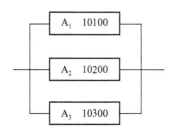

图 3-17　A_i 供电时任务可靠性框图($i=1,2,3$)

（3）直流电源系统供电时基本可靠性框图如图 3-18 所示。

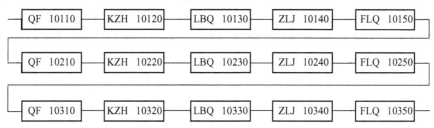

图 3-18　直流电源供电时基本可靠性框图

（4）交流电源系统供电时任务可靠性框图如图 3-19 所示。其中 B 代表变频交流发电分系统，分解到设备级的任务可靠框图如图 3-20 所示；C 代表变流机分系统，分解到设备级的任务可靠性框图如图 3-21 所示。直流电源系统在这里作为一个单元，进一步分解就是直流电源系统的任务可靠性模型。

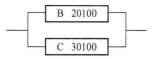

图 3-19　交流电源供电时任务可靠性框图

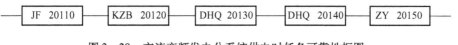

图 3-20　交流变频发电分系统供电时任务可靠性框图

图 3-21　变流机分系统供电时任务可靠性框图

（5）交流电源系统供电时基本可靠性框图如图 3-22 所示。直流电源系统在这里作为一个单元，它进一步分解即为直流电源系统的基本可靠性框图（图 3-22）。图 3-22 所示的基本可靠性框图也就是 X 型机电源的基本可靠性框图。

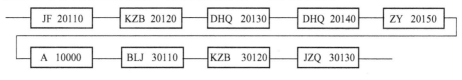

图 3-22　交流电源系统供电时基本可靠性框图

（6）X 型机电源供电时的任务可靠性框图如图 3-23 所示。

步骤六　确定产品的可靠性数学模型

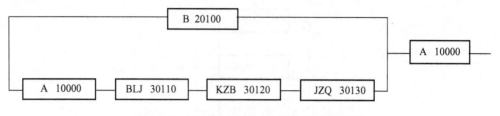

图 3-23 X 型机电源供电时任务可靠性框图

(1) 直流电源系统供电时基本可靠性数学模型为

$$R_{s1}(t) = \prod_{i=1}^{15} R_i(t)$$

或

$$\lambda_{s1}(t) = \sum_{i=1}^{15} \lambda_i$$

$$(\text{MTBF})_{S1} = \frac{1}{\lambda_{s1}}$$

式中：$R_{s1}(t)$ 为直流电源系统的基本可靠度；$R_i(t)$ 为直流电源系统基本可靠性框图中第 i 个单元的基本可靠度；λ_{s1} 为直流电源系统的故障率；λ_i 为直流电源系统基本可靠性框图中第 i 个单元的故障率；$(\text{MTBF})_{S1}$ 为直流电源的平均故障间隔时间。

(2) 直流电源系统供电时任务可靠性数学模型为

$$R_{M1}(t) = 1 - \prod_{i=1}^{3}[1 - R_{A_i}(t)]$$

或

$$R_{M1}(t) = 1 - \prod_{i=1}^{3}[1 - e^{-\lambda_{A_i} t}]$$

式中：$R_{M1}(t)$ 为直流电源系统供电时任务可靠度；$R_{A_i}(t)$ 为直流电源中分系统 $A_i(i=1,2,3)$ 的任务可靠度，$R_{A_i}(t) = \prod_{i=1}^{5} R_i (i=1,2,\cdots,5)$，$R_i$ 为 A_i 中第 i 个设备的可靠度；λ_{A_i} 为直流电源中分系统 A_i 的故障率，且 $\lambda_{A_i} = \prod_{i=1}^{5} \lambda_i$，$\lambda_i$ 为 A_i 中第 i 个设备的故障率。

(3) 交流电源系统供电时基本可靠性数学模型(也是 X 型机电源的基本可靠性数学模型)为

$$R_{s2}(t) = R_{s1}(t) \prod_{i=1}^{8} R_i(t)$$

或

$$\lambda_{s2}(t) = \lambda_{s1} + \sum_{i=1}^{8} \lambda_i$$

$$(\text{MTBF})_{S2} = \frac{1}{\lambda_{s2}}$$

式中：$R_{s2}(t)$为交流电源系统的基本可靠度；$R_{s1}(t)$为直流电源系统的基本可靠度；$R_i(t)$为交流电源系统中第i个设备的基本可靠度$(i=1,2,\cdots,8)$；λ_{s2}为交流电源系统的故障率；λ_i为交流电源系统中第i个设备的故障率；$(MTBF)_{s2}$为交流电源系统的平均故障间隔时间。

（4）交流电源系统供电时任务可靠性数学模型为

$$R_{M_2}(t) = 1 - [1 - R_B(t)][1 - R_C(t)]$$

$$R_B(t) = \prod_{i=1}^{5} R_{iB}(t)$$

$$R_C(t) = R_{M_1}(t) \prod_{i=1}^{3} R_{iC}(t)$$

式中：$R_{M_2}(t)$为交流电源系统的任务可靠度；$R_{M_1}(t)$为直流电源系统的任务可靠度；$R_B(t)$为变频交流发电分系统的任务可靠度；$R_{iB}(t)$为变频交流发电分系统中第i个设备的任务可靠度；$R_C(t)$为变流机分系统任务可靠度；$R_{iC}(t)$为变流机分系统中第i个设备的任务可靠度。

（5）X型机电源供电时任务可靠性数学模型。由X型机电源供电时任务可靠性框图可知，直流电源系统具有两个功能，是多功能系统，所以数学模型用全概率公式导出，即

$$R_M(t) = R_{M_1}(t)[R_B(t) + R_C(t) - R_B(t)R_C(t)]$$

式中：$R_M(t)$为X型机电源的任务可靠度；R_{M_1}为直流电源供电时的任务可靠度；$R_B(t)$为变频交流发电机分系统的任务可靠度；$R_{C_1}(t)$为变流机分系统中除直流电源外设备的任务可靠度，$R_{C_1}(t) = \prod_{i=1}^{3} R_{iC}(t)$；$R_{iC}(t)$为系统中第$i$个设备的任务可靠度。

3.3 系统可靠性模型的建立

可靠性模型是指可靠性框图及其数学模型。建立各级产品可靠性模型的目的是定量分配、估算和评价产品的可靠性。

1. 几种典型的可靠性模型

串联模型指组成产品的所有单元中任一单元发生故障都会导致整个产品故障的模型。并联模型指组成产品的所有单元同时工作，只要有一个单元不故障，产品就不故障，也称工作储备模型。例如，某液压系统中有两个液压泵同时工作，虽然其中一个泵故障了，但该系统仍能正常工作即属此类。r/n模型指组成产品的所有单元同时工作，但至少r个正常，产品才能正常的模型。例如，一架具有3台发动机的飞机，按规定只要两台发动机能正常工作，飞机即可正常飞行，即属2/3模型。旁联模型指组成产品的所有单元中，只有一个单元在工作，当工作单元故障后通过检测转换装置接到另一单元进行工作的模型，也称非工作储备模型，例如，某燃油系统由正常、应急分系统组成，当正常系统故障后转为应急系统工作，即属此类模型，如表3-7所列。

表 3-7 典型的可靠性模型

可靠性框图	数学模型
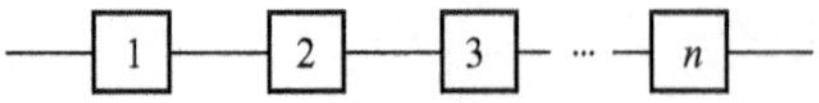 (a) 串联系统	$R_s(t) = \prod_{i=1}^{n} R_i(t)$ $\lambda_s = \sum_{i=1}^{n} \lambda_i$ $MTBF_s = 1/\lambda_s$ 假设各单元寿命服从指数分布
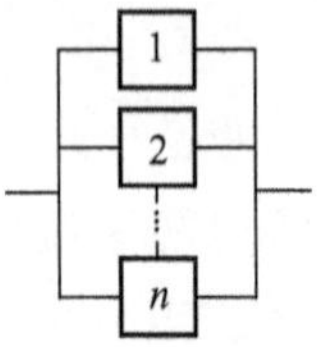 (b) 并联系统	$R_s(t) = 1 - \prod_{i=1}^{n}(1 - R_i(t))$
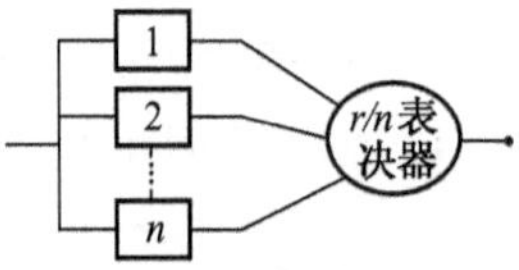 (c) r/n 模型	$R_s(t) = \sum_{i=0}^{n-r} C_n^i R(t)^{n-i}(1 - R(t))^i$ 假设各单元相同
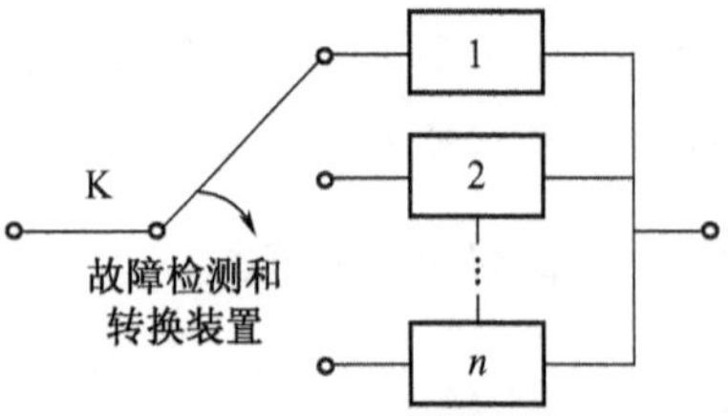 (d) 旁联模型	$R_s(t) = e^{-\lambda t}\left[1 + \lambda t + \frac{(\lambda t)^{\lambda t}}{2!} + \cdots + \frac{(\lambda t)^{n-1}}{(n-1)!}\right]$ 假设各单元相同,寿命均服从指数分布, 检测转换装置可靠度为 1

2. 可靠性建模与分析的主要用途

(1) 从可靠性角度出发,为设计方案等的决策提供依据。
(2) 定量地预计或评价装备的可靠性,发现其薄弱环节。
(3) 它是进行故障模式、影响及危害性分析的基础。

3.3.1 串联系统的可靠性模型

一个系统由 n 个单元 $A_1, A_2, \cdots, A_n$ 组成,当每个单元都正常工作时,系统才能正常工作;或者说当其中任何一个单元失效时,系统就失效。则称这种系统为串联系统,其可靠性框图如图 3-24 所示。图中 $R_1, R_2, \cdots, R_n$ 分别为 n 个单元的可靠性。

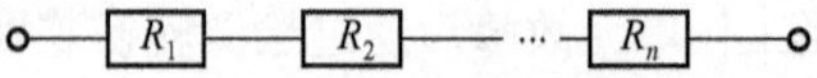

图 3-24 串联系统的可靠性框图

串联系统是最常见、最简单的,许多实际工程系统是可靠性串联系统,如图 3-11 中的 LC 振荡回路可靠性框图。

在串联系统中,假设设备单元相互独立的情况下其系统可靠性为

$$R_s(t) = \prod_{i=1}^{n} R_i(t) \tag{3-14}$$

式中:$R_s(t)$ 为系统在 t 时正常工作的概率,即系统在 t 时的可靠度;$R_i(t)$ 为第 i 个单元在 t 时正常工作的概率,即单元 A_i 在 t 时的可靠度。

如各单元的寿命分布都是指数分布,且 $R_i(t) = \mathrm{e}^{-\lambda_i t}(t>0)$,式中 λ_i 是第 i 个单元的失效率,于是系统的可靠度为

$$R_s(t) = \prod_{i=1}^{n} \mathrm{e}^{-\lambda_i t} = \mathrm{e}^{-\sum_{i=1}^{n} \lambda_i t} = \mathrm{e}^{-\lambda_s t} \tag{3-15}$$

式中:$\lambda_s = \lambda_1 + \lambda_2 + \cdots + \lambda_n = \sum_{i=1}^{n} \lambda_i$。

式(3-15)表明的系统寿命仍服从指数分布,其失效率为各单元的失效率之和,而系统的平均寿命为

$$\mathrm{MTBF} = \frac{1}{\lambda_s} = \frac{1}{\sum_{i=1}^{n} \lambda_i} \tag{3-16}$$

当 $\lambda_s t < 0.1$ 时,利用近似公式 $\mathrm{e}^{-\lambda_s t} \approx 1 - \lambda_s t$,则有

$$F_s(t) = 1 - R_s(t) = 1 - \mathrm{e}^{-\lambda_s t} \approx \lambda_s t = \sum_{i=1}^{n} \lambda_i t = \sum_{i=1}^{n} F_i(t)$$

式中:$F_s(t)$ 为系统在 t 时失效的概率,即系统的不可靠度;$F_i(t)$ 为第 i 单元在 t 时失效的概率,即单元 A_i 的不可靠度。

可见,在这种情况下串联系统的不可靠度近似等于各单元的不可靠度之和,因此可以近似求得系统可靠度。

由上述可见,串联系统可靠性小于或至多等于各串联单元可靠性的最小值,即 $R_s \leq \min\{R_i\}$。

从设计角度考虑,提高串联系统可靠性的措施为:①提高单元可靠性,即减小失效率;②尽量减少串联单元数目;③等效地缩短任务时间 t。

例 3-7 一台电子计算机主要是由下列五类元器件组装而成的串联系统,这些元器件的寿命分布皆为指数分布,其失效率及装配在计算机上的数量如表 3-8 所列。若不考虑结构、装配及其他因素,而只考虑这些元器件的失效与否,试求此计算机的可靠度,$t = 10\mathrm{h}$ 的可靠度、失效率及平均寿命。

表 3-8 计算机的元器件

种类	1	2	3	4	5
失效率 $\lambda_i/\mathrm{h}^{-1}$	10^{-7}	5×10^{-7}	10^{-6}	2×10^{-5}	10^{-4}
元器件个数 n_i	10^4	10^3	10^2	10	2

解 由式(3-15)和式(3-16)可得

$$R_s(t) = e^{-\sum_{i=1}^{5} n_i \lambda_i t} = e^{-0.002t}$$

$$R_s(10) = e^{-0.002 \times 10} = e^{-0.02} = 0.98$$

$$\lambda_s = \sum_{i=1}^{5} \lambda_i n_i = 0.002 \text{h}^{-1}$$

$$\text{MTBS} = \frac{1}{\lambda_s} = \frac{1}{0.002 \text{h}^{-1}} = 500 \text{h}$$

如果单元不是指数分布,由式(3-14)可靠度和失效率之间的关系可得

$$R_s(t) = e^{-\int_0^t \lambda_s(t) dt} = \prod_{i=1}^{n} e^{-\int_0^t \lambda_i(t) dt} = e^{-\int_0^t \left[\sum_{i=1}^{n} \lambda_i(t)\right] dt}$$

因此,系统的失效率和单元失效率的关系仍为

$$\lambda_s(t) = \sum_{i=1}^{n} \lambda_i(t) \tag{3-17}$$

3.3.2 并联系统的可靠性模型

一个系统由 n 个单元 $A_1, A_2, \cdots, A_n$ 组成,如只要有一个单元工作,系统就能工作,或者说只有当所有单元都失效时系统才失效,则称这种系统为并联系统。其可靠性框图如图 3-25 所示。图中, $R_1, R_2, \cdots, R_n$ 分别为 n 个单元的可靠性。

在假设设备单元相互独立的情况下,有

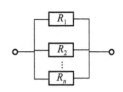

图 3-25 并联系统的可靠性框图

$$F_s(t) = \prod_{i=1}^{n} F_i(t)$$

$$R_s(t) = 1 - F_s(t) = 1 - \prod_{i=1}^{n} F_i(t) = 1 - \prod_{i=1}^{n} [1 - R_i(t)] \tag{3-18}$$

如各单元的寿命分布都是失效率为 λ_i 的指数分布,则

$$R_s(t) = 1 - \prod_{i=1}^{n} (1 - e^{-\lambda_i t}) \tag{3-19}$$

为求系统的平均寿命,利用

$$P(A_s) = \sum_{i=1}^{n} P(A_i) - \sum_{1 \leq i < j \leq n} P(A_i A_j) + \cdots + (-1)^{n-1} P(A_1 A_2 \cdots A_n)$$

得

$$R_s(t) = \sum_{i=1}^{n} e^{-\lambda_i t} - \sum_{1 \leq i < j \leq n} e^{-(\lambda_i + \lambda_j)t} + \cdots + (-1)^{n-1} e^{-(\lambda_1 + \lambda_2 + \cdots + \lambda_n)t}$$

这表明,并联系统的寿命分布已不是指数分布,这时系统的平均寿命为

$$\text{MTBF} = \int_0^\infty t f_s(t) dt = \int_0^\infty R_s(t) dt = \int_0^\infty R_s(t) dt$$

$$= \int_0^\infty \left[\sum_{i=1}^n e^{-\lambda_i t} - \sum_{1 \leq i < j \leq n} e^{-(\lambda_i + \lambda_j)} + \cdots + (-1)^{n-1} e^{-(\lambda_1 + \lambda_2 + \cdots + \lambda_n)t} \right] dt$$

$$\sum_{i=1}^n \frac{1}{\lambda_i} - \sum_{1 \leq i < j \leq n} \frac{1}{\lambda_i + \lambda_j} + \cdots + (-1)^{n-1} \frac{1}{\sum_{i=1}^n \lambda_i} \tag{3-20}$$

当 $n = 2$ 时,有

$$R_s(t) = e^{-\lambda_1 t} + e^{-\lambda_2 t} - e^{-(\lambda_1 + \lambda_2)t}$$

$$\text{MTBF} = \frac{1}{\lambda_1} + \frac{1}{\lambda_2} - \frac{1}{\lambda_1 + \lambda_2}$$

$$\lambda_s(t) = \frac{\lambda_1 e^{-\lambda_1 t} + \lambda_2 e^{-\lambda_2 t} - (\lambda_1 + \lambda_2) e^{-(\lambda_1 + \lambda_2)t}}{e^{-\lambda_1 t} + e^{-\lambda_2 t} - e^{-(\lambda_1 + \lambda_2)t}}$$

当 $n = 3$ 时,有

$$R_s(t) = e^{-\lambda_1 t} + e^{-\lambda_2 t} + e^{-\lambda_3 t} - e^{-(\lambda_1 + \lambda_2)} - e^{-(\lambda_1 + \lambda_3)t} - e^{-(\lambda_2 + \lambda_3)t} + e^{-(\lambda_1 + \lambda_2 + \lambda_3)t}$$

$$\text{MTBF} = \frac{1}{\lambda_1} + \frac{1}{\lambda_2} + \frac{1}{\lambda_3} - \frac{1}{\lambda_1 + \lambda_2} - \frac{1}{\lambda_1 + \lambda_3} - \frac{1}{\lambda_2 + \lambda_3} + \frac{1}{\lambda_1 + \lambda_2 + \lambda_3}$$

值得提醒的是,当单元的寿命分布是指数分布时,即失效率为常数,串联系统的失效率仍是常数,但并联系统的失效率则不是常数,而是时间的函数。

当 n 个单元的失效率相等,都为 λ 时,相应可靠度为

$$R_s(t) = 1 - (1 - e^{-\lambda t})^n \tag{3-21}$$

$$\lambda_s(t) = \frac{n\lambda e^{-\lambda t}(1 - e^{-\lambda t})^{n-1}}{1 - (1 - e^{-\lambda t})^n}$$

$$\text{MTBF} = \frac{1}{\lambda} + \frac{1}{2\lambda} + \cdots + \frac{1}{n\lambda} \tag{3-22}$$

当 n 较大时,有近似公式为

$$\text{MTBF} = \frac{1}{\lambda}\left(1 + \frac{1}{2} + \cdots + \frac{1}{n}\right) \approx \frac{1}{\lambda} \ln n$$

这样,当 $n = 2$ 时

$$R_s(t) = 1 - (1 - e^{-\lambda t})^2 = 2e^{-\lambda t} - e^{-2\lambda t}$$

$$\lambda_s(t) = \frac{2\lambda(1 - e^{-\lambda t})}{2 - e^{-\lambda t}}$$

$$\text{MTBF} = \frac{1}{\lambda} + \frac{1}{2\lambda} = \frac{3}{2\lambda} = \frac{3}{2}\theta$$

式中:θ 为各单元的平均寿命。

当 $n = 3$ 时,有

$$R_s(t) = 1 - (1 - e^{-\lambda t})^3 = 3e^{-\lambda t} - 3e^{-2\lambda t} + e^{-3\lambda t}$$

$$\lambda_s(t) = \frac{3\lambda e^{-\lambda t}(1-e^{-\lambda t})^2}{1-(1-e^{-\lambda t})^3}$$

$$MTBF = \frac{1}{\lambda} + \frac{1}{2\lambda} + \frac{1}{3\lambda} = \frac{11}{6\lambda} = \frac{11}{6}\theta$$

由上述可见，并联系统可靠性大于或至少等于各并联单元可靠性的最大值，即 $R_s \geq \max\{R_i\}$。

从设计角度考虑，除前文谈到提高串联系统可靠性的 3 个措施外，还应有一个办法，就是对于可靠性较低的单元采用并联系统。提高并联系统可靠性的措施，除了提高单元的可靠性和等效地缩短任务时间外，还可以增加并联系统单元的数目，但耗费将会大大增加。

例 3-8 某液压系统中，采用两支滤油器 1 和 2 装成结构串联系统，如图 3-26 所示。滤油器的故障有两种模式，即滤网堵塞或滤网破损。现假设滤油器两种故障模式的失效率相同，且两滤油器的失效率分别为 $\lambda_1 = 5 \times 10^{-5}(\mathrm{h}^{-1})$、$\lambda_2 = 1 \times 10^{-5}(\mathrm{h}^{-1})$，工作时间 $t = 10^3 \mathrm{h}$。

试求：

(1) 在滤网堵塞失效情况下，系统的可靠度、失效率和平均寿命。

(2) 在滤网破损失效情况下，系统的可靠度、失效率和平均寿命。

解 (1) 由题意可知，滤油器失效率 λ 为常数，故其服从指数分布。滤网的故障模式为堵塞失效时，系统的可靠性框图如图 3-27 所示，即为串联系统。则有

$$\lambda_s = \sum_{i=1}^{n}\lambda_i = 5 \times 10^{-5} + 1 \times 10^{-5} = 6 \times 10^{-5} \mathrm{h}^{-1}$$

$$R_s(1000) = e^{-\lambda_s t} = e^{-6 \times 10^{-5} \times 1000} = e^{-0.06} = 0.94176$$

$$MTBF = \frac{1}{\lambda_s} = \frac{1}{6 \times 10^{-5}} = 16667 \mathrm{h}$$

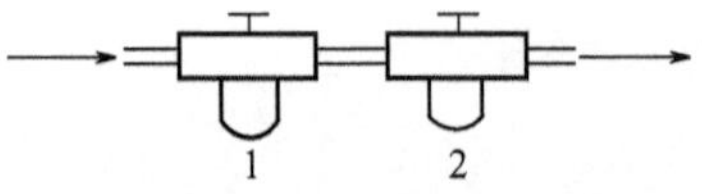

图 3-26 滤油器的结构 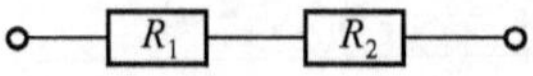　　图 3-27 滤网堵塞失效时的可靠性框图

(2) 滤网的故障模式为破损失效时，系统的可靠性框图如图 3-28 所示，即为并联系统。则有

$$R_s(1000) = e^{-\lambda_1 t} + e^{-\lambda_2 t} - e^{-(\lambda_1+\lambda_2)t}$$

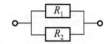

图 3-28 滤网破损失效时可靠性框图

$$= e^{-5 \times 10^{-5} \times 1000} + e^{-1 \times 10^{-5} \times 1000} - e^{-(5+1) \times 10^{-5} \times 1000} = 0.99925$$

$$\lambda_s(1000) = \frac{\lambda_1 e^{-\lambda_1 t} + \lambda_2 e^{-\lambda_2 t} - (\lambda_1+\lambda_2)e^{-(\lambda_1+\lambda_2)t}}{e^{-\lambda_1 t} + e^{-\lambda_2 t} - e^{-(\lambda_1+\lambda_2)t}}$$

$$= \frac{5 \times 10^{-5} e^{-5 \times 10^{-5} \times 1000} + 1 \times 10^{-5} e^{-1 \times 10^{-5} \times 1000} - (5+1) \times 10^{-5} e^{-6 \times 10^{-5} \times 1000}}{e^{-5 \times 10^{-5} \times 1000} + e^{-1 \times 10^{-5} \times 1000} - e^{-6 \times 10^{-5} \times 1000}}$$

$$= 0.57 \times 10^{-7} \mathrm{h}^{-1}$$

$$\text{MTBF} = \frac{1}{\lambda_1} + \frac{1}{\lambda_2} - \frac{1}{\lambda_1 + \lambda_2} = \frac{1}{5 \times 10^{-5}} + \frac{1}{1 \times 10^{-5}} - \frac{1}{(5+1) \times 10^{-5}} = 10333.3\text{h}$$

由例 3-8 可以看出,系统功能逻辑框图不仅与单元的功能有关,还与单元的故障模式有关。所以,在分析系统可靠性时必须弄清其功能及失效模式,绝不能只从系统结构上认定系统可靠性模型的类型。

3.3.3 混联系统的可靠性模型

由串联系统和并联系统混合组成的系统称为混联系统。最常见的混联系统有以下两种。

1. 串并联系统(附加单元系统)

一个串并联系统串联了 n 个组成单元,而每个组成单元都由 m 个基本单元并联而成,该串并联系统的可靠性框图如图 3-29 所示。

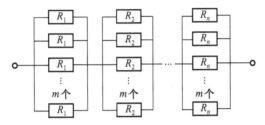

图 3-29 串并联系统的可靠性框图

设每个单元 A_i 的可靠度为 $R_i(t)$,则此系统的可靠度 $R_{s1}(t)$ 为

$$R_{s1}(t) = \prod_{i=1}^{n} [1 - (1 - R_i(t))^m] \tag{3-23}$$

2. 并串联系统(附加通路系统)

一个并串系统并联了 m 个组成单元,而每个组成单元都由 n 个基本单元串联而成,该并串联系统的可靠性框图如图 3-30 所示。

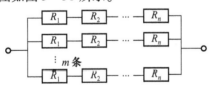

图 3-30 并串联系统的可靠性框图

设每个单元 A_i 的可靠度为 $R_i(t)$,则此系统的可靠度 $R_{s2}(t)$ 为

$$R_{s2}(t) = 1 - \left[1 - \prod_{i=1}^{n} R_i(t)\right]^m \tag{3-24}$$

对于更为复杂的混联系统,如图 3-31 所示系统,可以利用等效可靠性框图来进行系统可靠度的计算。

设备单元可靠度相互独立,则其等效可靠性框图可以画成图 3-32 至图 3-34 所示,其可靠度计算式分别写在方框内。

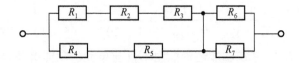

图 3-31 复杂混联系统的可靠性框图

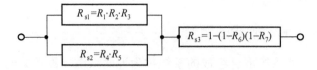

图 3-32 图 3-31 的等效可靠性框图

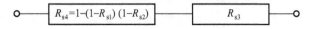

图 3-33 图 3-32 的等效可靠性框图

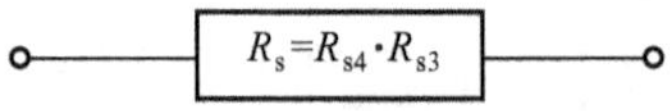

$$R_s = R_{s4} \cdot R_{s3}$$

图 3-34 图 3-33 的等效可靠性框图

最终可求得系统的可靠度 R_s 为

$$\begin{aligned}R_s &= R_{s4} \cdot R_{s3} \\ &= [1-(1-R_{s1})(1-R_{s2})] \cdot [1-(1-R_6)(1-R_7)] \\ &= [1-(1-R_1R_2R_3)(1-R_4R_5)] \cdot [1-(1-R_6)(1-R_7)]\end{aligned}$$

3.3.4 n 中取 k 的表决系统的可靠性模型

n 中取 k 的表决系统有两类:一类称为 n 中取 k 个好系统,n 个或 k 个以上完好,系统才能正常工作,记为 $k/n[G]$。另一类称为 n 中取 k 个坏系统,其含义是组成系统的 n 个单元中有 k 个或 k 个以上失效,系统就不能正常工作,记为 $k/n[F]$。显然,$k/n[G]$ 系统即是 $(n-k+1)/(F)$ 系统,而串联系统是 $n/n[G]$ 系统,并联系统是 $1/n[G]$ 系统。$k/n[G]$ 系统可靠性框图如图 3-35 所示。下面先对 $2/3[G]$ 系统进行分析。

1. $2/3[G]$ 系统

对于 $2/3[G]$ 系统,即 3 个单元并联,其中任意两个单元正常工作,系统即能正常工作。其可靠性框图

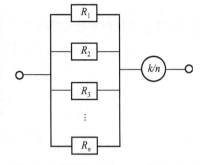

图 3-35 $k/n[G]$ 系统可靠性框图

如图 3-36 所示,其中图 3-36(b) 是图 3-36(a) 的等效系统可靠性框图。

若系统的单元为 1、2、3,每个单元可靠度为 $R_i(t)$,第 i 个单元处于正常工作的事件为 A_i,系统处于正常工作的事件为 A_s,则事件 A_s 与 A_1、A_2、A_3 的关系为

$$A_s = A_1A_2A_3 \cup A_1A_2A_3' \cup A_1A_2'A_3 \cup A_1'A_2A_3$$

因而 $2/3[G]$ 系统的可靠度为

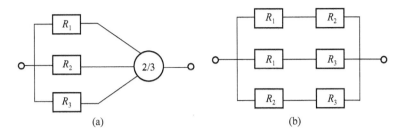

图 3-36 2/3[G]表决系统可靠性框图

$$R_s(t) = R_1(t)R_2(t)R_3(t) + R_1(t)R_2(t)F_3(t) + R_1(t)F_2(t)R_3(t) + F_1(t)R_2(t)R_3(t)$$

如各单元的寿命分布为指数分布，即 $R_i(t) = e^{-\lambda_i t}$，则有

$$R_s(t) = e^{-(\lambda_1+\lambda_2+\lambda_3)t} + e^{-(\lambda_1+\lambda_2)t}[1-e^{-\lambda_3 t}] + e^{-(\lambda_2+\lambda_3)t}[1-e^{-\lambda_2 t}] + e^{-(\lambda_2+\lambda_3)t}[1-e^{-\lambda_1 t}]$$

$$= e^{-(\lambda_1+\lambda_2)t} + e^{-(\lambda_2+\lambda_3)t} + e^{-(\lambda_1+\lambda_3)t} - 2e^{-(\lambda_1+\lambda_2+\lambda_3)t}$$

$$\text{MTBF} = \int_0^\infty R_s(t)\,dt = \int_0^\infty [e^{-(\lambda_1+\lambda_2)t} + e^{-(\lambda_2+\lambda_3)t} + e^{-(\lambda_1+\lambda_3)t} - 2e^{-(\lambda_1+\lambda_2+\lambda_3)t}]\,dt$$

$$= \frac{1}{\lambda_1+\lambda_2} + \frac{1}{\lambda_2+\lambda_3} + \frac{1}{\lambda_1+\lambda_3} - \frac{2}{\lambda_1+\lambda_2+\lambda_3}$$

特别当各单元失效率都为 λ，即可靠度 $R(t)=e^{-\lambda t}$ 时，有

$$R_s(t) = 3e^{-2\lambda t} - 2e^{-3\lambda t} = 3R^2(t) - 2R^3(t) \tag{3-25}$$

$$\text{MTBF} = \frac{3}{2\lambda} - \frac{2}{3\lambda} = \frac{5}{6\lambda} \tag{3-26}$$

2. $(n-1)/n[G]$ 系统

当 n 个单元的可靠度都为 $R(t)$ 时，系统可靠度为

$$R_s(t) = R^n(t) + nR^{n-1}(t)F(t) = nR^{n-1}(t) - (n-1)R^n(t)$$

当 $R(t)=e^{-\lambda t}$ 时，则

$$R_s(t) = ne^{-(n-1)\lambda t} - (n-1)e^{-n\lambda t}$$

$$\text{MTBF} = \int_0^\infty R_s(t)\,dt = \frac{n}{(n-1)\lambda} - \frac{n-1}{n\lambda} = \frac{1}{n\lambda} - \frac{1}{(n-1)\lambda}$$

3. $k/n[G]$ 系统

当 n 个单元的可靠度都为 $R(t)$ 时，系统可靠度为

$$R_s(t) = R^n(t) + n \cdot R^{n-1}(t) \cdot [1-R(t)] + \frac{n(n-1)}{2!} \cdot R^{n-2}(t) \cdot [1-R(t)]^2 + \cdots +$$

$$\frac{n!}{k!(n-k)!} \cdot R^k(t) \cdot [1-R(t)]^{n-k}$$

$$= \sum_{i=k}^n C_n^k R^i(t)[1-R(t)]^{n-k}, \quad k \leq n \tag{3-27}$$

当单元寿命分布服从指数分布，其失效率均为常数 λ 时，则

$$R_s(t) = \sum_{i=1}^{n} C_n^k e^{i\lambda t}(1-e^{-\lambda t})^{n-k} \tag{3-28}$$

系统的平均寿命为

$$\text{MTBF} = \int_0^\infty R_s(t)\,dt = \sum_{i=k}^{n} \frac{1}{i\lambda} \tag{3-29}$$

例 3-9 设每个单元的可靠度 $R(t)=e^{-\lambda t}$，且 $\lambda=0.001\text{h}^{-1}$。求 $t=100\text{h}$ 时：(1) 一个单元的系统；(2) 二单元串联系统；(3) 二单元并联系统；(4) 2/3[G] 表决系统的可靠度 R_1、R_2、R_3 和 R_4。

解 $t=100\text{h}$ 时 4 个系统的可靠度如下。

一个单元系统的可靠度为

$$R_1(100) = e^{-0.001 \times 100} = e^{-0.1} = 0.905$$

由式(3-14)可得两单元串联系统的可靠度为

$$R_2 = R_1^2 = (e^{-0.1})^2 = 0.819$$

式(3-18)两单元并联系统的可靠度为

$$R_3 = 1-(1-R_1)^2 = 1-(1-e^{-0.1})^2 = 0.991$$

由式(3-25)可得 2/3[G] 表决系统的可靠度为

$$R_4 = 3R_1^2 - 2R_1^3 = 3e^{-0.2} - 2e^{-0.3} = 0.975$$

下面讨论以上 4 种系统可靠度的大小。当 $t=1000\text{h}$ 时的 4 种系统的可靠度 R_1、R_2、R_3、R_4 为

$$R_1 = R(1000) = e^{-0.001 \times 1000} = e^{-1} = 0.368;$$

$$R_2 = R_1^2 = e^{-2} = 0.135;$$

$$R_3 = 1-(1-R_1)^2 = 1-(1-e^{-1})^2 = 0.600;$$

$$R_4 = 3R_1^2 - 2R_1^3 = 3e^{-2} - 2e^{-3} = 0.306$$

可见，当 $R_1=0.905$ 时有 $R_2<R_1<R_4<R_3$；$R_1=0.368$ 时，有 $R_2<R_4<R_1<R_3$。

实际上可以论证：

当 $R_1>0.5$ 时，有 $R_2<R_1<R_4<R_3$。

当 $R_1=0.5$ 时，有 $R_2<R_1=R_4<R_3$。

当 $R_1<0.5$ 时，有 $R_2<R_4<R_1<R_3$。

上述关系如图 3-37 所示。

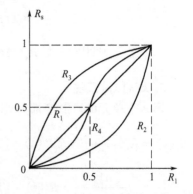

图 3-37 4 种系统 R 比较

由此可见，两个单元的串联系统可靠度最低，两个单元的并联系统可靠度最高。当单元可靠度 $R_1<0.5$ 时，2/3[G] 系统的可靠度 R_4 甚至不如一个单元的系统，因此为了改善 2/3[G] 系统的可靠度特性，必须采取措施，可见表决系统在可靠性方面优越性不大，但表决系统往往是从功能的需要建立的，所以也要掌握该系统的可靠度计算方法。

3.3.5 储备系统的可靠性模型

为了提高系统的可靠性,还可以储备一些单元,以便当主作用单元失效时,立即能由储备单元接替,这种系统称为储备系统,其可靠性框图如图3-38所示。

储备系统一般有冷储备(无载储备)、热储备(满载储备)和温储备(轻载储备)之分。热储备单元在储备中的失效率和在工作时一样,冷储备单元在储备中不会失效,而温储备单元的储备失效率大于零而小于工作失效率。

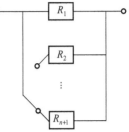

图3-38 储备系统可靠性框图

1. 冷储备系统

冷储备系统通常用 $n+1$ 个工作单元和一个高可靠转换开关组成,一个单元在工作,n 个单元作储备。当工作单元失效时,转换开关把一个储备单元接入,系统继续工作。这样直到所有单元都失效时,系统才失效。假定转换开关完全可靠,各单元平均寿命为 $m_i(i=1\sim n+1)$;则系统平均寿命显然等于各单元平均寿命之和,即

$$m_s = \sum_{i=1}^{n+1} m_i \tag{3-30}$$

当所有单元都服从指数分布时,有

$$m_s = \sum_{i=1}^{n+1} \frac{1}{\lambda_i} \tag{3-31}$$

而系统可靠性为

$$R_s(t) = \sum_{k=1}^{n+1} \left(\prod_{\substack{i=1 \\ i \neq k}}^{n+1} \frac{\lambda_i}{\lambda_i - \lambda_k} \right) e^{-\lambda_k t} \tag{3-32}$$

在各单元失效率相同(为 λ)的条件下,有

$$R_s(t) = \prod_{k=0}^{n} e^{-\lambda t} \cdot \frac{(\lambda t)^k}{k!} \tag{3-33}$$

式(3-33)右端求和号后面是 Poisson 分布,是在 t 时间内发生 k 次故障的概率。$n+1$ 个单元的冷储备系统(其中一个单元在工作)允许在 t 时间内最多发生 n 次故障而仍能保持系统正常工作,所以系统可靠性是单元发生零次故障到发生 n 次故障的概率的和。

如果转换开关不完全可靠,假设它的寿命也服从指数分布,具有常数失效率 λ_{sw}。以二单元冷储备系统为例,有

$$R_s(t) = e^{-\lambda_1 t} + \frac{\lambda_1}{\lambda_{sw} + \lambda_1 - \lambda_2}[e^{-\lambda_2 t} - e^{-(\lambda_{sw}+\lambda_1)t}] \tag{3-34}$$

$$m_s = \int_0^\infty R_s(t)dt = \frac{1}{\lambda_1} + \frac{1}{\lambda_2(\lambda_{sw} + \lambda_1)} \tag{3-35}$$

如果转换开关可靠性是常数 R_{sw},则相应公式为

$$R_s(t) = e^{-\lambda_1 t} + R_{sw}\frac{\lambda_1}{\lambda_1 - \lambda_2}(e^{-\lambda_2 t} - e^{-\lambda_1 t}) \qquad (3-36)$$

$$m_s = \frac{1}{\lambda_1} + R_{sw}\frac{1}{\lambda_2} \qquad (3-37)$$

2. 热储备和温储备系统

热储备和温储备系统一般比冷储备系统复杂,下面来考虑最简单的两个单元的储备系统。设工作部件失效率为常数 λ_1,储备部件的储备失效率为常数 η_2,转入工作后的失效率为 λ_2,则当转换开关完全可靠时的系统可靠性为

$$R_s(t) = e^{-\lambda_1 t} + \frac{1}{\lambda_1 + \eta_2 - \lambda_2}[e^{-\lambda_2 t} - e^{-(\lambda_2+\eta_2)t}] \qquad (3-38)$$

系统平均寿命为

$$m_s = \int_0^\infty R_s(t)\mathrm{d}t = \frac{1}{\lambda_1} + \frac{1}{\lambda_2}\left(\frac{\lambda_1}{\lambda_1 + \eta_2}\right) \qquad (3-39)$$

当 $\eta_2 = \lambda_2$,为热储备系统;当 $\eta_2 = 0$ 时,则为冷储备系统;而当 $0 < \eta_2 < \lambda_2$ 时,则为温储备系统。

如果转换开关不是完全可靠,则当开关失效率为常数 λ_{sw} 时,有

$$R_s(t) = e^{-\lambda_1 t} + \frac{1}{\lambda_{sw} + \lambda_1 + \eta_2 - \lambda_2}[e^{-\lambda_2 t} - e^{-(\lambda_{sw}+\lambda_1+\eta_2)t}] \qquad (3-40)$$

$$m_s = \frac{1}{\lambda_1} + \frac{\lambda_1}{\lambda_2(\lambda_1 + \lambda_{sw} + \eta_2)} \qquad (3-41)$$

当开关可靠性为常数 R_{sw} 时,有

$$R_s(t) = e^{-\lambda_1 t} + R_{sw}\frac{\lambda_1}{\eta_2 + \lambda_1 - \lambda_2}[e^{-\lambda_2 t} - e^{-(\eta_2+\lambda_1)t}] \qquad (3-42)$$

$$m_s = \frac{1}{\lambda_1} + R_{sw}\frac{\lambda_1}{(\lambda_1 + \eta_2)\lambda_2} \qquad (3-43)$$

这里举一个温储备的例子说明一下。在正常情况下6台液体火箭发动机可以满足"土星"火箭第一级的推力要求,但为提高可靠性采用8台发动机一起工作。由于储备发动机在飞行中来不及点火,因此不能采用冷储备方案;而8台发动机按正常推力一起点火又超过第一级接力要求,因此不能采用热储备(并联工作)方案。为此,在"土星"火箭起飞时,使8台发动机都降负荷工作,使总推动力等于6台发动机正常推力。一旦有一台发动机发生故障,则通过高度可靠的测量设备测出故障点,通过高可靠转换装置关掉故障发动机及其对称位置的一台发动机,而使其余6台发动机满载工作,这就是温储备。

3.3.6 一般网络的可靠性模型

系统可靠性框图模型除了上述串联、并联、表决和储备系统等典型结构外,还有一类较复杂的系统称为一般网络。例如,航天、航空、通信、电路系统和计算机系统等。一般网络可靠性的求法大体上有状态枚举法、概率图法、全概率分解法、最小路法、网络拓扑法、

Monte-Carlo 模拟法等。前 3 种方法仅适用于小型网络的手工计算,最小路法适用于计算机计算,故目前应用最广泛,而以图论方法为基础的网络拓扑法正在迅速发展。本节仅介绍常用的前 4 种方法。

1. 结构函数

1) 最小路集和最小割集

设系统中单元都是两态的(工作或失效),用二值变量 x_i 表示第 i 个单元的状态,如 $x_i = 1$ 表示该单元工作,$x_i = 0$ 表示该单元失效。

路集是系统中单元状态变量的一种子集,在该子集以外所有单元均失效的情况下,子集中所有单元工作时系统工作。最小路集(MPS)是路集中的一种,该路集的每一个单元单独失效都会引起系统失效。

割集是系统中单元状态变量的另一种子集,在该子集以外所有单元均工作的情况下,子集中所有单元失效时系统失效。最小割集(MCS)是割集中的一种,即该割集的每一个单元单独工作都会引起系统工作。

最小路集中含单元状态变量的个数叫做该最小路集的阶数;最小割集中含单元状态变量的个数叫做该最小割集的阶数。

例 3-10 设有一个系统的可靠性逻辑框图如图 3-39 所示,试找出该系统所有的路集、割集、最小路集和最小割集,并指出各最小路集和最小割集的阶数。

解 根据路集、割集及其最小路集和最小割集的概念,可知该系统的路集为 x_1x_2、x_3x_4、$x_1x_4x_5$、$x_3x_4x_5$、$x_1x_2x_3$、$x_1x_2x_5$、$x_1x_2x_4$、$x_1x_3x_4$、$x_2x_3x_5$、$x_2x_3x_4$、$x_1x_3x_4x_5$、$x_1x_2x_3x_4$、$x_1x_2x_3x_5$、$x_1x_2x_4x_5$、$x_2x_3x_4x_5$、$x_1x_2x_3x_4x_5$,共 16 个。

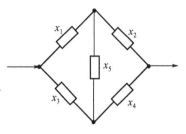

图 3-39 例 3-10 用图

最小路集为 x_1x_2、x_3x_4、$x_1x_4x_5$、$x_2x_3x_5$,共 4 个。其中 x_1x_2、x_3x_4 是二阶最小路集;$x_1x_4x_5$、$x_2x_3x_5$ 是三阶最小路集。

割集为 x_1x_3、x_2x_4、$x_1x_4x_5$、$x_2x_3x_5$、$x_1x_3x_5$、$x_1x_2x_3$、$x_1x_3x_4$、$x_1x_2x_4$、$x_2x_3x_4$、$x_2x_4x_5$、$x_1x_3x_4x_5$、$x_1x_2x_3x_4$、$x_1x_2x_3x_5$、$x_1x_2x_4x_5$、$x_2x_3x_4x_5$、$x_1x_2x_3x_4x_5$,共 16 个。

最小割集为 x_1x_3、x_2x_4、$x_1x_4x_5$、$x_2x_3x_5$,共 4 个。其中,x_1x_3、x_2x_4 是二阶最小割集;$x_1x_4x_5$、$x_2x_3x_5$ 是三阶最小割集。

2) 用最小路集和最小割集表示结构函数

任何系统的结构函数都有两种,即系统可靠的结构函数 $\Phi(X)$ 和系统失效的结构函数 $\Psi(X)$,其定义如下:

设系统 S 由 n 个单元组成,x_i 为第 i 个单元的状态变量。

若规定 $x_i = 1$ 表示第 i 个单元工作,$x_i = 0$ 表示第 i 个单元失效,求出系统的状态变量 $\Phi(X) = \phi(x_1, x_2, \cdots, x_n)$,且 $\Phi(X) = 1$ 表时示系统工作,$\Phi(X) = 0$ 表时示系统失效。则称 $\phi(x_1, x_2, \cdots, x_n)$ 为系统可靠的结构函数。

若规定 $x_i = 1$ 表示第 i 个单元失效,$x_i = 0$ 表示第 i 个单元工作,求出系统的状态变量 $\Psi(X) = \psi(x_1, x_2, \cdots, x_n)$,且 $\Psi(X) = 1$ 时表示系统失效,$\Psi(X) = 0$ 时表示系统工作。则称 $\psi(x_1, x_2, \cdots, x_n)$ 为系统失效的结构函数。

显然,在单元状态变量定义相同的情况下,如果均定义 $x_i = 1$ 为第 i 个单元工作,$x_i = 0$ 为第 i 个单元失效,则有

$$\Psi(X) = 1 - \Phi(X) \tag{3-44}$$

这里仅介绍系统可靠的结构函数 $\Phi(X)$,即 $\phi(x_1, x_2, \cdots, x_n)$ 的求解方法。

系统可靠的结构函数用全部最小路集表示为

$$\Phi(X) = \bigcup_{j=1}^{p} \rho_j(X), \quad \rho_j(X) = \prod_{j \in \rho_j} x_j \tag{3-45}$$

式中:$\rho_j(X)$ 为最小路集;p 为最小路集的个数。

系统可靠的结构函数用全部最小割集表示为

$$\Phi(X) = \prod_{j=1}^{k} k_j(X), \quad k_j(X) = \bigcup_{j \in k_j} x_j \tag{3-46}$$

式中:$k_j(X)$ 为最小割集;k 为最小割集的个数。

3) 结构函数的对偶函数及补函数

设系统 S 的结构函数 $\Phi(X)$,而系统 S^D 的结构函数为

$$\Phi^D(X) = 1 - \Phi(1 - X) \tag{3-47}$$

其中 $(1-X) = (1-x_1, 1-x_2, \cdots, 1-x_n)$,则 S^D 称为 S 的对偶系统,$\Phi^D(X)$ 为 $\Phi(X)$ 的对偶结构函数。

容易验证,$\Phi(X)$ 的一个最小路集是 $\Phi^D(X)$ 的一个最小割集;$\Phi(X)$ 的一个最小割集是 $S^D(X)$ 的一个最小路集。

注意:对偶和互补的概念是不同的,结构函数 $\Phi(X)$ 的补函数为

$$\overline{\Phi(X)} = 1 - \Phi(X) = \Psi(X) \tag{3-48}$$

显然,是式(3-47)和式(3-48)不同,$\Phi(X)$ 和 $\overline{\Phi(X)}$ 描述同一系统的工作和失效,而 $\Phi(X)$ 和 $\Phi^D(X)$ 则描述两个互相对偶的不同系统的工作。

例 3-11 设两单元 x_1 和 x_2 的并联系统如图 3-40 所示。求该系统可靠的结构函数 $\Phi(X)$ 及其对偶函数 $\Phi^D(X)$ 和补函数 $\overline{\Phi(X)}$,并讨论它们之间的关系。

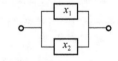

解 图中并联系统的最小路集为 x_1、x_2;最小割集为 $x_1 x_2$。

图 3-40 例 3-11 的图

若根据式(3-45),则得

$$\Phi(X) = \rho_1 \cup \rho_2 = x_1 \cup x_2 = x_1 + x_1' x_2 = x_1 + (1-x_1)x_2 = x_1 + x_2 - x_1 x_2$$

若根据式(3-46),则得

$$\Phi(X) = k_1 = x_1 \cup x_2 = x_1 + x_1' x_2 = x_1 + x_2 - x_1 x_2$$

可见式(3-45)和式(3-46)求出的结果相同。

由式(3-47)得

$$\Phi^D(X) = 1 - \Phi(1-X) = 1 - [(1-x_1) \cup (1-x_2)]$$
$$= 1 - [(1-x_1) + (1-x_1)'(1-x_2)] = x_1 x_2$$

由式(3-48)得

$$\overline{\Phi(X)} = 1 - \Phi(X) = 1 - (x_1 + x_2 - x_1 x_2) = (1-x_1)(1-x_2)$$

讨论：如果 $x_1=1(x_2=1)$ 代表单元 1(2) 工作，则 $x_1=1$ 或 $x_2=1$ 时 $\Phi(X)=1$，代表并联系统工作；此时补函数 $\overline{\Phi(X)}=0$ 代表同一系统工作，即 $\overline{\Phi(X)}=1$ 代表同一系统失效。后者的必要条件是 $x_1=0$ 和 $x_2=0$，即单元 1 和单元 2 都失效，构成并联系统失效。

而对偶函数 $\Phi^D(X)=1$ 则代表由单元 x_1 和 x_2 组成串联系统，它是 x_1 和 x_2 的并联系统的对偶函数。$\Phi^D(X)=1$ 代表此串联系统（对偶系统）工作，其条件是 $x_1=1$、$x_2=1$。

4）用最小路集和最小割集求系统的可靠度及失效概率

设某一系统有 p 个最小路集 ρ_1、ρ_2、…、ρ_p；有 k 个最小割集 k_1、k_2、…、k_k。

根据概率论理论可推出：系统工作 $= \bigcup_{j=1}^{p} \rho_j$，则系统的可靠度 $R_s = P($系统工作$)$ $P(\rho_1 \cup \rho_2 \cup \cdots \cup \rho_p)$，将各最小路集代入不交化后，可得到一个函数，即系统的可靠度函数 $R_s = f(R_1, R_2, \cdots, R_p)$。

同样可推出：系统失效 $= \bigcup_{j=1}^{k} k_j$，则系统的失效概率 $Q_s = P($系统失效$) = P(k_1 \cup k_2 \cup \cdots \cup k_k)$。将各最小割集代入不交化后，可得一个函数，即系统的失效概率函数 $Q_s = f_2(q_1, q_2, \cdots, q_k)$。上述 R_i 和 q_i 分别代表系统中各单元的可靠度和失效概率。

2. 状态枚举法

状态枚举法也称状态穷举法或布尔真值表法，是一种最直观的计算系统可靠度方法。假定系统由 n 个单元组成，因为每个单元仅有两种可能状态，用 1 表示单元正常工作，0 表示单元失效。显然，n 个单元所构成的系统共有 2^n 个状态。对应其中的每一状态，系统也只有正常或失效两种状态。当 n 不大时，可以列出所有 2^n 个可能状态以及相应系统的状态。在这些状态中，如系统能正常工作，记做 $S(i)$。其中，i 表示在这个状态下为保证系统正常工作所需要的单元正常工作的个数。系统失效记做 $F(i)$。其中，i 表示在这个状态下引起系统失效的单元个数。系统的可靠度即为各种状态使系统正常工作的概率之和。

例 3-12 某一桥式系统的可靠性逻辑框图如图 3-41 所示。其中 5 个单元的可靠度分别为 $R_1=0.8$、$R_2=0.7$、$R_3=0.8$、$R_4=0.7$、$R_5=0.9$。试用枚举法求该系统的可靠度。

解 因为该系统共有 5 个单元，因而系统共有 $2^5=32$ 种状态，如表 3-9 所列。根据例 3-10 的结论和表 3-9 可知，其中 16 种状态系统能正常工作，另 16 种状态

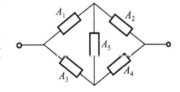

图 3-41 例 3-12 的图

系统失效，分别标以 $S(i)$ 和 $F(i)$。计算 16 种状态 $S(i)$ 系统正常工作的概率，如状态编号为 7 时系统正常工作的概率为

$$P(A_1' A_2' A_3 A_4 A_5') = R_1' R_2' R_3 R_4 R_5' = (1-R_1)(1-R_2)R_3 R_4(1-R_5)$$

$$= (1-0.8)(1-0.7) \times 0.8 \times 0.7(1-0.9) = 0.00336$$

表3-9 例3-12的布尔真值表

系统状态编号	单元工作状态					系统状态	概率
	A_1	A_2	A_3	A_4	A_5		
1	0	0	0	0	0	$F(5)$	
2	0	0	0	0	1	$F(4)$	
3	0	0	0	1	0	$F(4)$	
4	0	0	0	1	1	$F(3)$	
5	0	0	1	0	0	$F(4)$	
6	0	0	1	0	1	$F(3)$	
7	0	0	1	1	0	$S(2)$	0.00336
8	0	0	1	1	1	$S(3)$	0.03024
9	0	1	0	0	0	$F(4)$	
10	0	1	0	0	1	$F(3)$	
11	0	1	0	1	0	$F(3)$	
12	0	1	0	1	1	$F(2)$	
13	0	1	1	0	0	$F(3)$	
14	0	1	1	0	1	$S(3)$	0.03024
15	0	1	1	1	0	$S(3)$	0.00784
16	0	1	1	1	1	$S(4)$	0.07056
17	1	0	0	0	0	$F(4)$	
18	1	0	0	0	1	$F(3)$	
19	1	0	0	1	0	$F(3)$	
20	1	0	0	1	1	$S(3)$	0.03024
21	1	0	1	0	0	$F(3)$	
22	1	0	1	0	1	$F(2)$	
23	1	0	1	1	0	$S(3)$	0.01344
24	1	0	1	1	1	$S(4)$	0.12096
25	1	1	0	0	0	$S(2)$	0.00336
26	1	1	0	0	1	$S(3)$	0.03024
27	1	1	0	1	0	$S(3)$	0.00784
28	1	1	0	1	1	$S(4)$	0.07056
29	1	1	1	0	0	$S(3)$	0.01344
30	1	1	1	0	1	$S(4)$	0.12096
31	1	1	1	1	0	$S(4)$	0.03136
32	1	1	1	1	1	$S(5)$	0.28224

系统的可靠度即为16项概率(见表3-9最后一列)相加,得

$$R_s = 0.00336 + 0.03024 + \cdots + 0.28224 = 0.86688$$

如果系统处于失效状态$F(i)$比处于工作状态数少,则可先计算系统的不可靠度F_s,然后由$R_s = 1 - F_s$计算出系统的可靠度。

状态枚举法原理简单,步骤清晰、直观,容易掌握,但当系统中单元个数n(大于6)较多时,计算量也比较大,此时要借助电子计算机进行计算。

3. 概率图法

概率图法是在状态枚举法的基础上进行的。以二进制表示的系统的2^n种部件组合,

以形象地用图形表示,规定这种图的表头必须用格雷(Gray)码编排,格雷码的相邻组码必须有一个码不同,这种图形称为概率图。图 3-42 所示为 $n=5$ 时的概率图。

A_1A_2 \ $A_3A_4A_5$	000	001	011	010	110	111	101	100
00								
01								
11								
10								

图 3-42 $n=5$ 的概率图

在概率图上把表示系统正常的小方格用 1 标出,然后把它划为一些不重叠的长方格或正方格,对各方格进行合并简化,最后可将系统可靠度按这个划分写出。这就是概率图法。

例 3-13 同例 3-12,用概率图法求系统的可靠度。

解 由图 3-41 可知,桥式系统逻辑框图由 A_1、A_2、A_3、A_4、A_5 这 5 个单元组成,有 32 个状态。根据图 3-42 的概率图绘制方法可绘出该系统概率图如图 3-43 所示。

A_1A_2 \ $A_3A_4A_5$	000	001	011	010	110	111	101	100
0 0					1	1		
0 1					1	1	1	
1 1	1	1	1	1	1	1	1	1
1 0			1		1	1		

图 3-43 例 3-13 系统的概率图

各方块从左至右进行合并简化,如对第一方块合并简化为

$$A_1A_2A_3'A_4'A_5' + A_1A_2A_3'A_4'A_5 + A_1A_2A_3'A_4A_5 + A_1A_2A_3'A_4A_5'$$
$$= A_1A_2[A_3'A_4'(A_5' + A_5) + A_3'A_4(A_5 + A_5')]$$
$$= A_1A_2[A_3'(A_4' + A_4)] = A_1A_2A_3'$$

同理可得其余 4 个方块的合并简化结果分别为 $A_1A_2'A_3'A_4A_5$、A_3A_4、$A_2A_3A_4'A_5$、$A_1A_2A_3A_4'A_5'$。

故系统的可靠度为

$$R_s = P(系统正常) = P(A_1A_2A_3') + P(A_1A_2'A_3'A_4A_5) + P(A_3A_4) + P(A_2A_3A_4'A_5) + P(A_1A_2A_3A_4'A_5')$$
$$= R_1R_2(1-R_3) + R_1(1-R_2)(1-R_3)R_4R_5 + R_3R_4 + R_2R_3(1-R_4)R_5 + R_1R_2R_3(1-R_4)(1-R_5)$$
$$= 0.8 \times 0.7(1-0.8) + 0.8(1-0.7)(1-0.8) \times 0.7 \times 0.9 + 0.8 \times 0.7 +$$

$$0.7 \times 0.8(1-0.7) \times 0.9 + 0.8 \times 0.7 \times 0.8(1-0.7) \times (1-0.9)$$
$$= 0.86688$$

应该注意,概率图上划分方格的方式不是唯一的,但计算的结果是相同的,划分方格的原则是:所得项数较少,又便于表示成事件的交(如 $A_3 A_4$ 是事件 A_3 和 A_4 的交)。

以上状态枚举法和概率图法只适用于单元数目 n 较小(一般不大于6)的情况。

4. 全概率分解法

全概率分解法,即对于可靠度不易确定的一般网络系统,可采用概率论中的全概率公式将它简化为一般串、并联系统进行计算其成功概率的方法。应用全概率分解法首先是选择系统中的任意一个单元,然后按这个单元处于正常与失效两种状态,用全概率公式计算系统的可靠度。设被选出单元 A_x 的可靠度为 $R_x(t)$,不可靠度 $F_x(t) = 1 - R_x(t)$,则系统的可靠度为

$$R_s(t) = R_x(t) R\left(\frac{S}{R_x(t)}\right) + F_x(t) R\left(\frac{S}{F_x(t)}\right) \tag{3-49}$$

式中:$R(S/R_x(t))$ 为单元 A_x 在 t 时正常条件下,系统能正常工作的概率;$R(S/F_x(t))$ 为单元 A_x 在 t 时失效条件下,系统能正常工作的概率。

例 3-14 同例 3-12,用全概率分解法求系统的可靠度。

解 选单元 A_5 为 A_x,当 A_5 正常工作时,系统简化成图 3-44(a)所示;当 A_5 失效时,系统简化成图 3-44(b)所示。

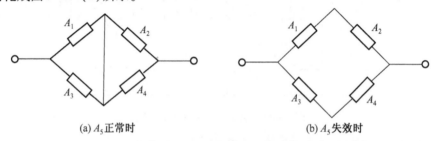

(a) A_5 正常时　　　　　　　　(b) A_5 失效时

图 3-44　A_5 正常与失效时的系统简化图

因为图 3-44(b) 是一个串、并联系统,由式(3-24)可得其可靠度为

$$R(S/R_x(t)) = \prod_{i=1}^{n}[1-(1-R_i(t)^m)]$$
$$= [1-(1-R_1)(1-R_3)][1-(1-R_2)(1-R_4)]$$
$$[1-(1-0.8)(1-0.8)][1-(1-0.7)(1-0.7)] = 0.8736$$

因为图 3-44(b) 是一个并、串联系统,由式(3-24)可得其可靠度为

$$R(S/F_x(t)) = 1 - \left[1 - \prod_{i=1}^{n} R_i(t)\right]^m$$
$$= 1 - (1 - R_1 R_2)(1 - R_3 R_4) = 1 - (1 - 0.8 \times 0.7)(1 - 0.8 \times 0.7)$$
$$= 0.8064$$

由于 $A_x = A_5$,所以 $R_x(t) = R_5 = 0.9$,$F_x(t) = 1 - R_x(t) = 0.1$。由式(3-49)得系统可

靠度为

$$R_s = R(t)R(S/R_x(t)) + F_x(t)R(S/F_x(t))$$
$$= 0.9 \times 0.8736 + 0.1 \times 0.8064 = 0.86688$$

由例 3-12 可以看出,全概率分解法与概率图法及状态枚举法对同一系统的可靠度计算结果都是一样的。全概率分解法似乎较简单,但选择 A_x 单元非常重要,它必须是系统中主要单元,且与其他单元联系最多,这样才能达到简化计算的目的。如选得不好,非但不能简化计算,还可能得出错误的结果。对于很复杂的系统,这个方法也无能为力,因为选出一个单元 A_x,剩下的系统仍很复杂,难以直接计算系统的可靠度。

5. 不交最小路法

不交最小路法,即首先枚举任意网络的所有最小路集$(\rho_1, \rho_2, \cdots, \rho_p)$,列出系统工作的最小路集表达式,利用概率论和布尔代数有关公式求系统的可靠度。

例 3-15 同例 3-10,用不交最小路法求系统的可靠度。

解 (1)枚举系统的全部最小路集。由图 3-41 可确定系统有 4 个最小路集,即 $\rho_1 = 12$、$\rho_2 = 34$、$\rho_3 = 145$、$\rho_4 = 235$。

(2)列出系统工作的最小路集表达式并进行不交化。

$$\text{系统工作} = \rho_1 \cup \rho_2 \cup \rho_3 \cup \rho_4 = 12 \cup 34 \cup 145 \cup 235$$
$$= 12 \uplus 34 \uplus 145 \uplus 235$$
$$= 12 + (12)'34 + (12)'(34)'145 + (12)'(34)'(145)'235$$
$$= 12 + (1' + 2')34 + 2'3'145 + 1'4'(14)'235$$
$$= 12 + 1'34 + 12'34 + 12'3'45 + 1'4'(1' + 14')235$$
$$= 12 + 1'34 + 12'34 + 12'3'45 + 1'234'5$$

(3)求系统的可靠度。

$$R_s = P(\text{系统工作}) = P(12 + 1'34 + 12'34 + 12'3'45 + 1'234'5)$$
$$= R_1R_2 + (1 - R_1)R_3R_4 + R_1(1 - R_2)R_3R_4 + R_1(1 - R_2)(1 - R_3)R_4R_5 +$$
$$(1 - R_1)R_2R_3(1 - R_4)R_5$$
$$= 0.8 \times 0.7 + (1 - 0.8) \times 0.8 \times 0.7 + 0.8 \times (1 - 0.7) \times 0.8 \times 0.7 +$$
$$0.8 \times (1 - 0.7)(1 - 0.8) \times 0.7 \times 0.9 +$$
$$(1 - 0.8) \times 0.7 \times 0.8 \times (1 - 0.7) \times 0.9 = 0.86688$$

由例 3-15 可以看出,不交最小路法与状态枚举法、概率图法和全概率分解法一样,对同一系统的可靠度计算结果完全相同。

例 3-16 某一系统的可靠性逻辑框图如图 3-45 所示,网络中 7 个单元(a、b、c、d、e、f、g)的可靠度为 $R_a = R_b = R_c = 0.9$,$R_d = R_e = 0.8$,$R_f = R_g = 0$,用不交最小路法求该系统的可靠度。

解 (1)枚举系统的最小路集,该系统的最小路集为

$\{f,g\}$,$\{a,b,c\}$,$\{a,d,g\}$,$\{a,b,e,g\}$,$\{a,d,e,c\}$,$\{f,d,b,c\}$,$\{f,e,c\}$

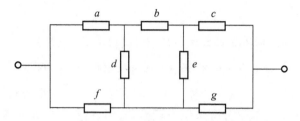

图 3-45 例 3-16 系统的可靠性逻辑框图

(2) 列出系统工作的最小路集表达式并进行不交化。

系统工作 $=fg \cup abc \cup adg \cup abeg \cup adec \cup fdbc \cup fec$

$= fg \uplus abc \uplus adg \uplus abeg \uplus acde \uplus bcdf \uplus cfe$

$= fg + (fg)'abc + (fg)'(abc)'adg + (fg)'(abc)'(adg)'abeg +$
$(fg)'(abc)'(adg)'(abeg)'(acde)'bcdf +$
$(fg)'(abc)'(adg)'(abeg)'(acde)'(bcdf)'dfe$

$= fg + abcf' + abcfg' + ab'df'g + abc'df'g + abc'd'ef'g + ab'cdeg' +$
$a'bcdfg' + a'bcefg' + a'bcd'efg' + ab'cd'efg'$

(3) 求系统的可靠度。

$R_s = P(\text{系统工作}) = P(fg + abcf' + abcfg' + ab'df'g + abc'd'f'g + abc'd'ef'g +$
$ab'cdeg' + a'bcdfg' + a'b'cefg' + a'bcd'efg' + ab'cd'efg')$

$= R_f R_g + R_a R_b R_c (1 - R_f) + R_a R_b R_c R_f (1 - R_g) + R_a (1 - R_b) R_d (1 - R_f) R_g +$
$R_a R_b (1 - R_c) R_d (1 - R_f) R_g + R_a R_b (1 - R_c)(1 - R_d) R_e (1 - R_f) R_g +$
$R_a (1 - R_b) R_c R_d R_e (1 - R_d) + (1 - R_a) R_b R_c R_d R_f (1 - R_g) +$
$(1 - R_a)(1 - R_b) R_c R_e R_f (1 - R_g) + (1 - R_a) R_b R_c (1 - R_d) R_e R_f (1 - R_g) +$
$R_a (1 - R_b) R_c (1 - R_d) R_e R_f (1 - R_g)$

$= 0.7 \times 0.7 + 0.9 \times 0.9 \times 0.9 \times (1 - 0.7) + 0.9 \times 0.9 \times 0.9 \times 0.7 \times (1 - 0.7) +$
$0.9 \times (1 - 0.9) \times 0.8 \times (1 - 0.7) \times 0.7 +$
$0.9 \times 0.9 \times (1 - 0.9) \times 0.8 \times (1 - 0.7) \times 0.7 +$
$0.9 \times 0.9 \times (1 - 0.9) \times (1 - 0.8) \times 0.8 \times (1 - 0.7) \times 0.7 +$
$0.9 \times (1 - 0.9) \times 0.9 \times 0.8 \times 0.8 \times (1 - 0.7) +$
$(1 - 0.9) \times 0.9 \times 0.9 \times 0.8 \times 0.7 \times (1 - 0.7) +$
$(1 - 0.9) \times (1 - 0.9) \times 0.9 \times 0.8 \times 0.7 \times (1 - 0.7) +$
$(1 - 0.9) \times 0.9 \times 0.9 \times (1 - 0.8) \times 0.8 \times 0.7 \times (1 - 0.7) +$
$0.9 \times (1 - 0.9) \times 0.9 \times (1 - 0.8) \times 0.8 \times 0.7 \times (1 - 0.7)$

$= 0.9293548$

使用不交最小路法可直接利用数学公式求任意网络系统的可靠度,由于此方法便于实现计算机解题,因此更适用于计算复杂系统的可靠度。

习题与思考题

3-1 试证 $AB' \cup C \cup BC'D \cup A'C'D = AB' + C + D$。

3-2 某并联系统由 n 个单元组成,设各单元寿命均服从指数分布,失效率均为 $0.001h^{-1}$,求 $n=2,3$ 的系统在 $t=100h$ 的可靠度;若用以上单元组成2/3[G]表决系统,求该系统在 $t=100h$ 的可靠度及平均寿命。

3-3 由 $2n$ 个单元组成的并串联系统和串并联系统的可靠性框图分别如图3-46(a)、(b),假设各单元失效是互相独立的,试比较两个系统的可靠性。

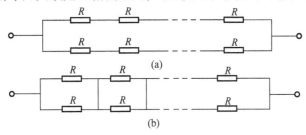

图3-46 习题3-3系统的可靠性框图

3-4 某3/6[G]表决系统,各单元寿命均服从指数分布,失效率均为 $\lambda = 40/10^6 h$,若工作时间 $t = 7200h$,求系统的可靠度及平均寿命。

3-5 喷气式飞机有3台发动机,至少需两台发动机正常才能安全飞行和起落,假定飞机事故仅由发动机引起,并假定发动机失效率为常数(MTBF $= 2 \times 10^3 h$),求飞机飞行10h 和100h 的可靠度。

3-6 某一系统的可靠性逻辑框图如图3-47所示,若各单元相互独立,且单元可靠度分别为 $R_1 = 0.99$、$R_2 = 0.98$、$R_3 = 0.97$、$R_4 = 0.96$、$R_5 = 0.975$。试求该系统的可靠度。

3-7 图3-48中各单元工作相互独立,$R_1 = R_2 = 0.7$、$R_3 = R_4 = 0.8$、$R_5 = 0.9$。(1)用全概率分解法求系统的可靠度;(2)用不交最小路法求系统的可靠度。

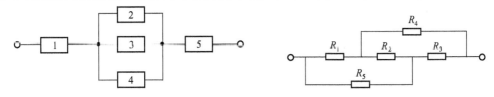

图3-47 习题3-6系统的可靠性框图　　图3-48 习题3-7系统的可靠性框图

3-8 某系统的可靠性逻辑框图如图3-49所示,各单元工作相互独立,且 $R_A = R_C = 0.9$,$R_B = 0.7$,$R_D = R_E = 0.8$。试用状态枚举法求系统的可靠度。

3-9 某系统的可靠性逻辑框图如图3-50所示,单元1、2、3服从指数分布,其失效率 $\lambda_1 = \lambda_2 = 1.625 \times 10^{-3}/h$,$\lambda_3 = 1 \times 10^{-4}/h$。求该系统的平均寿命。

3-10 工作时失效率 $\lambda_0 = 2 \times 10^{-4}/h$ 的两台电动机,一台冷储备,一台工作,设转换开关可靠度,求系统在 $t = 10h$ 的可靠度和平均寿命。

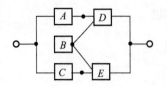
图3-49 习题3-8系统的可靠性框图
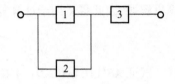
图3-50 习题3-9系统的可靠性框图

3-11 用尽可能简单的办法求图3-51所示网络可靠度表达式（用全概率分解法解）。

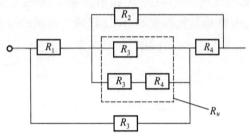
图3-51 习题3-11系统的可靠性框图

第4章 可靠性预计与分配

4.1 可靠性预计

1. 可靠性预计问题的提出及意义

从理论上讲,产品可靠度应是在产品的大量寿命试验结束后才能得到。然而,在工业生产中,采用产品制成后测得可靠度的方法来保证产品的可靠度是一种很不经济的方法,也为期太晚。特别是一些大型昂贵的复杂产品,根本不能采用这种方法。这是因为大型复杂系统的同类产品的成败记录数据甚少,而在其中又包括了许多有特殊原因的失效,不属于随机失效,故很难根据很少的数据来推断其可靠性,即要对全系统的试验结果进行统计推断很困难。另外,大型复杂系统的可靠性要求极高,如大型导弹、人造卫星、运载火箭或载人飞行器等,只根据很少的试验数据不可能经过统计推断获得如此高的可靠性。

因此,在产品制造之前就要控制它的可靠性,即在产品的设计阶段进行可靠性预计。尤其是对大型复杂系统更需要在设计阶段进行可靠性控制,要有定量的指标。

复杂系统可靠性定量指标根据什么来确定? 一般来说,对于不可修复系统,以可靠性 $R(t)$ 或平均寿命 MTTF 的形式给出;对于可修复产品则以可用性 $A(t)$ 或平均寿命 MTBF 的形式给出。在原则上可靠性是根据系统的全面任务要求,现实的元器件、原材料、工艺和技术水平、时间进度、投资能力,并参照国内外同类产品已经达到的可靠性,经过综合权衡来确定的。这是一个系统工程决策问题。

在可靠性预计过程中,要依靠经验数据,分析过去同类产品实际达到的可靠性水平时,应对不同阶段的试验结果加以区别,这样可以分析可靠性增长的情况。确认已排除了各种早期必然故障,产品已进入相对稳定的使用寿命期时,其可靠性应达到或接近设计的可靠性水平。预计的结果应当尽可能准确,但是当经验数据不足而可靠性要求又很高时,系统可靠性相对关系比绝对数字的准确性更为重要。因此,保持不同设计方案过去、现在和将来系统各组成部分之间的可靠性相对关系不错更为重要。

总之,在对系统的性能、重量、费用等提出具体要求后,希望达到最高的实际可靠性,这是预计工作目的。

2. 可靠性预计的分类

《可靠性预计程序》(GB 7827—1987)有以下规定:

可靠性预计分为基本可靠性预计和任务可靠性预计。基本可靠性预计用于估计由于产品不可靠将导致对维修与后勤保障的要求;任务可靠性预计用于估算产品在执行任务的过程中完成其规定功能的概率。

可靠性预计的一般程序如下:

(1) 明确产品的目的、用途、任务、性能参数及失效条件。
(2) 确定产品的组成成分、各个基本单元。
(3) 绘制可靠性框图。
(4) 确定产品所处环境。
(5) 确定产品的应力。
(6) 确定产品失效分布。
(7) 确定产品的失效率。
(8) 建立产品的可靠性模型。
(9) 预计产品可靠性。
(10) 编写预计报告。

可靠性预计分类及应用的方法如下：

Ⅰ类　可行性预计。用于产品的方案论证阶段。在这个阶段所能提供的信息只是描述产品的总体情况。它常用的预计方法有相似产品法、相似电路法、有源组件法。

Ⅱ类　初步预计。用于详细设计的早期。在这个阶段所能提供的信息是产品工程图或初步草图及组成产品的各个单元。使用的预计方法为部件计数法,也称元器件计数法。

Ⅲ类　详细预计。用于详细设计阶段之中和之后。这个阶段的特点是产品的每个组成单元都需要有工作环境和应力信息。使用的预计方法为元件应力分析法,也称元器件应力分析法。

产品的可靠性预计也可分为早期预计和后期预计。早期预计相当于Ⅰ类和Ⅱ类的预计,晚期预计相当于Ⅲ类预计。

不论采用何种预计方法,所得结果的精度均取决于两个因素：①所用模型与实际的符合程度；②模型参数的准确性。因为预计的参数多数为统计数据,产品的实际工作条件与统计条件不尽相同,所以预计结果与真实结果相差50%～200%是正常的。

4.2　元器件的可靠性预计

为了预计产品的可靠度（或 MTTF）,必须对组成产品的元器件的失效率做出预计。元器件的失效率通常是指平均失效率。然而欲使理论公式推导出的失效率切合实际是困难的。这是由于失效率数据受到不同用途、不同的操作者、不同的维护方法、不同的测量技术或失效定义的影响。因此预计的准确性是有限的,它只能大体确定一个数值范围,虽然预计范围较大,但是给出了定量的指标,对今后改进产品和提高可靠性水平起到积极作用。通常预计元器件失效率的方法如下。

4.2.1　收集数据预计法

收集数据预计法,即故障率预计法,其适用条件是当设计已进展到详细设计阶段,已有了产品原理图和结构图,选定了元器件和零部件及其类型和数量,且知道它们的基本故障率、产品的使用环境条件及应力等各种影响因素等。具体做法如下：根据产品的原理图画出可靠性框图,按框图建立可靠性数学模型,再以元器件和零部件的故障率逐级预计出产品的可靠性水平。预计的依据如下：

(1) 利用国内现有的统计数据,供技术人员预计时使用。国产元器件可以从我国军用标准《电子设备可靠性预计手册》(GJB/Z 299C—2006)中查找。

(2) 对于进口元器件可以利用《美国军用标准手册》(MIL—HDBK—217F)估算。

手册对电子元器件失效率的预计有一整套方法,已有许多国家利用这一手册中的数据和失效模型来预计元器件的失效率。

应用上述各种电子设备可靠性预计手册,可以进行失效率预计的元器件有集成电路、半导体分立器件(包括晶体管、二极管、光电子器件等)、电子管、电阻器、电位器、电容器、感性元件、继电器、开关、连接器、旋转电机、印制电路板和焊接点、磁性器件、石英谐振器、微波元器件、熔断器、氖和白炽指示灯、加热器和 LC 延迟线等。手册中列举了使用元器件计数预计法和元器件应力分析预计法的各种元器件的工作失效模型,这些模型可供参考。

在大多数情况下零部件的故障率数据是在实验室条件下测得的,叫做基本故障率,用 λ_0 表示。在实际应用时,必须考虑环境条件和工作应力的大小,叫做工作故障率,用 $\lambda_{设备}$ 表示,即

$$\lambda_{设备} = \lambda_0 \pi D$$

式中:$\lambda_{设备}$ 为工作故障率;λ_0 为基本故障率;π 为环境因子;D 为降额因子。

4.2.2 经验公式计算法

影响元器件失效的因素很多,其中主要是温度和电应力,各种不同的元器件,其基本失效率的数学模型也不同,如分立半导体元件、电阻、电容等都有各自不同的数学模型。应注意的是,各类元器件的基本失效率都是在实验室条件下得出的,实际应用时将受环境等因素影响,必须加以修正,求出工作失效率。

4.2.3 元器件计数预计法

元器件计数可靠性预计法也是一种早期预计法,这种方法在产品原理图基本形成、元器件清单初步确定的情况下应用。其设备的失效率计算公式为

$$\lambda_{设备} = \sum_{i=1}^{n} N_i (\lambda_G \pi_Q)_i \qquad (4-1)$$

式中:$\lambda_{设备}$ 为设备总失效率;λ_G 为第 i 种元器件的通用失效率;π_Q 为第 i 种元器件的通用质量系数;N_i 为第 i 种元器件数量;n 为设备所用元器件的种类数。

以上的通用失效率 λ_G 是指在某一环境类别中,在通用工作环境温度和常用工作应力条件下的失效率。国产元器件的 λ_G、π_Q 值可在《电子设备可靠性预计手册》(GJB/Z 299C—2006)或《美国国防部军用手册》(MIL—HDBK—217F)中查找。应用上述方法对设备进行预计时,为了快速估算,可取 $\lambda_G = 10^{-5} \sim 10^{-6} h^{-1}$ 乘以元件总数 N(假设失效分布为指数分布),即 $\lambda_{设备} = N\lambda_G$;$\text{MTBF} = \dfrac{1}{\lambda_{设备}}$。

若产品的所有单元在同一环境下工作,则可直接应用上述公式;若产品的单元分别在不同环境下工作,则要对 λ_{Gi} 环境因子进行修正,有时为了保证设备质量使用现场通用失

效率时,再加一个补偿系数 α,则表达式为

$$\lambda_{\text{设备}} = (1 + \alpha) \sum_{i=1}^{n} N_i \lambda_{Gi} \qquad (4-2)$$

式(4-2)中补偿系数 α 可取 $0.01 \sim 0.05$。

需要注意的是,一些混合微电路的通用失效率是难以通过手册查找的,由于这些元器件不是标准化的。每种混合微型电路都是完全独立的器件,所以不能按它们的名称或功能来确定它们的复杂度。有些混合电路的名称虽然相似或相同,但它们的复杂度差异却很大,这可能妨碍这种预计方法的分类。如果在设计中使用了混合电路,则应对其用途及结构进行彻底研究。

4.2.4 元器件应力分析预计法

这种预计方法是详细的可靠性预计法,是在产品设计的详细设计阶段或后期阶段的预计。在产品的详细设计阶段,此时产品已有详细的元器件清单、热分析结果、元器件所受应力的计算结果及所经历的典型环境条件等。在产品设计的后期阶段,一般情况是在产品已研制完成,对它的结构、电路及其各元器件的环境应力、工作电应力都明确。元器件应力分析预计法在这样的条件下才能应用。这种预计方法是以元器件的基本失效率为基础,根据使用环境、生产制造工艺、质量等级、工作方式和工作应力的不同,做出相应修正来预计产品元器件的工作失效率(使用失效率),进而求出部件的失效率,最后得到产品的失效率。

美国、英国、法国和日本等国家都相继出版过电子设备可靠性预计手册,其中最完善和最有影响的是《美国国防部军用手册》(MIL—HDBK—217F),可参考该手册检索各种电子设备的失效分布模型。对于进口元器件,按《美国国防部军用手册》(MIL—HDBK—217F)提供的数据和方法进行预计。对于国产元器件,可使用我国出版的《电子设备可靠性预计手册》(GJB/Z 299C—2006),按《电子设备可靠性预计手册》(GJB/Z 299C—2006)提供的数据和方法进行预计。

预计的一般程序如下:

(1)根据电子产品的功能和原理图,建立其基本可靠性、任务可靠性模型。

(2)计算元器件工作失效率,国产元器件按《电子设备可靠性预计手册》(GJB/Z 299C—2006)提供的数据和方法进行计算,进口元器件按《美国国防部军用手册》(MIL—HDBK—217F)提供的数据和方法进行。

(3)将各单元的工作失效率代入产品的可靠性模型,预计产品的基本可靠性或任务可靠性。

在失效率预计具体操作中,失效率与工作时间的关系一般采用单参数的指数分布,即使用条件一定时,失效率 λ 为常数。基本失效率是指元器件在电应力和温度应力作用下的失效率,通常用电应力和温度应力对电子元器件失效率影响的关系模型来表示,记为 λ_b。工作失效率是元器件在工作条件下的失效率,记为 λ_p。

我国可靠性预计数据手册也采用与《美国国防部军用手册》(MIL—HDBK—217F)相同的工作失效率的预计模式。例如,分立半导体器件工作失效率的预计模型为

$$\lambda_p = \lambda_b(\pi_E \pi_Q \pi_A \pi_{S_2} \pi_R \pi_C) \tag{4-3}$$

式中：π_E 为环境系数（或称环境因子），其数值取决于器件的种类和除温度外的使用环境；π_Q 为质量系数（或称质量因子），不同质量等级的同类器件取值不同；π_A 为应用系数（或称电路系数、电路因子），同一器件在不同的线路中使用时取值不同；π_{S_2} 为电压应力系数（或称电压应力因子），器件外加不同电压时取值不同；π_R 为额定功率或额定电流系数（或称额定功率或额定电流因子），不同额定功率或电流的器件有不同的取值；π_C 为种类系数或结构系数（二极管）（或称复杂性因子），相同类型的单管、双管、复合管有不同的取值。

由式（4-3）可知，分立半导体器件工作失效率 λ_p 等于基本失效率 λ_b 乘以影响器件失效率的各个系数 π_E、π_Q、…。其各个系数的具体特点如下：

1）环境系数 π_E

环境条件的好坏对器件的失效率的影响较大，是重要的因素之一，如在"217"手册中共定义有 20 种使用环境，在《电子设备可靠性预计手册》（GJB/Z 299C—2006）中共定义有 12 种使用环境。

2）质量系数 π_Q

对同一种类的器件，不同质量等级失效率是不同的。质量系数 π_Q 的取值大小反映器件等级高低。如美国半导体分立器件分为 5 级，即超军级、特军级、普军级、市售和塑封器件。其 π_Q 的取值以普军级为基准，市售品的失效率为普军级品的 5 倍，特军级品的失效率为普军级品的 1/5，超军级品的失效率为普军级品的 1/10。我国军事标准将半导体分立器件分为 6 个质量等级（A_1，A_2，A_3，B_1，B_3，C），其有关规定请参见《电子设备可靠性预计手册》（GJB/Z 299C—2006）。

3）应用系数 π_A

同一种类的器件在不同线路中其失效率不同。对于晶体管和场效应管而言，用于开关电路中可靠性最高；用于线性电路中可靠性较低；高频晶体管的可靠性最低。对于普通二极管而言，用于逻辑开关电路中的可靠性最高；用于模拟电路次之；用在一般整流电路中较差；而用作高压整流时最差。

4）电压应力系数 π_{S_2}

电压应力系数 π_{S_2} 是表示同一器件在不同的电应力（使用电压）失效率的变化，一般采用式（4-4）计算电压比 S_2 后，根据 S_2 的值来确定 π_{S_2}，即

$$S_2 = \frac{器件的工作电压}{器件的额定电压} \tag{4-4}$$

5）额定功率或额定电流系数 π_R

对于同一类器件在额定功率或额定电流不同时，则 π_R 的取值也不同，其失效率也不同。如对于晶体管来说，是以额定功率大小分级的，功率越大，器件失效率越高。

6）种类系数或结构系数（二极管）π_C

如对晶体管而言，π_C 可表征一个管壳内组装两个对管、匹配、互补、多发射极的器件的失效率的差别。

上面讨论了分立半导体器件的可靠性预计。微电子器件的可靠性预计与分立半导体

器件不同。微电子器件的基本失效率 λ_b 与温度、电应力及电路复杂程度有关。故需考虑其综合影响。在考虑环境机械应力的大小时,还应注意封装的结构形式和外部引线数量的多少。实践证明,扁平和圆管式封装器件的失效率最低。

在电子产品中,用量较大的是各种半导体器件,其失效率较高,故产品可靠性预计的重点应放在各种半导体器件上。一般的阻容元件的失效率比半导体器件低 1~2 个数量级,因此,在部件的可靠性预计时,只要阻容元件的数量不比半导体器件多一个数量级以上,阻容元件的失效率可以粗略估计或忽略不计。

例 4-1 用元器件应力分析法计算一个元件的工作失效率 λ_p:一个硅二极管用于固定地面环境,作功率整流器,其质量等级为 JANTX 级,在额定电流的 60%、额定电压的 40%、壳温(T_C)为 60℃下工作。它的额定电流为 5A、$T_S = 100℃$、$T_{max} = 150℃$,采用冶金键接触(T_S 为开始降额时的额定温度值)。

解 该硅二极管是进口元件,查《美国国防部军用手册》(MIL—HDBK—217F),其工作失效率计算公式为

$$\lambda_p = \lambda_b(\pi_E \pi_Q \pi_A \pi_{S_2} \pi_R \pi_C)$$

式中:λ_p 为工作失效率;λ_b 为基本失效率;π_E 为环境因子;π_Q 为质量因子;π_R 为电流额定因子;π_A 为应用因子;π_{S_2} 为电压应力因子;π_C 为复杂性因子。

(1) 查元件的基本失效率 λ_b。查 λ_b 值需要先计算电流应力比和温度,按照《美国国防部军用手册》(MIL—HDBK—217F)中 5.1.3.12 给出的方法和公式进行计算如下。

应力比为:$S = I_{op}/I_{max}(C.F) = 0.6 \times (C.F)$

当元件的 $T_S > 25℃$ 和 $T_{max} < 175℃$ 时,有

$$C.F = -\frac{T_{max} - T_S}{150} = \frac{150 - 100}{150} = 0.33$$

$$T = T_C + (175 - T_{max}) = (60 + 175 - 150) = 85℃$$

$$S = 0.6 \times (C.F) = 0.6 \times 0.33 = 0.2$$

根据计算的 T 值和 S 值,查《美国国防部军用手册》(MIL—STD—217E)表,得 $\lambda_b = 0.00076/(10^6 h)$。

(2) 查环境因子 π_E。查《美国国防部军用手册》(MIL—STD—217E)中表 5.1.1-3 知"固定地面"环境的符号为 G_F,再查表 5.1.3.4-1,知 $\pi_E = 3.9$。

(3) 查质量等级因子 π_Q。查《美国国防部军用手册》(MIL—STD—217E)中表 5.1.3.4-2,JANTX 级,$\pi_Q = 0.3$。

(4) 查电流额定值因子孤。查《美国国防部军用手册》(MIL—STD—217E)中表 5.1.3.4-3,额定电流为 5A 时,$\pi_R = 2.0$。

(5) 查应用因子 π_R。查《美国国防部军用手册》(MIL—STD—217E)中表 5.1.3.4-4,功率整流(大于 500mA)时,$\pi_R = 1.5$。

(6) 查电压应力因子 π_{S_2}。查《美国国防部军用手册》(MIL—STD—217E)中表 5.1.3.4-5,当 $S = 0.4$ 时,$\pi_{S_2} = 0.7$。

(7) 查配电因子 π_C。查《美国国防部军用手册》(MIL—STD—217E)中表 5.1.3.4-6,冶金键接触时,$\pi_C = 1.0$。

(8) 计算 λ_p 为

$$\lambda_p = \lambda_b (\pi_E \pi_Q \pi_R \pi_A \pi_{S_2} \pi_C)$$
$$= 0.00076 \times (3.9 \times 0.3 \times 2.0 \times 1.5 \times 0.7 \times 1.0)$$
$$= 0.0019 \times 10^{-6} (1/h)$$

可靠性预计的准确性是相对而言的,可行性预计的准确性不如初步预计准确性高,这与所提供信息有关。详细预计的准确性比初步预计的准确性高,但与产品真实的可靠性水平相比又不够准确。尽管这样,对产品进行可靠性预计仍是一项重要工作,因为它能使产品的设计人员做到心中有数。

4.3 系统的可靠性预计

在按照可靠性预计手册的元器件应力分析法和有关数据求得各种元器件失效率后,根据设备所用元器件数量和系统结构,可以计算出设备或系统失效率和可靠度。计算方法通常有数学模型法、上下限法(即边值法)和蒙特卡洛(Monte-Carlo)法3种。其中数学模型法已在本书第2章中做过详细介绍,这里不再赘述。另外,由于蒙特卡洛法仅适用于难以写出概率关系式的复杂系统,故也不作介绍。而上下限法对复杂系统,特别是那些难以绘制准确可靠框图系统尤其适用,同时能保证一定精度,该法在复杂的阿波罗号宇宙飞船中得到成功的应用。

4.3.1 上下限法的基本思想

对于一些很复杂的系统,采用数学模型很难得到可靠性的函数表达式。此时,能否不采用直接推导的办法,而是忽略一些次要因素,用近似的数值来逼近系统可靠度真值,从而使繁琐的过程变得简单呢?回答是肯定的。这就是上下限法的基本思想。

顾名思义,这种方法要求出系统的可靠度上下限值(边值法)。首先,假定系统中非串联部分的可靠度为1,从而忽略了它的影响,这样算出的系统可靠度显然是最高的,这就是第一次简化的上限值。然后假设非串联单元不起冗余作用,全部作为串联单元处理,这样处理系统的方法最为简单,所计算的可靠度肯定是最低的,即第一次简化的下限值。如果考虑一些非串联单元同时失效对可靠度上限的影响,并以此来修正上述的上限值,则上限值会更逼近真值。同理,若考虑某些非串联单元失效不引起系统失效的情况,则又会使系统的可靠度下限值提高而接近真值。考虑的因素越多,上下限值越接近真值,最后通过综合公式得到近似的系统可靠度。上下限法可用图4-1所示的图解表示。若用 $R_{\text{上限}}^{(m)}$ 代表第 m 次简化的系统可靠度上限值,$R_{\text{下限}}^{(n)}$ 代表第 n 次简化的系统可靠度下限值,则图中 $R_{\text{上限}}^{(1)}$ 和 $R_{\text{下限}}^{(2)}$ 分别代表第1次和第2次

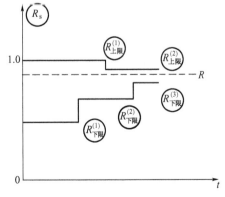

图4-1 上下限法的图解表示

简化的系统可靠度上限值，$R_{下限}^{(1)}$、$R_{下限}^{(2)}$ 和 $R_{下限}^{(3)}$ 分别代表第 1 次、第 2 次和第 3 次简化的系统可靠度下限值。由于每次简化都是在前一次简化的基础上进行，因此选定的 m 值和 n 值越大，得出的系统可靠度上限值和下限值就越逼近其可靠度真值。

4.3.2 上下限法的计算方法

综上所述，运用上下限法要分 3 个步骤进行，即计算系统的可靠度上限值、下限值及上限值的综合值。

设有一个系统，它的可靠性框图由 k_1 个串联单元和 k_2 个非串联单元组成，各单元的可靠度为 $R_i(i = 1 \sim k_1 + k_2)$，则其不可靠度（失效概率）为 $q_i = 1 - R_i$。

1. 计算系统的可靠度上限

第 m 次简化后系统的可靠度上限值可由式(4-5)求得，即

$$R_{上限}^{(m)} = R_{上限}^{(1)} - Q_{上限}^{(2)} - Q_{上限}^{(3)} - \cdots - Q_{上限}^{(m)} \tag{4-5}$$

式中：$R_{上限}^{(1)}$ 为第 1 次简化后系统的可靠度上限值，即假设系统的非串联部分的可靠度为 1 时系统的可靠度，可知

$$R_{上限}^{(1)} = \prod_{i=1}^{k_1} R_i$$

$Q_{上限}^{(2)}$ 为非串联单元中任何两个同时失效引起系统失效的概率。设上述组合有 n_2 种，显然可推导出

$$Q_{上限}^{(2)} = \prod_{i=1}^{k_1} R_i \prod_{j=1}^{k_2} R_j \left(\sum_{j,k=1}^{n_2} \frac{q_j q_k}{R_j R_k} \right)$$

$Q_{上限}^{(3)}$ 为非串联单元中任何 3 个同时失效引起系统失效的概率。设该种组合有 n_3 种，显然可推导出

$$Q_{上限}^{(3)} = \prod_{i=1}^{k_1} R_i \prod_{j=1}^{k_2} R_j \left(\sum_{j,k,n=1}^{n_3} \frac{q_j q_k q_n}{R_j R_k R_n} \right)$$

$Q_{上限}^{(m)}$ 为非串联单元中任何 m 个同时失效引起系统失效的概率。设该种组合有 n_m 种，可得

$$Q_{上限}^{(m)} = \prod_{i=1}^{k_1} R_i \prod_{j=1}^{k_2} R_j \left(\sum_{j,k,\cdots,m=1}^{n_m} \frac{q_j q_k \cdots q_m}{R_j R_k \cdots R_m} \right)$$

将 $R_{上限}^{(1)}$、$Q_{上限}^{(2)}$、$Q_{上限}^{(3)}$、$\cdots$、$Q_{上限}^{(m)}$ 分别代入式(4-5)，可得

$$R^{(m)} = \prod_{i=1}^{k_1} R_i \left[1 - \prod_{j=1}^{k_2} R_j \left(\sum_{j,k=1}^{n_2} \frac{q_j q_k}{R_j R_k} + \underbrace{\sum_{j,k,n=1}^{n_3} \frac{q_j q_k q_n}{R_j R_k R_n}}_{共3个} + \cdots + \underbrace{\sum_{j,k,\cdots,m=1}^{n_m} \frac{q_j q_k \cdots q_m}{R_j R_k \cdots R_m}}_{共m个} \right) \right]$$

$$\tag{4-6}$$

下面讨论 $Q_{上限}^{(m)}$ 中 m 可取的数值范围，因为非串联单位中不存在单独失效引起系统失效的可能，故此正整数 m 只能取 $2 \sim k_2$。当非串联单元的失效概率很小（如不大于 0.1）时，为简化计算过程并保证一定精度，可将式(4-5)中的高次（$n \geqslant 3$）乘积项舍去，即取 $m = 2$，则式(4-4)、式(4-5)为

$$R_{上限}^{(2)} = R_{上限}^{(1)} - Q_{上限}^{(2)} = \prod_{i=1}^{k_1} R_i \left[1 - \prod_{j=1}^{k_2} R_j \left(\sum_{j,k=1}^{n_2} \frac{q_j q_k}{R_j R_k} \right) \right] \qquad (4-7)$$

2. 计算系统的可靠性下限

第 n 次简化后系统的可靠度下限值可由式(4-8)求得,即

$$R_{下限}^{(n)} = R_{下限}^{(1)} + \Delta R_{下限}^{(1)} + \Delta R_{下限}^{(2)} + \cdots + \Delta R_{下限}^{(n-1)} \qquad (4-8)$$

式中:$R_{下限}^{(1)}$ 为第一次简化后系统的可靠度下限值,即假设系统的非串联单元全部串联起来后系统的可靠度,可知

$$R_{下限}^{(1)} = \prod_{i=1}^{k_1+k_2} R_i$$

$\Delta R_{下限}^{(1)}$ 为在第一次简化假设的基础上,非串联单元中任何一个单元失效系统仍工作的概率。若非串联单元中第 j 个单元失效系统仍工作,则该系统此时的工作概率应为

$$R_1 R_2 \cdots R_{k_1} \cdots q_j \cdots R_{k_1+k_2} = \prod_{i=1}^{k_1+k_2} R_i \frac{q_j}{R_j}$$

设此种情况有 n_1 种,则

$$\Delta R_{下限}^{(1)} = \prod_{i=1}^{k_1+k_2} R_i \left(\sum_{j=1}^{n_1} \frac{q_j}{R_j} \right)$$

$\Delta R_{下限}^{(2)}$ 为在第一次简化假设的基础上,非串联单元中任何两个单元同时失效系统仍工作的概率。若非串联单元中第 j 个单元和第 k 个单元同时失效系统仍工作,此时系统工作的概率应为

$$R_1 R_2 \cdots R_{k_1} \cdots q_j q_k \cdots R_{k_1+k_2} = \prod_{i=1}^{k_1+k_2} R_i \left(\frac{q_j q_k}{R_j R_k} \right)$$

设此种组合有 n_2 种,则

$$\Delta R_{下限}^{(2)} = \prod_{i=1}^{k_1+k_2} R_i \left(\sum_{j,k=1}^{n_2} \frac{q_j q_k}{R_j R_k} \right)$$

$\Delta R_{下限}^{(n-1)}$ 为在第一次简化假设的基础上,非串联单元中任何 $n-1$ 个单元同时失效系统仍工作的概率。设此种组合有 $n-1$ 种,同理可得出

$$\Delta R_{下限}^{(n-1)} = \prod_{i=1}^{k_1+k_2} R_i \left(\sum_{j,k,\cdots,n-1=1}^{n_{n-1}} \underbrace{\frac{q_j q_k \cdots q_{n-1}}{R_j R_k \cdots R_{n-1}}}_{n-1 \text{个}} \right)$$

将 $R_{下限}^{(1)}$、$\Delta R_{下限}^{(1)}$、$\Delta R_{下限}^{(2)}$、$\Delta R_{下限}^{(n-1)}$ 代入式(4-8)可得

$$R_{下限}^{(n)} = \prod_{i=1}^{k_1+k_2} R_i \left(1 + \sum_{j=1}^{n_1} \frac{q_j}{R_j} + \sum_{j,k=1}^{n_2} \frac{q_j q_k}{R_j R_k} + \cdots + \sum_{j,k,\cdots,n-1=1}^{n_{n-1}} \underbrace{\frac{q_j q_k \cdots q_{n-1}}{R_j R_k \cdots R_{n-1}}}_{n-1 \text{个}} \right) \qquad (4-9)$$

下面讨论 $\Delta R_{下限}^{(n-1)}$ 中 $n-1$ 可取的数值范围。因为对于任何非串联部分都不存在全部单元失效后系统仍工作的可能,故此 $n-1$ 的数值只可能为 $1 \sim k_2 - 1$ 范围内的整数。同

样在系统的非串联单元失效概率很小的情况下,为在保证一定计算精度的情况下简化计算过程,同样可舍去各非串联单元失效概率的高次(≥ 3)乘积项,即取 $n=3$,则式(4-8)、式(4-9)为

$$R_{\text{下限}}^{(3)} = R_{\text{下限}}^{(1)} + \Delta R_{\text{下限}}^{(1)} + \Delta R_{\text{下限}}^{(2)} = \prod_{i=1}^{k_1+k_2} R_i \left(1 + \sum_{j=1}^{n_1} \frac{q_j}{R_j} + \sum_{j=1}^{n_2} \frac{q_j q_k}{R_j R_k} \right) \quad (4-10)$$

4.3.3 上下限综合计算

在计算出 $R_{\text{上限}}^{(m)}$ 和 $R_{\text{下限}}^{(n)}$ 后,可用式(4-11)求系统的可靠度预测值,即

$$R_s = 1 - \sqrt{(1 - R_{\text{上限}}^{(m)})(1 - R_{\text{下限}}^{(n)})} \quad (4-11)$$

以上公式的具体应用阐述如下:①以上各公式适用于组成单元的失效分布为各种类型的系统,若求系统的可靠度函数,只要代入相应的 $R_i(t)$ 和 $q_i(t)=1-R_i(t)$ 函数即可;②若取 $m=2$、$n=3$ 的计算精度不够,可分别取 $m=3$、$n=4$;$m=4$、$n=5$;直至 $m=k_2$ 和 $n=k_2$。下面举例说明。

例 4-2 系统可靠性逻辑框图如图 4-2 所示。

其中 7 个组成单元的可靠度分别为 $R_1=0.8$、$R_2=0.7$、$R_3=0.8$、$R_4=0.7$、$R_5=0.9$、$R_6=0.7$、$R_7=0.8$。试用上下限法求系统的可靠度,并与数学模型法进行比较。

解 (1) 用上下限法求系统的可靠度。由题意分别求出 $q_1=1-R_1=0.2$,$q_2=0.3$,$q_3=0.2$,$q_4=0.3$,$q_5=0.1$,$q_6=0.3$,$q_7=0.2$。

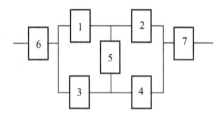

图 4-2 例 4-2 系统可靠性逻辑框图

由图 4-2 可知,系统中共有两个串联单元 6 和 7,另有 5 个非串联单元 1、2、3、4 和 5。可以判断在非串联单元中,任意两个同时失效系统失效的情况有两种,即 $(1,3)$、$(2,4)$;任意 3 个同时失效系统失效的情况有 8 种,即 $(1,2,3)$、$(1,2,4)$、$(1,3,4)$、$(1,3,5)$、$(1,4,5)$、$(2,3,4)$、$(2,3,5)$、$(2,4,5)$;任意 4 个同时失效系统失效的情况有 5 种,即 $(1,2,3,4)$、$(1,2,3,5)$、$(1,2,4,5)$、$(1,3,4,5)$、$(2,3,4,5)$;5 个单元同时失效系统失效的情况有一种,即 $(1,2,3,4,5)$。显然该例 m 值可取 2、3、4、5。

同样可判断在非串联单元中,一个失效系统仍工作的情况有 5 种,即 (1)、(2)、(3)、(4)、(5);两个同时失效系统仍工作的情况有 8 种,即 $(1,2)$、$(1,4)$、$(1,5)$、$(2,3)$、$(2,5)$、$(3,4)$、$(3,5)$、$(4,5)$;3 个同时失效系统仍工作的情况有两种,即 $(1,2,5)$、$(3,4,5)$;4 个同时失效系统仍工作的情况,对于该非串联部分不存在。显然该例中 $n-1$ 可取 1、2、3,即 n 只可取 2、3、4。

由式(4-6)或式(4-7)可得

$$R_{\text{上限}}^{(2)} = R_6 R_7 \left[1 - R_1 R_2 R_3 R_4 R_5 \left(\frac{q_1 q_3}{R_1 R_3} + \frac{q_2 q_4}{R_2 R_4} \right) \right]$$

$$= 0.5210912$$

$$R_{上限}^{(3)} = R_6 R_7 \left[1 - R_1 R_2 R_3 R_4 R_5 \left(\frac{q_1 q_3}{R_1 R_3} + \frac{q_2 q_4}{R_2 R_4} + \frac{q_1 q_2 q_3}{R_1 R_2 R_3} + \frac{q_1 q_2 q_4}{R_1 R_2 R_4} + \frac{q_1 q_3 q_4}{R_1 R_3 R_4} + \right. \right.$$

$$\left. \left. \frac{q_1 q_3 q_5}{R_1 R_3 R_5} + \frac{q_1 q_4 q_5}{R_1 R_4 R_5} + \frac{q_2 q_3 q_4}{R_2 R_3 R_4} + \frac{q_2 q_3 q_5}{R_2 R_3 R_5} + \frac{q_2 q_4 q_5}{R_2 R_4 R_5} \right) \right]$$

$$= 0.4900224$$

$$R_{上限}^{(4)} = R_6 R_7 \left[1 - R_1 R_2 R_3 R_4 R_5 \left(\frac{q_1 q_3}{R_1 R_3} + \frac{q_2 q_4}{R_2 R_4} + \frac{q_1 q_2 q_3}{R_1 R_2 R_3} + \frac{q_1 q_2 q_4}{R_1 R_2 R_4} + \frac{q_1 q_3 q_4}{R_1 R_3 R_4} + \right. \right.$$

$$\frac{q_1 q_3 q_5}{R_1 R_3 R_5} + \frac{q_1 q_4 q_5}{R_1 R_4 R_5} + \frac{q_2 q_3 q_4}{R_2 R_3 R_4} + \frac{q_2 q_3 q_5}{R_2 R_3 R_5} + \frac{q_2 q_4 q_5}{R_2 R_4 R_5} + \frac{q_1 q_2 q_3 q_4}{R_1 R_2 R_3 R_4} +$$

$$\left. \left. \frac{q_1 q_2 q_3 q_5}{R_1 R_2 R_3 R_5} + \frac{q_1 q_2 q_4 q_5}{R_1 R_2 R_4 R_5} + \frac{q_1 q_3 q_4 q_5}{R_1 R_3 R_4 R_5} + \frac{q_2 q_3 q_4 q_5}{R_2 R_3 R_4 R_5} - \right) \right]$$

$$= 0.4856544$$

$$R_{上限}^{(5)} = R_6 R_7 \left[1 - R_1 R_2 R_3 R_4 R_5 \left(\frac{q_1 q_3}{R_1 R_3} + \frac{q_2 q_4}{R_2 R_4} + \frac{q_1 q_2 q_3}{R_1 R_2 R_3} + \frac{q_1 q_2 q_4}{R_1 R_2 R_4} + \frac{q_1 q_3 q_4}{R_1 R_3 R_4} + \right. \right.$$

$$\frac{q_1 q_3 q_5}{R_1 R_3 R_5} + \frac{q_1 q_4 q_5}{R_1 R_4 R_5} + \frac{q_2 q_3 q_4}{R_2 R_3 R_4} + \frac{q_2 q_3 q_5}{R_2 R_3 R_5} + \frac{q_2 q_4 q_5}{R_2 R_4 R_5} + \frac{q_1 q_2 q_3 q_4}{R_1 R_2 R_3 R_4} +$$

$$\left. \left. \frac{q_1 q_2 q_3 q_5}{R_1 R_2 R_3 R_5} + \frac{q_1 q_2 q_4 q_5}{R_1 R_2 R_4 R_5} + \frac{q_1 q_3 q_4 q_5}{R_1 R_3 R_4 R_5} + \frac{q_2 q_3 q_4 q_5}{R_2 R_3 R_4 R_5} + \frac{q_1 q_2 q_3 q_4 q_5}{R_1 R_2 R_3 R_4 R_5} \right) \right]$$

$$= 0.4854528$$

由式(4-9)或式(4-10)可得

$$R^{(2)} = R_1 R_2 R_3 R_4 R_5 R_6 R_7 \left[1 + \left(\frac{q_1}{R_1} + \frac{q_2}{R_2} + \frac{q_3}{R_3} + \frac{q_4}{R_4} + \frac{q_5}{R_5} \right) \right]$$

$$= 0.3901184$$

$$R^{(3)} = R_1 R_2 R_3 R_4 R_5 R_6 R_7 \left[1 + \left(\frac{q_1}{R_1} + \frac{q_2}{R_2} + \frac{q_3}{R_3} + \frac{q_4}{R_4} + \frac{q_5}{R_5} \right) + \right.$$

$$\left. \left(\frac{q_1 q_2}{R_1 R_2} + \frac{q_1 q_4}{R_1 R_4} + \frac{q_1 q_5}{R_1 R_5} + \frac{q_2 q_3}{R_2 R_3} + \frac{q_2 q_5}{R_2 R_5} + \frac{q_3 q_4}{R_3 R_4} + \frac{q_3 q_5}{R_3 R_5} + \frac{q_4 q_5}{R_4 R_5} \right) \right]$$

$$= 0.4816895$$

$$R^{(4)} = R_1 R_2 R_3 R_4 R_5 R_6 R_7 \left[1 + \left(\frac{q_1}{R_1} + \frac{q_2}{R_2} + \frac{q_3}{R_3} + \frac{q_4}{R_4} + \frac{q_5}{R_5} \right) + \right.$$

$$\left(\frac{q_1 q_2}{R_1 R_2} + \frac{q_1 q_4}{R_1 R_4} + \frac{q_1 q_5}{R_1 R_5} + \frac{q_2 q_3}{R_2 R_3} + \frac{q_2 q_5}{R_2 R_5} + \frac{q_3 q_4}{R_3 R_4} + \frac{q_3 q_5}{R_3 R_5} + \frac{q_4 q_5}{R_4 R_5} \right) +$$

$$\left. \left(\frac{q_1 q_2 q_5}{R_1 R_2 R_5} + \frac{q_3 q_4 q_5}{R_3 R_4 R_5} \right) \right]$$

$$= 0.4854528$$

由式(4-11)可分别求得各种工程常用简化程度的系统可靠度数值如下：
① 当取 $m=2$、$n=3$ 时，有

$$R_s = 1 - \sqrt{(1-R_{上限}^{(2)})(1-R_{下限}^{(3)})} = 0.5017797$$

② 当取 $m=3$、$n=3$ 时，有

$$R_s = 1 - \sqrt{(1-R^{(3)})(1-R^{(3)})} = 0.4858728$$

（2）用数学模型法求系统的可靠度。由于本例中系统的非串联部分与例3-12所示桥式系统完全相同，且求出该部分的可靠度为0.86688，故本例题系统的可靠度 R_s 为

$$R_s = R_6 \times 0.86688 \times R_7 = 0.4854528$$

（3）用上下限法与用数学模型法求得的系统可靠度进行比较。上下限法求得的系统可靠度是近似值，而用数学模型法求得的是精确值（真实值），故可用后者做基准来比较前者的精确程度。

用上下限法求系统的可靠度，随着 m 值和 n 值的不同，精确程度也不同。如本例，当 $m=2$、$n=3$ 时，求得 $R_s=0.5017797$；当 $m=3$、$n=3$ 时，求得 $R_s=0.4858728$。故为了提高上下限法计算系统可靠度的精度，可以适当加大 m、n 的数值。在不知系统可靠度真实值的情况下如何确定解 m、n 值？由图4-1可知，为了保证使用式(4-11)中 R_s 的精度，m、n 的数值应尽可能接近，即 $m=n-1$ 或 $m=n$。另外，从本例解题步骤(1)可知，系统 m 可取的最大值为5，n 可取的最大值为4，而用上下限法求得的 $R_{上限}^{(5)} = 0.4854528$，$R_{下限}^{(4)} = 0.4854528$，它们均与系统可靠度真实值相同，故在用上下限法求系统可靠度时，只要确定 m 或 n 中一个为被研究系统允许的最大值，那么计算即可停止。因为此时求出的 $R_{上限}^{(n)}$ 或 $R_{下限}^{(n)}$ 就是被研究系统可靠度的真实值。

最后阐述上下限法预计系统可靠度的实用价值。本例首先取 $m=2$、$n=3$，计算 R_s。尽管工程中常用，但精度不太高，这主要是因为该系统的非串联单元失效概率较大（其中 $q_1=q_3=0.2$，$q_2=q_4=0.3$，远远大于0.1），这种情况在工程实践中很少出现。另外，需要指出的是，用数学模型虽然求出的是系统可靠度的真实值，但其必须在绘制出系统的可靠性框图的基础上才能进行；而上下限法则不需要预知系统的可靠性框图，只需预先判断系统中所有的串联单元和非串联单元中各种类型单元失效引起非串联部分失效或工作的情况，这只需将系统功能图中的各组成单元换成2态开关即可。加之上下限法求系统的可靠度公式规律性强，便于计算机求解，尤其对于非串联单元数量庞大的复杂系统，上下限法的优点就更加明显。

4.4 可靠性分配

可靠性分配是将设计的系统可靠度合理地细分给系统中每个单元的一种方法。如果说系统的可靠性预计是根据系统中最基本单元的可靠度来推测系统可靠性的顺过程，则可靠性分配就是根据系统要求的总指标由上而下规定最基本单元可靠度的逆过程。

例如，一台记录仪的可靠性指标确定以后，在设计过程中要逐步对组成单元（电桥、放大器、电机、电源等）乃至组成各单元的元件（包括接插件和焊点等）的可靠性指标加以

明确,使各部分的设计指标分配到每一个元件即每一个接点。这样,在设计中从整机到部件以至到元件都贯彻了可靠性要求,使整个设计过程中的每一个环节都考虑了可靠性这一关键问题。

可靠性分配通常按下述步骤进行。

步骤1:确定需分配的可靠性参数和指标。

步骤2:绘制整机或系统可靠性方框图(在分配过程中所考虑的每一项指标都要绘制相应的可靠性框图)。

步骤3:确定对整机、系统和机载设备可靠性影响的因素以及各因素的影响程度。

步骤4:选择适当的分配方法,收集分配用数据。

步骤5:进行可靠性指标分配。

步骤6:验证所分配指标是否满足整机或系统的可靠性要求,若不满足时应进行可靠性再分配。

可靠性分配实质上是一个最优化问题。因此,要进行指标分配就必须明确要求与限制条件,因为分配的方法因要求和限制条件而异。有的设备以可靠性指标为限制条件,在满足可靠度下限值的条件下,使成本、重量及体积等指标尽可能低;有的设备则以成本为限制条件,要求做出使系统可靠度尽可能高的分配。除了考虑设计要求外,还要考虑在现有技术水平下实际实现的可能性。下面将介绍典型系统常用的可靠性分配方法。

4.4.1 串联系统的可靠性分配

1. 等分配法

等分配法又称平均分配法,它不考虑各个子系统(或元件)的重要程度,而是把系统总的可靠度平均分摊给各个小系统(或元件)的方法。

当各个小系统的可靠度大致相同,复杂程度相差无几的情况下,如要组成多位计数器的计数单元,用此方法最简单。该法把系统看成由 n 个子系统组成的串联系统,并设备子系统的可靠度为 R_i,则系统的可靠度 R_s 为

$$R_s = \prod_{i=1}^{n} R_i \quad i = 1, 2, \cdots, n$$

因而,组成系统的每个子系统(或元件)的可靠度 R_i 为

$$R_i = R_s \frac{1}{n} \tag{4-12}$$

2. 利用预计值的分配法

当对某一系统进行可靠性预计后发现,该系统的可靠度预计值 R_{sy} 小于要求该系统应该达到可靠度值 R_{sq}。此时必须重新确定各组成单元(也包括子系统)的可靠度,即对各单元的可靠度进行重新分配。

设被研究系统由 n 个单元(或子系统)组成,其可靠度预计值符号为 R_{iy},失效概率预计值符号为 q_{iy};分配后可靠度分配值符号为 R_{ip},失效概率分配值符号为 q_{ip}。若该串联系统各组成部分失效分布均服从指数分布,则各组成部分的失效率的预计值符号为 λ_{iy},失效率的分配值符号为 λ_{ip}。以上各组成部分的有关符号中的 i 均为 $1-n$。由于指数分布

单元组成的串联系统也服从指数分布,故设系统的失效率预计值符号为 λ_{sy},要求系统失效率应该达到值的符号为 λ_{sq}。由于组成单元的预计失效概率很小($q_{iy} \leqslant 0.1$)时和较大时的可靠性分配公式不同,因此分别阐述。

1) 各当组成单元的预计失效概率很小时的可靠性分配

由于该系统为串联系统,故有 $R_{sy} = \prod_{i=1}^{n} R_{iy}$,因为 $R_{sy} = 1 - q_{sy}$,$R_{iy} = 1 - q_{iy}$,则有

$$(1 - q_{sy}) = \prod_{i=1}^{n}(1 - q_{iy}) = 1 - \sum_{i=1}^{n} q_{iy} + \sum_{j,k=1}^{n_2} q_{jy} q_{ky} - \cdots + (-1)^n q_{1y} q_{2y} \cdots q_{ny}$$

式中:q_{sy} 为系统的失效概率预计值;n_2 为系统的全部组成单元中每两个失效概率相乘的组合数,即 $n_2 = C_n^2$。

由于 $q_i(i = 1 \sim n)$ 很小,故可舍去上式中两个或两个以上的乘积,故上式可变为

$$1 - q_{sy} = 1 - \sum_{i=1}^{n} q_{iy}$$

即可推导出

$$q_{sy} = \sum_{i=1}^{n} q_{iy} = q_{1y} + q_{2y} + \cdots + q_{ny} \qquad (4-13)$$

由于预计的可靠度小于要求的值,即预计的失效概率大于要求的值时才进行可靠性分配,故 $q_{ip} < q_{iy}(i = 1 \sim n)$,因此可以同样推导出

$$q_{sq} = \sum_{i=1}^{n} q_{ip} = q_{1p} + q_{2p} + \cdots + q_{np} \qquad (4-14)$$

式中:q_{sy} 为要求系统达到的失效概率值。

将式(4-13)两边同时乘以 $\dfrac{q_{sq}}{q_{sy}}$,则可得

$$q_{sq} = q_{1y} \frac{q_{sq}}{q_{sy}} + q_{2y} \frac{q_{sq}}{q_{sy}} + \cdots + q_{ny} \frac{q_{sq}}{q_{sy}}$$

将上式与式(4-14)进行比较,可得系统中各组成单元的可靠度分配公式,即

$$q_{ip} = q_{iy} \frac{q_{sq}}{q_{sy}} \quad i = 1 \sim n \qquad (4-15)$$

在求出 q_{ip} 基础上,由 $R_{ip} = 1 - q_{ip}$ 可求出各组成单元的可靠度分配值。

例 4-3 某系统的可靠性逻辑框图如图 4-3 所示,在进行系统可靠性预计时,各单元的可靠度分别取 $R_A = 0.9$、$R_B = 0.92$、$R_C = 0.94$、$R_D = 0.96$,若设计要求该系统的可靠度为 0.9,该问系统的 4 个单元的可靠度应为多少?

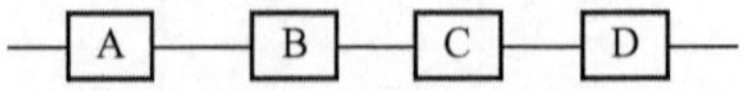

$$\boxed{A} - \boxed{B} - \boxed{C} - \boxed{D}$$

图 4-3 例 4-3 系统的可靠性逻辑框图

解 (1) 判断对该系统是否需要进行可靠性分配

$$R_{sy} = R_{Ay} R_{By} R_{Cy} R_{Dy} = 0.9 \times 0.92 \times 0.94 \times 0.96 = 0.747$$

由于 $R_{sy}=0.747$ 小于系统要求具有的可靠度 $R_{sq}=0.9$，故对系统各组成单元必须进行可靠性分配。考虑此处预计公式为近似公式，且组成单元中有的失效概率不够小，为保证一次分配成功，按 $R_{sq}=0.91$（加 0.01 裕度）进行分配。

（2）求各单元的可靠度的分配值。

$$q_{sy} = 1 - R_{sy} = 1 - 0.747 = 0.253$$
$$q_{sq} = 1 - R_{sq} = 1 - 0.91 = 0.09$$
$$q_{Ay} = 1 - R_{Ay} = 1 - 0.9 = 0.1$$
$$q_{By} = 1 - R_{By} = 1 - 0.92 = 0.08$$
$$q_{Cy} = 1 - R_{Cy} = 1 - 0.94 = 0.06$$
$$q_{Dy} = 1 - R_{Dy} = 1 - 0.96 = 0.04$$

由于各单元的失效概率都很小（≤0.1）故根据式（4-15）可得

$$q_{Ay} = q_{Ap}\frac{q_{sq}}{q_{sy}} = 0.1 \times \frac{0.09}{0.253} = 0.036$$

$$q_{By} = q_{Bp}\frac{q_{sq}}{q_{sy}} = 0.08 \times \frac{0.09}{0.253} = 0.028$$

$$q_{Cy} = q_{Cp}\frac{q_{sq}}{q_{sy}} = 0.06 \times \frac{0.09}{0.253} = 0.021$$

$$q_{Dy} = q_{Dp}\frac{q_{sq}}{q_{sy}} = 0.04 \times \frac{0.09}{0.253} = 0.014$$

由 $R_{ip}=1-q_{ip}$，可得各组成单元可靠度的分配值为 $R_{Ap}=1-0.036=0.964$、$R_{Bp}=1-0.028=0.972$、$R_{Cp}=1-0.021=0.979$、$R_{Dp}=1-0.014=0.986$。

（3）检验分配结果。此处主要检验在满足各组成单元可靠度分配值的前提下，系统的可靠度 R_{sp} 是否不小于 0.9。由于 $R_{sp}=R_{Ap}R_{Bp}R_{Cp}R_{Dp}=0.964 \times 0.972 \times 0.979 \times 0.986 = 0.904 > 0.9$，故分配结果合格。

这里需要指出的是，当组成单元的失效概率都很低时，如远小于 0.1，因为此时预计公式的精度较高，故分配时可直接按设计的可靠要求，不必加一定裕度。

2）当各组成单元的预计失效概率较大时的可靠性分配

由于系统的组成单元的失效概率较大，两个或两个以上单元失效概率的乘积不可舍去。故此时不能利用式（4-15）进行可靠性分配。这里只讨论被研究的串联系统各组成单元的失效分布均服从指数分布的情况。根据式（4-13）可推导出

$$\lambda_{sy} = \lambda_{1y} + \lambda_{2y} + \cdots + \lambda_{ny}$$
$$\lambda_{sq} = \lambda_{1p} + \lambda_{2p} + \cdots + \lambda_{np}$$

同理，可得出系统中各组成单元的可靠度分配公式，即

$$\lambda_{ip} = \lambda_{iy}\frac{\lambda_{sq}}{\lambda_{sy}} \quad i = 1 \sim n \quad (4-16)$$

式中：λ_{ip} 为系统中第 i 个单元的失效率分配值；λ_{iy} 为系统中第 i 个单元的失效率预计值；

λ_{sq}为要求系统达到的失效率值;λ_{sy}为系统的失效率预计值。

由于指数分布为$R(t)=\mathrm{e}^{-\lambda t}$,两边取自然对数,有$\lambda=-\dfrac{\ln R(t)}{t}$。因此,可以依据各单元某时刻$t$的可靠度预计值,求出其失效率预计值$\lambda_{iy}=-\dfrac{\ln R_{iy}(t)}{t}$,从而求出系统的失效率预计值$\lambda_{sy}$。另外,可根据要求系统该时刻的可靠度,求出其失效率$\lambda_{sq}=-\dfrac{\ln R_{sq}(t)}{t}$。最后,应用式(4-16)求出各单元的失效率分配值λ_{ip},再求出各单元在该时刻的可靠度分配值$R_{ip}=\mathrm{e}^{-\lambda_{ip}t}$。下面举例说明式(4-16)的应用。

例4-4 某系统的可靠性框图如图4-4所示,5个组成单元的寿命均为指数分布,在进行系统可靠性预计时,已知在系统工作到1000h时候,5个单元的可靠度分别为$R_1=0.9$、$R_2=0.85$、$R_3=0.8$、$R_4=0.75$、$R_5=0.7$。若要求系统工作到1000h时可靠度不小于0.7,那么此时5个单元的可靠度应为多少?

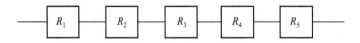

图4-4 例4-4系统的可靠性框图

解 (1)判断对该系统是否需要进行可靠性分配。

因为在1000h时$R_{sy}(1000)=R_{1y}(1000)R_{2y}(1000)R_{3y}(1000)R_{4y}(1000)R_{5y}(1000)=0.9\times0.85\times0.8\times0.75\times0.7=0.3213$小于$R_{sq}(1000)=0.7$,故对系统的组成单元必须进行可靠性分配。

(2)求各单元的可靠度分配值。

由于在1000h时各单元的失效概率$q_{ip}(1000)=1-R_{ip}(1000)$,较大,且均服从指数分布,故可利用式(4-16)可进行可靠性分配。

首先可求出

$$\lambda_{sq}=-\frac{\ln R_{sq}(1000)}{1000}=-\frac{\ln 0.7}{1000}=3.5667\times 10^{-4}$$

$$\lambda_{sy}=-\frac{\ln R_{sy}(1000)}{1000}=-\frac{\ln 0.3213}{1000}=11.3538\times 10^{-4}$$

$$\lambda_{1y}=-\frac{\ln R_{1y}(1000)}{1000}=-\frac{\ln 0.9}{1000}=1.0536\times 10^{-4}$$

$$\lambda_{2y}=-\frac{\ln R_{2y}(1000)}{1000}=-\frac{\ln 0.85}{1000}=1.6252\times 10^{-4}$$

$$\lambda_{3y}=-\frac{\ln R_{3y}(1000)}{1000}=-\frac{\ln 0.8}{1000}=2.2314\times 10^{-4}$$

$$\lambda_{4y}=-\frac{\ln R_{4y}(1000)}{1000}=-\frac{\ln 0.75}{1000}=2.8768\times 10^{-4}$$

$$\lambda_{5y} = -\frac{\ln R_{5y}(1000)}{1000} = -\frac{\ln 0.7}{1000} = 3.5667 \times 10^{-4}$$

根据式(4-16)可得单元失效率分配值为

$$\lambda_{1p} = \lambda_{1y}\frac{\lambda_{sq}}{\lambda_{sy}} = 1.0536 \times 10^{-4} \times \frac{3.5667 \times 10^{-4}}{11.3538 \times 10^{-4}} = 0.331 \times 10^{-4}$$

$$\lambda_{2p} = \lambda_{2y}\frac{\lambda_{sq}}{\lambda_{sy}} = 1.6252 \times 10^{-4} \times 0.3141 = 0.5105 \times 10^{-4}$$

$$\lambda_{3p} = \lambda_{3y}\frac{\lambda_{sq}}{\lambda_{sy}} = 2.2314 \times 10^{-4} \times 0.3141 = 0.7009 \times 10^{-4}$$

$$\lambda_{4p} = \lambda_{4y}\frac{\lambda_{sq}}{\lambda_{sy}} = 2.8768 \times 10^{-4} \times 0.3141 = 0.9036 \times 10^{-4}$$

$$\lambda_{5p} = \lambda_{5y}\frac{\lambda_{sq}}{\lambda_{sy}} = 3.5667 \times 10^{-4} \times 0.3141 = 1.1203 \times 10^{-4}$$

故可算出各单元1000h时的可靠度分配值为

$$R_{1p}(1000) = e^{-\lambda_{1p} \times 1000} = e^{-0.331 \times 10^{-4} \times 1000} = 0.96744$$

$$R_{2p}(1000) = e^{-\lambda_{2p} \times 1000} = e^{-0.5105 \times 10^{-4} \times 1000} = 0.95023$$

$$R_{3p}(1000) = e^{-\lambda_{3p} \times 1000} = e^{-0.7009 \times 10^{-4} \times 1000} = 0.93231$$

$$R_{4p}(1000) = e^{-\lambda_{4p} \times 1000} = e^{-0.9036 \times 10^{-4} \times 1000} = 0.9136$$

$$R_{5p}(1000) = e^{-\lambda_{5p} \times 1000} = e^{-1.1203 \times 10^{-4} \times 1000} = 0.89402$$

(3) 检验分配结果。

按各单元的可靠度分配值计算系统该时刻的可靠度值为

$$R_{sp}(1000) = R_{1p}(1000)R_{2p}(1000)R_{3p}(1000)R_{4p}(1000)R_{5p}(1000)$$
$$= 0.96744 \times 0.95023 \times 0.93231 \times 0.9136 \times 0.89402 = 0.70003$$

大于要求系统工作到此时刻的可靠度 $R_{sp}(1000) = 0.7$,故分配结果合理。

最后再概述一下式(4-15)和式(4-16)的适用范围。两者均是对串联系统进行可靠性分配的常用公式,式(4-15)是近似分配公式,而式(4-16)则是精确分配公式。式(4-15)适用的组成单元的失效分布可以是各种函数,但各单元的预计失效概率必须都很小(一般不大于0.1);式(4-16)对系统各单元预计失效概率的大小不加限制,但各单元的失效分布都必须服从指数分布。在利用两式进行系统的可靠性分配时应区别它们的适用范围。

3. 阿林斯分配法

这是考虑重要度的一种分配方法,设有 n 个单元组成的串联系统,它们都服从指数分布。阿林斯分配法的分配步骤如下。

(1) 根据过去积累的或观察和估计得到的数据,确定单元失效率 λ_i。

(2) 根据分配前系统失效率 λ_s，确定各单元的重要度分配因子 W_i，即

$$W_i = \frac{\lambda_i}{\lambda_s} = \frac{\lambda_i}{\sum_{i=1}^{n} \lambda_i} \quad (4-17)$$

(3) 计算分配的单元失效率 λ_i^*，即

$$\lambda_i^* = W_i \lambda_s^* \quad (4-18)$$

式中：λ_s^* 为系统要求的失效率。

(4) 计算分配单元的可靠度 R_i^*，即

$$R_i^* = R_s^{*W_i} \quad (4-19)$$

式中：R_s^* 为系统要求的可靠度。

(5) 检验分配结果。

例 4-5 某收音机由高放、本机振荡、混频、中放、检波、功放及电源等部件组成，现已知各单元的失效率分别为 $\lambda_1=0.7\times10^{-5}/h$、$\lambda_2=0.1\times10^{-5}/h$、$\lambda_3=0.2\times10^{-5}/h$、$\lambda_4=0.35\times10^{-5}/h$、$\lambda_5=0.25\times10^{-5}/h$、$\lambda_6=1.5\times10^{-5}/h$、$\lambda_7=2.0\times10^{-5}/h$，该收音机属于可靠性串联系统。试计算收音机的失效率 λ_s 及工作 1000h 时可靠度 $R_s(1000)$，现要求该收音机的失效率降低到 $1\times10^{-5}/h$，各单元的失效率应为多少？如果希望收音机工作 1000h 的可靠度达到 0.99，各单元的可靠度又为多少？

解 (1) 计算收音机的失效率 λ_s 和可靠度 $R_s(1000)$。

求出 λ_s 为

$$\lambda_s = \sum_{i=1}^{n} \lambda_i = \sum_{i=1}^{7} \lambda_i = (0.7 + 0.1 + 0.2 + 0.35 + 0.25 + 1.5 + 2.0) \times 10^{-5}$$
$$= 5.1 \times 10^{-5}$$

收音机工作到 1000h 时的可靠度 $R_s(1000)$ 为

$$R_s(1000) = e^{-\lambda_s t} = e^{-5.1 \times 10^{-5} \times 1000} = 0.9503$$

(2) 计算 $\lambda_s^* = 1 \times 10^{-5}/h$ 时各单元失效率 λ_i^*；工作 1000h 时，$R_s^* = 0.99$ 的可靠度 R_i^*。

① 求各单元的重要度分配因子 W 值，即

$$W_1 = \lambda_1/\lambda_s = \frac{0.7 \times 10^{-5}}{5.1 \times 10^{-5}} = 0.1373$$

同理，可求得：$W_2 = 0.0196$，$W_3 = 0.0392$，$W_4 = 0.0686$，$W_5 = 0.0490$，$W_6 = 0.2941$，$W_7 = 0.3922$。

② 计算各单元分配到的失效率 λ_i^*，即

$$\lambda_1^* = W_1 \lambda_s^* = 0.1373 \times 1 \times 10^{-5} = 0.1373 \times 10^{-5}/h$$

同理，可求得

$$\lambda_2^* = 0.0196 \times 10^{-5}/h, \quad \lambda_3^* = 0.0392 \times 10^{-5}/h, \quad \lambda_4^* = 0.0686 \times 10^{-5}/h,$$

$$\lambda_5^* = 0.0490 \times 10^{-5}/h, \quad \lambda_6^* = 0.2941 \times 10^{-5}/h, \quad \lambda_7^* = 0.3922 \times 10^{-5}/h$$

③ 计算工作1000h各单元分配到的可靠度为

$$R_1^* = R_s^{*W_1} = 0.99^{0.1373} = 0.9986$$

同理,可求得:

$$R_2^* = 0.9998, \quad R_3^* = 0.9996, \quad R_4^* = 0.9993,$$
$$R_5^* = 0.9995, \quad R_6^* = 0.9970, \quad R_7^* = 0.9961。$$

④ 验算分配结果。分配后系统的失效率 λ_s 和可靠度为 R_s

$$\begin{aligned}\lambda_s &= \sum_{i=1}^{7} \lambda_i^* = (0.1373 + 0.0196 + 0.03096 + \\ &\quad 0.0686 + 0.0490 + 0.2941 + 0.3922) \times 10^{-5} \\ &= 1.0004 \times 10^{-5} \approx 1 \times 10^{-5}/h\end{aligned}$$

$$\begin{aligned}R_s &= \prod_{i=1}^{7} R_i = \prod_{i=1}^{7} R_i^* = 0.9986 \times 0.9998 \times 0.9996 \times 0.9993 \times \\ &\quad 0.9995 \times 0.9970 \times 0.9961 \\ &\approx 0.99\end{aligned}$$

经验算均满足 $\lambda_s = \lambda_s^*, R_s = R_s^*$ 的要求。

4. 代数分配法

该方法是由美国电子设备可靠性顾问组(AGREE)在1957年6月提出的,故称AGREE法。它也适用于指数分布的串联系统,因为它综合考虑了单元的复杂性(各单元的元件数目)和重要性(权重),故比阿林斯法更完善。

设串联系统由 k 个分系统组成,则系统可靠性 R_s 为

$$R_s = \prod_{i=1}^{k} R_i = \prod_{i=1}^{k} \left[1 - W_i(1 - e^{-\frac{t_i}{m_i}}) \right] \quad (4-20)$$

式中:t_i 为第 i 个分系统的工作时间;m_i 为第 i 个分系统的平均寿命;W_i 为第 i 个分系统的重要度(权重)。

可以看出,式(4-20)中圆括号内为第 i 个分系统在工作时间 t_i 之前发生故障的概率(不可靠度)。设第 i 个分系统由 n_i 个元件组成,整个系统共用 $N = \sum_{i=1}^{k} n_i$ 个元件,并假设这些元件可靠度相同,且 $\frac{t_i}{m_i}$ 很小(如小于0.01时),可采用以下分配原则,即

$$R_i(t_i) = 1 - W_i(1 - e^{-\frac{t_i}{m_i}}) = R_s^{\frac{n_i}{N}} \quad (4-21)$$

解得

$$m_i = \frac{-t_i}{\ln\left[1 - \frac{1}{W_I}(1 - R_s^{\frac{n_i}{N}})\right]} \quad (4-22)$$

即

$$R_i(t_i) = e^{-\frac{t_i}{m_i}} = \frac{1-(1-R_s^{\frac{n_i}{N}})}{W_i} \qquad (4-23)$$

由式(4-21)和式(4-23)可得近似式(4-24),即

$$m_i = \frac{NW_i t_i}{n_i(-\ln R_s)} \qquad (4-24)$$

例 4-6 某一电子设备由 5 个分系统串联而成,各分系统的数据如表 4-1 所列,若要求该电子设备工作 12h 的可靠度为 0.923,试用代数法对各分系统进行可靠性分配。

表 4-1 例 4-6 电子设备的各分系统数据

分系统名称	元件数 n_i	工作时间 t_i/h	权重 W_i
发动机	102	12	1.0
接收机	91	12	1.0
控制设备	242	12	1.0
起飞自动装置	95	3	0.3
电源	40	12	1.0
共计	570	—	—

解 (1) 计算各分系统的平均寿命 m_i。

由于该设备共用的元件数 $N = \sum_{i=5}^{5} n_i = 102 + 91 + 242 + 95 + 40 = 570$。

将 $R_s = 0.923$,$N = 570$ 及表 4-1 中的各有关数据代入式(4-24)得各分系统的平均寿命为

$$m_1 = \frac{NW_1 t_1}{n_1(-\ln R_s)} = \frac{570 \times 1.0 \times 12}{102(-\ln 0.923)} = 837h$$

同理可求得 $m_2 = 938h$、$m_3 = 353h$、$m_4 = 67h$、$m_5 = 2134h$。

(2) 计算各分系统分配的可靠度。

将 R_s,N 及表 4-1 中 n_2 代入式(4-21)可得该电子设备工作 12h 的各分系统的分配可靠度为

$$R_1(12) = R_s^{\frac{n_i}{N}} = 0.923^{102/570} = 0.9858$$

同理可求得:$R_s(12) = 0.9873$,$R_s(12) = 0.9666$,$R_s(12) = 0.9867$,$R_s(12) = 0.9944$。

(3) 验检分配结果。

因为此系统为 5 个分系统组成的串联系统,由式(4-9)可求得 $R_s(12)$ 为

$$R_s(12) = \prod_{i=1}^{5} R_s(12) = 0.9858 \times 0.9873 \times 0.9666 \times 0.9867 \times 0.9944$$

$$= 0.92306 \approx 0.923$$

5. 评分分配法

当缺乏有关产品的可靠性数据时,可以按照几种因素进行评分,这种评分可以由有经验的工程技术人员用打分的方式给出,并根据评分情况给每个下属系统或设备分配可靠性指标。

评分分配法主要考虑下述 4 种因素：

(1) 复杂程度。根据组成系统、分系统和设备的元部件数量及其组装的难易程度来评定。最简单的评 1 分，最复杂的评 10 分。

(2) 技术水平。根据下属系统或设备的技术水平和成熟程度来评定。水平最低的评 10 分，水平最高的评 1 分。

(3) 重要程度。根据系统、分系统或设备的重要程度来评定。最重要的系统、分系统或设备评 10 分，重要度最低的评 1 分。

(4) 环境条件。根据系统、分系统或设备所处的环境来评定。在工作过程中，经受极其严酷的环境条件的评 10 分，环境条件最好的评 1 分。

根据评分，其分配公式为

$$\lambda_s^* = \sum_{i=1}^{n} \lambda_i \quad (4-25)$$

$$\lambda_i^* = C_i \lambda_s^* \quad (4-26)$$

$$C_i = \frac{w_i}{w} \quad (4-27)$$

$$w_i = \prod_{j=1}^{4} r_{ij} \quad (4-28)$$

$$w = \sum_{i=1}^{n} w_i \quad (4-29)$$

式中：λ_s^* 为系统规定的故障率(1/h)；λ_i^* 为系统下属第 i 个产品的故障率(1/h)；C_i 为系统下属第 i 个产品的评分系数；w_i 为系统下属第 i 个产品的评分数的乘积；r_{ij} 为第 i 个产品第 j 个因素的评分数；w 为系统的评分总数；i 为第 i 个产品，j 为第 j 个因素($j=1, 2, \cdots, 4$)。

例 4-7 某飞机共由 18 个分系统组成，其中 5 个分系统是采用已使用过的机载设备，并已知其 MTBF 值(表 4-2)，规定飞机的可靠性指标 MTBF=2.9h。试用评分法对其余 13 个分系统进行可靠性分配。

表 4-2 例 4-7 用表

分系统名称	已知的 MTBF/h
发动机	50
前缘襟翼	80
应急系统	500
飞控系统	142
飞控系统弹射救生系统	280
总计	22.166

解 由于已知 5 个分系统的 MTBF 为 22.166h，则在总指标 2.9h 中扣除 22.166h，把剩余的值分给其余的 13 个分系统，因此

$$\frac{1}{2.9} - \frac{1}{22.166} = \frac{1}{3.337}$$

即应按 MTBF = 3.337h 的目标,用评分法分给 13 个分系统(表 4-3)。

表 4-3 可靠性分配表

分系统名称	复杂程度 r_{i1}	技术水平 r_{i2}	重要程度 r_{i3}	环境条件 r_{i4}	各系统评分数 w_i	各系统评分系数 C_i	分配给各系统的 MTBF/h
结构	8	4	10	4	1280	0.136	24.534
动力装置	8	1	10	8	640	0.068	49.058
发动机接口	3	2	5	4	120	0.013	256.67
燃油系统	5	2	10	8	800	0.085	39.26
液压系统	5	2	8	7	560	0.06	55.6
空中刹车系统	4	3	2	5	120	0.013	256.67
前轮结构	4	3	2	5	180	0.019	175.6
失速告警系统	6	5	3	7	630	0.067	49.8
电子对抗系统	6	1	10	6	360	0.038	87.8
电源	7	2	10	6	840	0.09	37.1
座舱	3	1	3	3	27	0.003	1112.2
航空电子	9	7	8	7	3528	0.376	8.873
其他	2	5	6	5	300	0.032	104.28
总计					9385	1	3.337

6. 可靠度再分配法

当通过预计得到各分系统可靠度 $R_1, R_2, \cdots, R_n$ 时,系统的可靠度 R_s 为

$$R_s = \prod_{i=1}^{n} R_i \qquad (4-30)$$

式中:$i = 1, 2, \cdots, n, n$ 为分系统数。

如果 $R_s < R_s^*$ (规定的可靠度指标),即所设计的系统不能满足规定的可靠度指标的要求,故应对各分系统的可靠性指标进行再分配。

根据工程经验,对可靠性低的分系统(或元部件)进行改进设计,其效果最为显著。因此,"可靠性再分配法"的基本思想:把原来可靠性较低的分系统的可靠度都提高到某一值,而对于原来可靠度较高的分系统的可靠度仍保持不变,具体步骤如下:

(1) 根据各分系统可靠度大小,由低到高将它们依次排列为

$$R_1 < R_2 < \cdots < R_K < R_{K-1} < \cdots < R_n \qquad (4-31)$$

(2) 按可靠度再分配的思想,把可靠度较低的 $R_1, R_2, \cdots, R_K$ 都提高到某一 R_0 值,而原可靠度较高的 $R_{K-1}, \cdots, R_n$ 仍保持不变,则系统可靠度 R_s 为

$$R_s = R_0^K \prod_{i=K+1}^{n} R_i \qquad (4-32)$$

使 R_s 满足规定的系统可靠度指标要求,也就是使

$$R_s = R_s^* = R_0^K \prod_{i=K+1}^{n} R_i \qquad (4-33)$$

(3) 确定 K 及 R_0,也就是要确定哪些分系统的可靠度需要提高以及提高到什么程度。K 可以通过下述不等式求得,即

$$r_j = \left(\frac{R_s^*}{\prod_{i=j+1}^{n+1} R_i}\right)^{\frac{1}{j}} > R_i \qquad (4-34)$$

令 R_{n+1} 为 1,也就是满足此不等式的 j 的最大值,即

$$R_0 = \left(\frac{R_s^*}{\prod_{i=j+1}^{n+1} R_i}\right)^{\frac{1}{j}} \qquad (4-35)$$

例 4-8 一个系统由 3 个分系统串联组成,通过预计得到它们的可靠度分别为 0.7、0.8、0.9,则系统可靠度 $R_s = 0.504$。而规定的系统可靠度 $R_s^* = 0.65$。试对 3 个分系统进行可靠度再分配。

解 把原分系统的可靠度由小到大排列为

$$R_1 = 0.7, \quad R_2 = 0.8, \quad R_3 = 0.9$$

令 $R_{n+1} = R_4 = 1$,利用式(4-34)得

当 $j = 1$ 时,$r_1 = \left(\frac{R_s^*}{R_2 R_3 R_4}\right)^{1/1} = \left(\frac{0.65}{0.8 \times 0.9 \times 1}\right)^{1/1} = 0.903 > R_1$

当 $j = 2$ 时,$r_2 = \left(\frac{R_s^*}{R_3 R_4}\right)^{1/2} = \left(\frac{0.65}{0.9 \times 1}\right)^{1/2} = 0.85 > R_2$

当 $j = 3$ 时,$r_3 = \left(\frac{R_s^*}{R_4}\right)^{1/3} = \left(\frac{0.65}{1}\right)^{1/3} = 0.866 > R_3$

则

$$K = 2$$

应用式(4-35),有

$$R_0 = \left(\frac{R_s^*}{R_3 R_4}\right)^{1/K} = \left[\frac{0.65}{0.9 \times 1}\right]^{1/2} = 0.85$$

即

$$R_1 = R_1 = R_0 = 0.85, \quad R_3 = 0.9$$

应用式(4-32),则

$$R_s = R_0^2 R_3 = 0.85^2 \times 0.9 = 0.65 = R_s^*$$

4.4.2 并联冗余单元系统的可靠性分配

实际工程系统多数是基本串联系统,其中有的部件由于可靠性低,采用并联冗余系统,如图 4-5 所示。对这种系统的可靠性分配方法以例 4-9 加以说明。

例 4-9 某一系统的可靠性逻辑框图见图 4-5。其中部件 A、B、C 的可靠度预测值

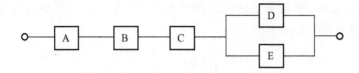

图 4–5 例 4–9 系统可靠性逻辑框图

均为 0.99 件,部件 D、F 的预测可靠度均为 0.9。试求该系统的可靠度的预计值。若要求该系统可靠度 $R_s^* = 0.98$,则各部件的可靠度为多少?

解 (1) 求系统的可靠性预计值。

因为 $R_A = R_B = R_C = 0.99$,$R_D = R_E = 0.9$,由式(3–14)和式(3–18)可得系统可靠度 R_s 为

$$R_s = R_A \cdot R_B \cdot R_B [1 - (1 - R_D)(1 - R_E)]$$
$$= 0.99 \times 0.99 \times 0.99 [1 - (1 - 0.9)(1 - 0.9)] = 0.96$$

(2) 求系统可靠度 $R_s^* = 0.98$ 时各部件的可靠度 R_i^*。

把 D、E 看做一个单元 U,按串联系统可靠性分配方法确定各部件的可靠度。由各部件的可靠性预计情况,可选用等分配法。故由式(4–12)得

$$R_A = R_B = R_C = R_U = R_s^{*\frac{1}{n}} = 0.98^{\frac{1}{4}} = 0.995$$

由于 R_U 为 R_D 与 R_E 的并联系统,由式(3–18)得

$$R_U = 1 - (1 - R_D)(1 - R_E)$$

设 $F_D = 1 - R_D$,$F_E = 1 - R_E$,由 D、E 部件的可靠度预计值大小,可确定 $F_D = F_E = F$,故有

$$R_U = 1 - F_D F_E = 1 - F^2$$
$$F_D = F_E = F = \sqrt{1 - R_U} = \sqrt{1 - 0.995} = 0.0707$$
$$R_D = 1 - F_D = 1 - 0.0707 = 0.9293$$
$$R_E = 1 - F_E = 1 - 0.0707 = 0.9293$$

由上述分配计算结果分别为

$$R_A = R_B = R_C = 0.995, \quad R_D = R_E = 0.9293$$

上例还可以结合实际做些讨论。按预计结果,部件 D、E 可靠性仅为 0.9 而采取并联冗余,是由于单部件 D 再要提高可靠性困难;而如果 A、B、C 在预计可靠性 0.99 基础上还可提高,可采取以下分配方案:D、E 可靠性 0.9 不变,并联后可靠性为 0.99,要求系统可靠性应为 0.98/0.99 = 0.99,由此分配 A、B、C 可靠性各为 0.9967。

另一种情况,若提高部件 D、E 的可靠性困难,把 A、B、C 可靠性提高到 0.9967 也困难时,则考虑 D、E 改为可靠性为 0.9 的三部件并联冗余,其并联可靠性为 0.999;而 A、B、C 串联可靠性按 0.98 分配,得 A、B、C 分配可靠性各为 0.9933。

由此可见,可靠性分配应对具体情况做具体分析后,再选择适当的分配方案。

习题与思考题

4-1 设有一串联系统由寿命分布均为指数分布的 A、B、C、D 这 4 个分系统组成,工作 1000h 时它们的可靠度分别为 $R_A=0.96, R_B=0.92, R_C=0.98, R_D=0.94$。若系统工作 1000h 可靠度要求为 0.90,问分系统的可靠度指标能否满足系统要求?如要满足系统要求,试问 4 个分系统工作 1000h 的可靠度各为多少?

4-2 设有一串联系统由 A、B、C、D 等 4 个单元组成,4 个单元寿命均为指数分布,已知 $R_A(1000)=0.76, R_B(1000)=0.72, R_C(1000)=0.78, R_D(1000)=0.74$,若要求 $R_s(1000)=0.70$,试问这 4 个单元工作到 1000h 的可靠度各为多少?

4-3 某电子设备由 5 种元器件组成,这 5 种元器件的有关数据见表 4-4,该电子设备中任一元器件失效均导致电子设备失效,各元器件的失效分布均为指数分布,试预计该电子设备工作 50h 的可靠度及 MTBF。

表 4-4 习题 4-3 电子设备的元器件数据

种类	A	B	C	D	E
数量 N_i	1	16	200	300	50
通用失效率/(1/h)	100×10^{-6}	5×10^{-6}	20×10^{-6}	1.5×10^{-6}	1×10^{-6}
通用质量系数 Q_π	1	1	1	1	1

4-4 某系统可靠性逻辑框图如图 4-6 所示,图中各单元的可靠度为:$R_A=0.9, R_B=R_C=0.8, R_D=R_E=0.85, R_F=0.7$。试用上、下限法预计系统的可靠度(设 $m=2$、$n=3$)。

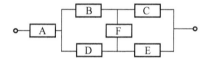

图 4-6 习题 4-4 系统可靠性逻辑框图

4-5 一个工厂生产某型黑白电视机用 300 个元器件制成。据以往生产统计发现,其中 40 个元器件(A 组)单个失效不影响正常收看;58 个元器件(B 组)部分单个失效不影响正常收看;其余元器件(C 组)单个失效将造成电视机不能正常收看。若取 A、B、C 组元器件的重要度分别为 0.2、0.6、1.0,现要求用降低失效率的办法把整机的 MTBF 提高到 10000h。试对上述 3 组元器件的允许失效率(平均值)做出分配。

4-6 某放大器如图 4-7 所示,假定此电路工作条件及元器件参数如下:

(1)工作条件。

环境温度:40℃;环境:地面固定。

(2)元件参数。

$R_1=12\text{k}\Omega, R_2=3\text{k}\Omega, R_3=1\text{k}\Omega, R_4=3\text{k}\Omega$。

$C_1=470\text{pF}, C_2=100\text{pF}, C_3=12\mu\text{F}$。

(3)元件特性。

电阻器:R_1、R_2、R_3、R_4 是金属膜电阻器,R_1、R_2、R_3 的额定功率为 1/4W,R_4 为 1/2W。

电容器:C_1、C_2 是聚苯乙烯电容器,标称电压为 63V;C_3 是液体钽电解电容器,标称电压为 25V。

晶体管：硅 NPN 型，25℃时最大功率为 500mW，击穿电压 $U_{BRCFO}=30V$。

（4）全部元器件均采用"七专"品。

根据上述信息，试应用我国《电子设备可靠性预计手册》（GJB/Z 299C—2006）对该放大器进行可靠性预计。

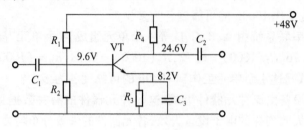

图 4-7 习题 4-6 放大器图

第5章 故障树分析

系统可靠性分析的基本目的在于通过系统可靠性模型的建立,了解确定系统可靠性的确切情况,找出薄弱环节,并预测系统可靠性。在此基础上,必要时可据此修改设计,提高系统可靠性,做出符合要求的系统设计方案。系统可靠性分析的两种基本方法是归纳法和演绎法,第6章讲的FMECA属于归纳法,本章将要介绍的故障树分析(FTA)属于演绎法。FMECA是自下而上确定产品可能失效的一切方式,确定这种失效对系统的影响,首先考虑系统的组成部分。FTA则是由上而下假设系统失效,分析其可能的原因,它首先考虑全系统。FMECA和FTA是相辅相成的。

FTA是以系统所不希望发生的一个事件(顶事件)作为分析的目标,通过逐层向下推溯所有可能的原因,且每层推溯其直接原因,从而找出系统内可能存在的元件失效、环境影响、人为失误,以及程序处理等硬件和软件因素(各种底事件)与系统失效(顶事件)之间的逻辑关系,并用倒立树状图形表示出来。建立这样一棵故障树后,再定性分析各底事件对顶事件发生影响的组合方式和组合途径,识别可能的系统故障模式,以及定量计算这种影响的轻重程度,算出致使系统失效的概率。

FTA是一种系统化的演绎方法,尽管它比较繁琐,不如FMECA简单且容易推广,但却可以按部就班地演绎下去,很适合于编成程序由计算机完成。本章主要研究建立故障树以及基本的定性分析和定量分析等方面问题。

5.1 建立故障树

建立故障树是FTA最关键的一步,如有错漏将直接影响其定性分析和定量分析的结果。建立故障树实质上是找出系统发生故障和导致其故障的诸因素之间的逻辑关系,并将这种关系用特定的图形——故障树表示,这就要求设计、生产和可靠性等工作人员紧密合作。

5.1.1 建立故障树的常用符号

为了能正确建树,应先了解建树使用的符号,根据GB/T 4888—1987《故障树名词术语和符号的规定》,常用符号有两类,一是事件符号,二是逻辑门符号。

1. 事件符号

(1)矩形符号"□",表示顶事件、中间事件。

顶事件:它是所分析系统的不希望发生的事件,位于故障树的顶端,因此它总是逻辑门的输出,而不可能是任何逻辑门的输入。

中间事件:除顶事件外,其他结果事件均属于中间事件。它位于顶事件和底事件之间,是某个逻辑门的输出事件,同时又是另一个逻辑门的输入事件。

(2) 圆形符号"○",表示底事件或基本事件。已知探明或未探明但不必进一步探明其发生原因的事件。位于故障树的底端,只能是某逻辑门的输入事件。

(3) 菱形符号"◇",表示省略事件,一般用以表示那些可能发生,但概率很小,或者对此系统而言不需要再进一步分析的故障事件。这些事件在定性与定量分析中一般可以忽略不计。

(4) 三角形符号"△",表示故障事件的转移。在故障树分析中经常遇到条件完全相同或者同一个故障事件在不同位置出现,为了减少重复工作并简化树的内容,用三角形符号转移。在三角形内加上标号以表示从某处转入某处,也可以在树很大而一页纸画不下时,移页使用。

转移符号有相同转移符号和相似转移符号两种。

① 正三角形符"△"号,表示相同转移。如图 5-8 中"△",表示下面转移到以"1"为代号的所指示的子树去;图 5-8(b)中"△",表示下面转移到这里来。

② 倒三角形"▽",表示相似转移符号,如图 5-8(a)中▽所示,表示"下面转移到以 A 代号所指的子树去"。不同的机件号在三角形旁边注明,如原机件号为 1、2、3、4、5、6,转后机件号为 7、8、9、10、11、12。

2. 逻辑门符号

(1) 逻辑"与门",如图 5-1(a)所示,设输入为 $x_1、x_2、\cdots、x_n$,输出为 Y。只有全部输入事件都发生时输出事件才发生。逻辑"与门"称为事件交,数学表达式为

$$Y = x_1 \cap x_2 \cap \cdots \cap x_n$$

(2) 逻辑"或门",如图 5-1(b)所示,当输入事件中至少一个输入事件发生时,输出事件就发生;只有输入事件全部不发生,输出时间事件才不发生。该事件称为事件并,其数学表达式为

$$Y = x_1 \cup x_2 \cup \cdots \cup x_n$$

(3) 逻辑"禁门",如图 5-1(c)所示,当给定条件满足时,则输入事件直接引起输出事件的发生;否则输出事件不发生。图中椭圆形图是修正符号,其内注明限制条件,若条件不满足,即使有输入也没有输出。

(4) 逻辑"异或门",如图 5-1(d)所示,输入事件中任何一个发生都可引起输出事件发生,但 $x_1、x_2$ 不能同时发生。相应逻辑数学表达式为

$$Y = (x_1 \cap \bar{x}_2) \cup (\bar{x}_1 \cap x_2)$$

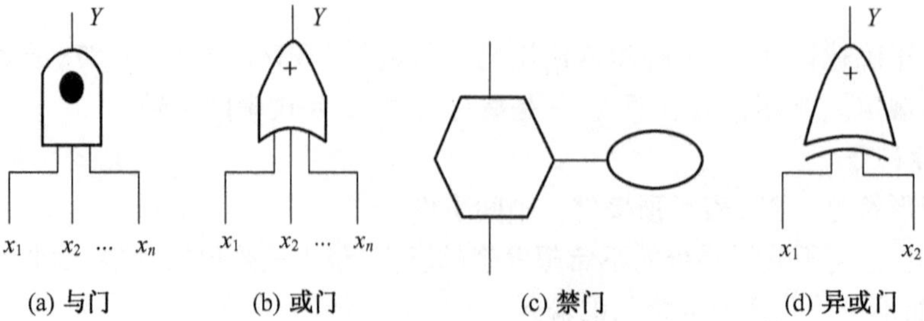

图 5-1 逻辑门符号

使用各种符号建立的故障树可分为二状态故障树、多状态故障树、规范化故障树、正规故障树、非正规故障树、对偶故障树和成功树等7种。这里仅研究正规故障树，即仅含故障事件以及与门、或门的故障树。

5.1.2 建立故障树的基本方法

建树方法分人工建树和用计算机自动建树两种，这里主要研究人工建树。人工建树就是按照严格的演绎逻辑，从顶事件开始，向下逐级推溯事件的直接原因，直到找出所有底事件为止。底事件就是故障分布已知的随机故障事件，或不需要、或暂时不能再进一步查找其发生原因的事件。这样"打破砂锅问到底"都到达底事件，最后得到一棵故障树。

在建树过程中应注意以下几个方面问题。

1. 正确选取顶事件

顶事件就是最不希望发生的故障状态。它可以根据最关心的问题来选取，但是下列几点需要共同遵守：

（1）顶事件发生与否必须有明确定义。

（2）顶事件必须能进一步分解，才能按顶事件发生的逻辑关系建立故障树。

（3）顶事件能定量度量。

2. 准确写出故障事件方框中的说明

在故障树的每个事件方框中均应说明故障是什么，它在何种条件下发生。例如，继电器常闭接点在线圈通电时打不开；马达通电时不启动；飞机因发动机故障不能飞行等。

3. 正确划分每个事件方框中故障的类型

故障事件可分为部件状态故障和系统状态故障两种，故障是由部件本身故障引起的称为部件状态故障。故障是由部件以外的故障引起的称为系统状态故障。如果是"部件状态故障"，就在这个事件下面接或门；如果是"系统状态故障"，就查必要的和充分的直接原因。根据查的结果，一个"系统状态故障"可以接一个与门、或门，或者不接逻辑门等。下面举例说明两类故障的识别与划分。

例 5-1 某马达电路系统见图 5-2。该系统可能处于工作和储备两种状态。假设导线和连接部分不失效，电源为无穷大。请分析该系统可能出现的各种故障，并判断出其类型。

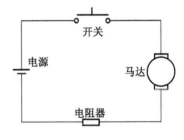

图 5-2 马达电路

解 根据题意可以确定，马达电路在工作状态有 4 种故障：压按钮时开关接不通；压按钮时开关偶然断开；马达加电时不启动；马达加着电而马达停转。在储备状态有两种故障，即未压按钮开关偶然接通；马达偶然启动。

由于工作状态的 4 种故障都是由本身故障引起的，故均为部件状态故障。而在储备状态，"未压按钮而开关偶然接通"有可能是按钮开关本身故障，而"马达偶然启动"不可能是马达本身的故障，故前者为部件状态故障，后者为系统状态故障。6 种故障类型见表 5-1。

表 5-1 马达电路故障

系统所处状态	故障说明	故障分类
工作状态	压按钮时开关接不通	部件状态故障
	压按钮时开关偶然断开	部件状态故障
	马达加电时不启动	部件状态故障
	马达加着电而马达停转	部件状态故障
储备状态	未压按钮开关偶然接通	部件状态故障
	马达偶然启动	系统状态故障

4. 严格遵守循序渐进的原则

故障树应当逐级建立,逐级找出必要而充分的直接原因,在对下一级做任何考虑之前,必须先完成上一级,不要搞"跃进"。

5. 严格禁止"门—门"短路

在建树时不许把逻辑门和其他逻辑门直接连起来,形成"门—门"短路。

6. 建树方法指导方面应注意的几个问题

建树最忌错、漏,最要讲认真,而且从建树一开始就要这样做,步步留神;否则建起一棵大树以后再去检查何处错、漏是极其困难的。

作为建树方法指导,还应注意以下几点:

(1) 选择建树流程,一般以系统功能为主线来分析所有故障事件,按演绎逻辑贯穿始终。

(2) 理好系统和部件的边界条件。边界条件就是对系统或部件的变动参数事先做合理的假定。有了边界条件就确定了故障树建到何处为止。在例 5-1 中假定导线和连接部分不会失效,电源(或水源)为无穷大等,这些假定帮助分析者抓住重点而不致过分分散精力。

(3) 故障事件定义要确切,尽量做到唯一解释。注意尽量用具体的描述代替比较抽象的描述,把事件划分为更基本的事件以找出确切的原因,指出确切的部件失效事件。

(4) 各事件的逻辑关系和条件必须分析清楚,不许逻辑混乱或条件矛盾。

(5) 建树过程中及建成后,要注意合理的简化,避免陷入故障事件及其可能组合数目的汪洋大海而不能自拔。

5.1.3 建立故障树的示例

例 5-2 图 5-3 所示输电网络,有 3 个变电站,由 A 站向 B、C 两站供电,共有 5 条线路,只有线路失效才能引起电网失效。电网失效的判据是:①B 和 C 中任何一站无输入;②B 和 C 两站由单线供电。试绘制电网系统失效的故障树图。

解 (1) 选取顶事件。根据要求选定电网系统失效为顶事件。

(2) 从顶事件开始确定各事件之间的逻辑关系。

因为题中规定,顶事件(电网失效)包括以下 3 个次级事件:B 站无输入(P);C 站无输入(Q);B 和 C 站由单线供电(R)。所以可判定顶事件与 P、Q 和 R 三事件的逻辑关系是"或门"关系。

根据图 5-3 寻找产生 P、Q、R 事件的原因,一直找到基本事件。例如,分析事件 P,B 站无输入是因为同时出现输电线 1 失效(即基本事件①)、输电线 2 失效(即基本事件②)、C 站不向 B 站供电(S)事件,故此 P 与①、②和 S 三个事件的逻辑关系为"与门"。再分析中间事件 S,C 站不向 B 站供电可能因为输电线 3 失效(即基本事件③),使 C 站无电,也可能是 C、B 开路(Z),故此 S 与③ Z 事件的逻辑关系为"或门"。对于中间事件 Z,即 C、B 开路(Z),只能是输电线 4 和 5(即基本事件④和⑤)同时失效,因此事件 Z 和④、⑤ 事件的逻辑关系为"与门"。

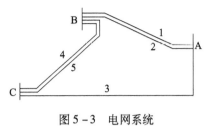

图 5-3 电网系统

依照上述对 P 事件的分析方法依次完成对 Q、R 事件的分析,并确定有关事件的逻辑关系。

(3) 绘制电网系统的故障树图。按以上分析结果,绘制电网系统的故障树图,如图 5-4 所示。

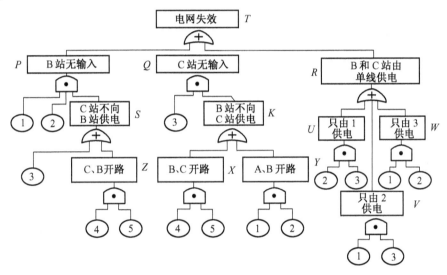

图 5-4 例 5-3 所示系统的故障树

例 5-3 某输电网络的变电站与输电线路连接如图 5-5 所示。只有线路失效才能引起电网系统失效,其失效判据同例 5-2,试绘制其故障树图。

解 按例 5-2 的方法进行分析,绘制的该电网故障树如图 5-6 所示。

例 5-4 已知某型号飞机有 3 个发动机(A、B 和 C),当其同时发生故障时飞机才不能正常飞行。发动机 A、B、C 的故障树分别见图 5-7(a)、(b)、(c)。使用相同和相似转移符号绘制该型号飞机因发动机故障不能飞行的故障树。

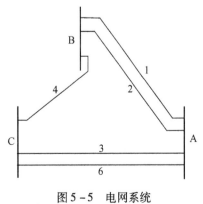

图 5-5 电网系统

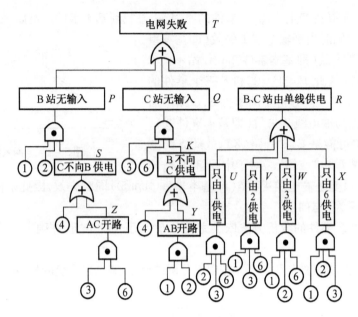

图 5-6 图 5-5 的故障树

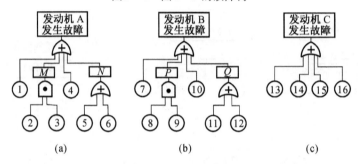

图 5-7 飞机发动机故障树

解 根据题意可绘制出该型号飞机因发动机故障不能飞行的故障树如图 5-8 所示。

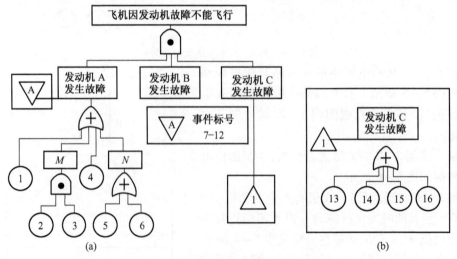

图 5-8 飞机因发动机不能起飞的故障树

5.2 故障树的数学描述

5.2.1 故障树的结构函数

假设由 n 个独立事件构成故障树,且事件间的故障相互独立。$\Phi(X)$ 为故障树的结构函数,变量 x_i 表示故障树底事件的状态变量,$\Phi(X)$ 的取值为 0,1;x_i 的取值为 0,1,这个假设与可靠性框图的假设刚好相反。

$$\Phi(X) = \varphi(x_1, x_2, \cdots, x_i, \cdots, x_n)$$

$$\Phi(X) = \begin{cases} 1 & \text{表示系统发生(顶事件 失效)} \\ 0 & \text{表示系统不发生(顶事件 正常)} \end{cases}$$

$$x_i = \begin{cases} 1 & \text{零部件失效(底事件 } i \text{ 发生)} \\ 0 & \text{零部件正常(底事件 } i \text{ 不发生)} \end{cases}$$

1. 故障树"与门"的结构函数

$$\Phi(X) = x_1 \cap x_2 \cap \cdots \cap x_n = \bigcap_{i=1}^{n} x_i \quad i = 1, 2, \cdots, n$$

当 x_i 只取 0、1 二值时,则有

$$\Phi(X) = \prod_{i=1}^{n} x_i \tag{5-1}$$

式中:n 为底事件的个数。

由式(5-1)可见,当底事件全部失效时,系统失效。当其中任意一个底事件不失效时,系统也不失效。即 $x_i = 0, \Phi(X) = 0$。而 $x_1 = 1, x_2 = 1, \cdots, x_m = 1$ 时,系统 $\Phi(X) = 1$。即只有全部底事件都发生时,顶事件才发生,相当于可靠性框图的并联模型,如图 5-9 所示。

2. 故障树"或门"的结构函数

$$\Phi(X) = x_1 \cup x_2 \cup \cdots \cup x_n \quad i = 1, 2, \cdots, n \tag{5-2}$$

当 x_i 只取 0 或 1 二值时,结构函数 $\Phi(X)$ 可表示为

$$\Phi(X) = 1 - \prod_{i=1}^{n} (1 - x_i)$$

只要变量 x_i 有一个为 1,即底事件故障,系统就故障,$\Phi(X) = 1$。全部底事件均为零时,则 $\Phi(X) = 0$,系统才不故障。相当于可靠性框图的串联模型,如图 5-10 所示。

3. n 中取 k 的结构函数

$$\Phi(X) = \begin{cases} 1 & i \geq k_i = 1, 2, \cdots, n \\ 0 & \text{其他} \end{cases} \tag{5-3}$$

式中:k 为使系统发生故障的最少底事件。

只要故障的元部件数不小于 k 时系统就故障。该模型相当于表决系统 $k/n[G]$ 的模

型。如图 5-11 所示。

4. 简单"与"门、"或"门混合系统结构函数

如图 5-12 所示,结构函数为

$$\Phi(X) = x_1 \cup (x_2 \cap x_3) \quad (5-4)$$

当 x_i 仅取 0 或 1 两值时,结构函数为

$$\Phi(X) = 1 - (1-x_1)(1-x_2x_3) \quad (5-5)$$

故障树混合门的结构函数,可以用单独"与门"、"或门"分别表示,然后两联合表示的办法。该办法相当于可靠性框图的串并联系统。

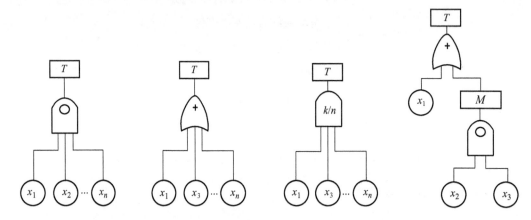

图 5-9 "与门"故障树　　图 5-10 "或门"故障树　　图 5-11 "表决"故障树　　图 5-12 混合门系统

5.2.2 故障树与可靠性框图的等价关系

可靠性框图与故障树两种方法都是对系统可靠性的客观描述,因而它们之间虽然从不同角度出发,但它们之间存在着一定的内在关系。可靠性框图是从系统正常工作的角度出发,而故障树是从系统故障的角度出发分析系统的可靠性,其结果是一致的。通常,$\overline{x_i}$ 表示第 i 个部件正常;$\overline{T}$ 表示系统正常;x_i 表示第 i 个部件故障;T 表示系统故障。

1. 可靠性串联系统

可靠性串联系统的结构函数为

$$T' = x'_1 \cap x'_2 \cap \cdots \cap x'_n \quad (5-6)$$

串联系统中每个元部件都正常工作时,系统才能正常工作。

由德·摩根定律式(3-4)和式(3-5)知

$$T = (T')' = (x'_1 \cap x'_2 \cap \cdots \cap x'_n)' = x_1 \cup x_2 \cup \cdots \cup x_n$$

该结构函数正是故障树"或门"的结构函数,因而可靠性串联系统与故障树"或门"系统是等价的,如图 5-13 所示。

2. 可靠性并联系统

该系统的结构函数为

$$T' = x'_1 \cup x'_2 \cup \cdots \cup x'_n \quad (5-7)$$

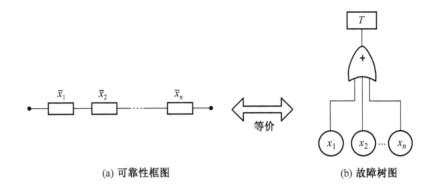

(a) 可靠性框图　　　　　　　(b) 故障树图

图 5-13　串联系统等价的故障树图

该系统中至少有一个元部件正常工作,系统才能正常工作。

$$T = (T')' = (x_1' \cup x_2' \cup \cdots \cup x_n')' = x_1 \cap x_2 \cap \cdots \cap x_n = \bigcap_{i=1}^{n} x_i$$

并联系统可靠性框图等价于故障树"与门"系统,如图 5-14 所示。通常对一个可靠性框图就可以找到一个等价的故障树。

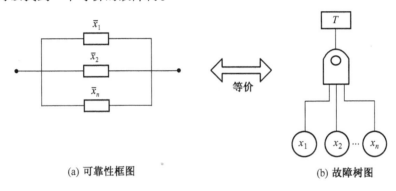

(a) 可靠性框图　　　　　　　(b) 故障树图

图 5-14　并联系统等价的故障树图

5.3　故障树的定性分析

故障树的定性分析就是定性地找出导致顶事件发生的所有可能的故障模式,即求出故障树的所有最小割集(简记为 MCS)根。根据已求出的最小割集,即使在基本故障事件的概率规律及原始数据不十分清楚的情况下,也能判定系统可靠性最薄弱的环节和比较不同系统(其故障树基本事件情况相似)的可靠性程度。当前工程实践中,故障树的定性分析比其定量计算更具有实用性,特别是考虑到数据不全、不准、人为因素难以定量时尤其如此。

5.3.1　最小割集及其故障树结构函数

1. 割集与最小割集

(1) 割集。割集是指故障树中一些底事件的集合,当这些底事件发生时,顶事件必然发生。

(2) 最小割集。最小割集是若将割集中所含的底事件任意去掉一个就不再成为割集了。如图 5-12 所示,割集为 $x_1x_2x_3$,x_1,x_2x_3;最小割集为 x_1,x_2x_3。在割集 $x_1x_2x_3$ 中任意去掉一个底事件,如去掉 x_1,剩下 x_2x_3 还是一个割集,所以 $x_1x_2x_3$ 不是最小割集,而 x_1 与 x_2x_3 则是最小割集。

2. 用最小割集表示故障树结构函数

设最小割集用 c 表示,则

$$c_j = \bigcap_{i \in c} x_i$$

式中: c_j 为第 j 个最小割集;x_i 为第 j 个最小割集中第 i 个底事件,故障树的结构函数为

$$\Phi(X) = \bigcup_{j=1}^{n} c_j = \bigcup_{j=1}^{n} \bigcap_{i \in c} x_i \tag{5-8}$$

式中: n 为系统中最小割集数。该结构函数表示,故障树中有一个最小割集发生,顶事件就发生了。如图 5-12 所示,最小割集为 x_1,x_2x_3,结构函数为

$$\Phi(X) = x_1 \cup x_2x_3$$

5.3.2 求故障树最小割集的方法

1. 下行法

这种方法又称 Fussell-Vesely 法,其基本思路是顶事件开始逐级向下,区别不同逻辑关系分别表示。紧接顶事件的若是或门,则把每个输入事件分别列入不同的行;紧接顶事件的若是与门,则把每个输入事件排列同一行。依次从上到下分解,直到不能再分解的基本事件为止,最后经过全面分析比较,剔除非最小割集,求得最小割集。

例 5-5 图 5-4 是图 5-3 所示电网系统的故障树,用下行法求该故障树的最小割集。

解 (1) 求故障树的全部割集。

列一空白表格(见表 5-2 格式),按下列步骤进行,并将内容填在该表内。步骤 1 中事件分别列于 3 行,因为都处于顶事件下面且是或门。步骤 2 中紧接 P、Q 事件都为与门,故分别列于同一行:而 R 事件下面是或门,故将 U、V、W 列于不同行。依次往下推演,最后得到 7 个割集(步骤 4):{1,2,3},{1,2,4,5},{3,4,5},{3,1,2},{2,3},{1,3} 和 {1,2} 见表 5-2 中分析步骤 1、2、3、4。

表 5-2 求图 5-4 故障树最小割集的步骤

分析步骤序号				最小割集
1	2	3	4	
P	1,2,S	1,2,3	1,2,3	1,2
		1,2,Z	1,2,4,5	
Q	3,K	3,X	3,4,5	2,3
		3,Y	3,1,2	1,3
R	U	2,3	2,3	3,4,5
	V	1,3	1,3	
	W	1,2	1,2	

(2) 从全部割集中找出所有最小割集。

因为最小割集可以这样判定：如有这样一个割集，从其中任意移走若干个基本事件后，就不再是割集，则称这个割集为最小割集。所以可把每个割集中的基本故障事件代表数字由小到大排列，将上面7个割集排好后分别为$\{1,2,3\}$、$\{1,2,4,5\}$、$\{3,4,5\}$、$\{3,2,2\}$、$\{2,3\}$、$\{1,3\}$、$\{1,2\}$。比较这7个割集，显而易见，$\{1,2,3\}$包括$\{2,3\}$（$\{1,3\}$或$\{1,2\}$），$\{1,2,4,5\}$包括$\{1,2\}$，均不是最小割集。剔除$\{1,2,3\}$、$\{1,2,4,5\}$和$\{3,1,2\}$则可求出该故障树的最小割集为$\{3,4,5\}$、$\{2,3\}$、$\{1,3\}$、$\{1,2\}$，见表5-2。

2. 上行法

这种算法又称Semandeses，由下而上进行，利用集合运算规则进行简化，最后从简化式中找出最小割集。下面举例说明上行法的应用。

例5-6 用上行法求例5-5故障树的最小割集。

解 用x_i表示输电线i失效这一基本事件，则故障树最后一级为

$$Z = x_4 \cdot x_5, \quad X = x_4 \cdot x_5, \quad Y = x_1 \cdot x_2$$
$$U = x_2 \cdot x_3, \quad V = x_1 \cdot x_3, \quad W = x_1 \cdot x_2$$

往上一级推算得

$$S = x_3 + Z = x_3 + x_4 \cdot x_5$$
$$K = X + Y = x_4 \cdot x_5 + x_1 \cdot x_2$$
$$R = U + V + W = x_2 \cdot x_3 + x_1 \cdot x_3 + x_1 \cdot x_2$$

再往上一级推算得

$$P = x_1 \cdot x_2(x_3 + x_4 \cdot x_5)$$
$$Q = x_3(x_4 \cdot x_5 + x_1 \cdot x_2)$$

最后可得顶事件为

$$T = P + Q + R$$
$$= x_1 \cdot x_2 \cdot x_3 + x_1 \cdot x_2 \cdot x_4 \cdot x_5 + x_3 \cdot x_4 \cdot x_5 + x_1 \cdot x_2 \cdot x_3 + x_2 \cdot x_3 + x_1 \cdot x_3 + x_1 \cdot x_2$$
$$= x_1 \cdot x_2 + x_1 \cdot x_3 + x_2 \cdot x_3 + x_3 \cdot x_4 \cdot x_5$$

由上式结果可知，该故障树的最小割集为$\{1,2\}$、$\{1,3\}$、$\{2,3\}$、$\{3,4,5\}$，与用下行法求得的最小割集相同。

5.3.3 应用最小割集对故障树进行定性评定

最小割集所含基本事件的数目叫做该最小割集的"阶数"。如果各个基本事件发生概率比较小，它们之间的差别相对也不大，那么阶数越低的最小割集的重要性越大，显然只由一个基本事件构成的一阶最小割集是最重要的。阶数越高的最小割集的重要性越小，因为几个小概率事件同时发生的概率是高阶小量。至于基本事件，在不同的最小割集中重复出现的次数越多的基本事件，一般来说其重要性越大。在低阶最小割集中出现的

基本事件比在高阶最小割集中的基本事件来得重要。在工程上常略去阶数高于指定值的最小割集来简化定性和定量分析。所以可以用以下原则进行定性分析比较。

(1) 比较小概率失效元件组成的各种系统失效概率时,其故障树所含最小割集的最小阶数越小,系统的失效概率越高;在所含最小割集的最小阶数相同的情况下,该阶数的最小割集的个数越多,系统的失效概率越高。

(2) 比较同一系统中各基本事件的重要性时,按各基本事件在不同阶数的最小割集中出现的次数来确定其重要性大小。所以最小割集的阶数越小,出现的次数越多,该基本事件的重要性越大。

下面举例说明如何应用最小割集对系统的故障树进行定性评定。

例 5-7 从 8 种元器件中各取一个分别制成两个电路,设这 8 种元器件均为小概率失效事件,分别用 1、2、3、…、8 表示。经分析得出,电路 1 有{1,2,3}、{2,4}、{1,7}、{3,4}、{5,6}、{8}、{2,6} 7 个最小割集;电路 2 有{3,4,5}、{1,6,8}、{2}、{3,8}、{4,5,6}、{7} 6 个最小割集。按上述原则判定这两个电路的可靠性程序,并分别指出以上 8 种元器件在电路 1 和电路 2 中的重要性大小。

解 (1) 判定电路的可靠性。

分别统计电路 1、2 中各阶最小割集的数目,并按不可靠性从大到小顺序排列,见表 5-3。

表 5-3　电路 1、2 不可靠性统计

电路名称	MCS 的数目/个			不可靠性顺序
	1 阶	2 阶	3 阶	
电路 2	2	1	3	1
电路 1	1	5	1	2

(2) 比较 8 种元器件在两个电路中重要性大小。

分别统计 8 种元器件基本事件在电路 1、2 的各阶最小割集中出现的次数,并按其重要性(即不可靠性)从大到小的顺序排列,分别见表 5-4 和表 5-5。

表 5-4　电路 1 中各元件的重要性顺序

元件故障基本事件代号	在 MCS 中出现次数			重要性顺序
	1 阶	2 阶	3 阶	
8	1			1
2		2	1	2
4		2		3
6		2		
1		1	1	4
3		1	1	
5		1		5
7		1		

表 5-5 电路 2 中各元件的重要性顺序

元件故障基本事件代号	在 MCS 中出现次数			重要性顺序
	1 阶	2 阶	3 阶	
2	1			1
7	1	1		1
3		1	1	2
8			1	2
4			2	3
5			2	3
6			2	3
1			1	4

5.3.4 故障树的定性分析示例

例 5-8 对图 5-3 所示电网系统进行故障树定性分析,找出其中的薄弱环节,提出改进措施,并指出改进后电网系统的薄弱环节。

解 (1)建立图 5-3 所示电网系统的故障树图,见图 5-4(见例 5-2)。

(2)求出图 5-4 所示故障树的最小割集为{3,4,5}、{2,3}、{1,3}、{1,2}(见例 5-5 或例 5-6)。

(3)找出该电网系统中的薄弱环节。

参照例 5-7 的方法,列出电网系统中输电线故障事件 1、2、3、4、5 的重要性顺序,见表 5-6。

表 5-6 图 5-3 所示电网系统中各输电线重要性顺序

元件故障基本事件代号	在 MCS 中出现次数		重要性顺序
	2 阶	3 阶	
3	2	1	1
1	2		2
2	2		2
4		1	3
5		1	3

从表 5-6 中可以看出,输电线 3 的重要性最大,故为该电网系统的薄弱环节;输电线 1、2 次之;4、5 重要性最小。

由上述定性分析可知,如果仅知电网系统出了故障,原因待查,那么首先应检查输电线 3,再检查输电线 1 和 2,最后检查 4 和 5;如果已知电网系统故障状态是 B 站不向负荷供电,而 C 站仍能供电,那么根据图 5-4 故障树结构,不经检查可以判定输电线 1、2、4、5 都出了故障,修理次序应先修好 1 或 2,后修其他;如果 C 站不能供电而 B 站仍能供电,则从故障树可以判定输电线 3、4、5 出了故障,此时修理顺序应先修 3,后修 4、5。

(4)确定改进措施。

①提出初改方案:由于输电线 3 是应该加强的薄弱环节。为了加强该输电网络的可

靠性,可将其改成图 5-15 所示电网系统。

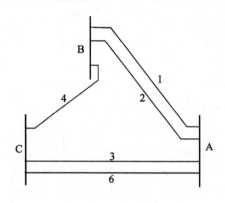

图 5-15 电网系统

图 5-15 所示电网系统虽然比较可靠,但是增加了一条输电线 6 将带来很大的经济耗费,能否不增加经费投资,即在保持 5 条输电线路的基础上提高电网的可靠性,是可以做到的,因为从表 5-6 可见,输电线 4、5 故障事件都仅在 3 阶 MCS 中出现一次,重要性最小,因此可以考虑从图 5-15 所示电网系统中去掉输电线 5,见图 5-5。

② 比较初改方案(图 5-5 电网系统)和原方案(图 5-3 电网系统)的可靠性:

a. 建立图 5-5 电网系统的故障树,如图 5-6 所示。

b. 求图 5-6 故障树的最小割集。

设输电线 i 故障树事件 X_i,则电网系统失效 T 为

$$T = P + Q + R = x_1x_2S + x_3x_6K + (U + V + W + K)$$
$$= x_1x_2(x_4 + Z) + x_3x_6(x_4 + Y) + (x_2x_3x_6 + x_1x_3x_6 + x_1x_2x_6 + x_1x_2x_3)$$
$$= x_1x_2(x_4x_3x_6) + x_3x_6(x_4 + x_1x_2) + (x_2x_3x_6 + x_1x_3x_6 + x_1x_2x_6 + x_1x_2x_3)$$
$$= x_1x_2x_4 + x_1x_2x_3x_6 + x_3x_6x_4 + x_3x_6x_1x_2 + x_2x_3x_6 + x_1x_3x_6 + x_1x_2x_6 + x_1x_2x_3$$
$$= x_1x_2x_4 + x_3x_6x_4 + x_2x_3x_6 + x_1x_3x_6 + x_1x_2x_6 + x_1x_2x_3$$

可见,该故障树的最小割集为{1,2,4}、{3,6,4}、{2,3,6}、{1,3,6}、{1,2,6}、{1,2,3}。

c. 列表比较两电网系统的不可靠性,见表 5-7。

表 5-7 图 5-5 和图 5-3 电网系统不可靠性统计

电网系统 名称	MCS 的数目/个		不可靠性顺序
	2 阶	3 阶	
图 5-3 电网系统(原方案)	3	1	1
图 5-5 电网系统(初改方案)		6	2

③ 确定改进方案。从表 5-7 中可以看出,初改方案的可靠性高于原方案,因此,确定图 5-5 为改进后的电网系统。

(5) 找出图 5-5 电网系统(改进方案)的薄弱环节。

由其最小割集列出输电线故障事件 1、2、3、4、6 的重要性顺序,见表 5-8。

表 5-8　图 5-5 所示电网系统中各输电线的重要性顺序

输电线故障事件代号	在 3 阶 MCS 出现的次数	重要性
1	4	1
2	4	
3	4	
6	4	
4	2	2

从表 5-8 中可以看出，输电线 1、2、3、6 相同，是薄弱环节。总之，本处进行系统可靠性比较是在全部组成元件失效概率为常数的情况下进行的，进行元件重要性比较是在失效概率很小，可将它们近似地认为相等时进行的。如果不是以上情况，则应进行故障树的定量分析。

5.4　故障树的定量分析

故障树的定量分析主要有两方面内容：一是由输入系统各单元（底事件）的失效概率求出系统的失效概率；二是求出各单元（底事件）的结构重要度、概率重要度和关键重要度，最后根据关键重要度的大小排序找出最佳故障诊断和修理顺序，同时也可作为首先改善相对不大可靠的单元的依据。这里也只研究单调关联系统的定量分析。

5.4.1　由各单元的失效概率求系统的失效概率

设系统有 n 个最小割集，分别为 $E_1, E_2, \cdots, E_n$，则系统失效的顶事件 T 的概率 $P(T)$ 为

$$P(T) = P(E_1 \uplus E_2 \uplus \cdots \uplus E_n)$$
$$= P(E_1 + E_1'E_2 + E_1'E_2'E_3 + \cdots E_1'E_2'\cdots E_{n-1}'E_n) \quad (5-9)$$

将式（5-9）中括号内不交型积之和利用布尔代数运算公式步步简化后，代入各单元的失效概率，即可求出系统的失效概率。下面举例说明应用。

例 5-9　已知某系统由单元 1、2、3、4、5 组成，其最小割集为 {1,2}、{1,3}、{2,3}、{4,5}，设备单元的失效概率为 $q_1 = q_2 = q_3 = 1 \times 10^{-3}$，$q_4 = q_5 = 1 \times 10^{-4}$。求该系统的失效概率。

解　由式（5-9）和式（3-4）得该系统的失效概率 $P(T)$ 为

$P(T) = P(12 \uplus 13 \uplus 23 \uplus 45)$
$= P[12 + (12)'13 + (12)'(13)'23 + (12)'(13)'(23)'45]$
$= P[12 + 2'13 + 1'1'23 + (1' + 12')(1 + 13')(2' + 23')45]$
$= P[12 + 2'13 + 1'23 + (1' + 12'3')(2' + 23')45]$
$= P\{12 + 2'13 + 1'23 + (1'2' + 12'3' + 1'23')45]$
$= P[12 + 2'13 + 1'23 + 1'2'45 + 12'3'45 + 1'23'45]$

$$\begin{aligned}
&= P(1)P(2) + P(2')P(1)P(3) + P(1')P(2)P(3) + P(1')P(2')P(4)P(5) + \\
&\quad P(1)P(2')P(3')P(4)P(5) + P(1')P(2)P(3')P(4)P(5) \\
&= q_1 q_2 + q_1(1-q_2)q_3 + (1-q_1)q_2 q_3 + (1-q_1)(1-q_2)q_4 q_5 + \\
&\quad q_1(1-q_2)(1-q_3)q_4 q_5 + (1-q_1)q_2(1-q_3)q_4 q_5 \\
&= 1\times 10^{-3} \times 10^{-3} + 1\times 10^{-3} \times (1 - 1\times 10^{-3}) \times 1\times 10^{-3} + \\
&\quad (1 - 1\times 10^{-3}) \times 1\times 10^{-3} \times 1\times 10^{-3} + (1 - 1\times 10^{-3}) \times (1 - 1\times 10^{-3}) \times \\
&\quad 1\times 10^{-4} \times 1\times 10^{-4} + 1\times 10^{-3}(1 - 1\times 10^{-3})(1 - 1\times 10^{-3}) \times 1\times 10^{-4} \times 1\times 10^{-4} + \\
&\quad (1 - 1\times 10^{-3}) \times 1\times 10^{-3}(1 - 1\times 10^{-3}) \times 1\times 10^{-4} \times 1\times 10^{-4} \\
&= 3.008\times 10^{-6}
\end{aligned}$$

5.4.2 求系统各单元的重要度

1. 单元的结构重要度 $I_{ST}(j)$

反映单元在故障树结构中重要顺序的量值称为单元的结构重要度。此量值与该单元的发生概率大小无关。$I_{ST}(j)=0$ 的单元是与顶事件无关的,应予删除;$I_{ST}(j)$ 越接近 1 的单元在结构上越重要,因此设计时应尽量使它可靠些,其计算公式见式(5-10),即

$$I_{ST}(j) = \frac{1}{2^{n-1}} n_j \tag{5-10}$$

式中:$I_{ST}(j)$ 为第 j 个单元的结构重要度;n 为系统全部单元(底事件)的个数;n_j 为将 j 单元分别加入 2^{n-1} 个组合中,使之从非割集变成割集的组合总数。其中 2^{n-1} 个组合由真值表求得。

例如,有一个系统由 4 个单元(1,2,3,4)组成,求第二个单元结构重要度的 n_2 的 8(即 2^{4-1})个组合可由表 5-9 求得为:×××(表示各单元全不出现);1;3;1,3;4;1,4;3,4;1,3,4。此时若已知系统的最小割集,则可求出 n_2。

表 5-9 4 个单元系统求 n_2 的组合

序号	单元代号			组合
	1	3	4	
1	0	0	0	×××
2	1	0	0	1
3	0	1	0	3
4	1	1	0	1 3
5	0	0	1	4
6	1	0	1	1 4
7	0	1	1	3 4
8	1	1	1	1 3 4
9	$2^0=1$	$2^1=2$	$2^2=4$	0、1 变换重复数

2. 单元的概率重要度 $I_{PR}(j)$

反映单元概率的变化对系统概率变化影响程度的量值称为单元的概率重要度。当系统中每个单元发生与否的概率相等时,单元的概率重要度等于其结构重要度,其计算公式见式(5-11)和式(5-12)。

$$I_{PR}(j) = \frac{\partial Q}{\partial q_j} \tag{5-11}$$

式中:$I_{PR}(j)$ 为第 j 个单元的概率重要度;Q 为系统失效概率;q_j 为第 j 个单元的失效概率。

因为用上述单元结构重要度计算式(5-10)求其结构重要度非常繁琐,考虑结构重要度是将每个单元失效发生与否看成等可能性的,即 $q_i = \frac{1}{2}(i=1,2,\cdots,n)$,因此可用下列公式计算结构重要度。

$$I_{ST}(j) = I_{PR}(j)\big|_{q_i = \frac{1}{2}, v_i} \tag{5-12}$$

式中:$q_i = \frac{1}{2}$;表示系统所有单元的失效概率均为 $\frac{1}{2}$。

3. 单元的关键重要度 $I_{CR}(j)$

系统故障概率变化率和引起其单元故障概率变化率的比值,称为该单元的关键重要度。这是重要度的最重要指标,因为它不仅可以反映出该单元概率重要度的影响,还可以反映出该单元故障概率改进的难易程度,即

$$I_{CR}(j) = \lim_{\Delta q_j \to 0} \frac{\dfrac{\Delta Q}{Q}}{\dfrac{\Delta q_j}{q}} = \frac{q_j}{Q} I_{PR}(j) \tag{5-13}$$

式中:$I_{CR}(j)$ 为第 j 个单元的关键重要度。

5.4.3 故障树的定量分析示例

例 5-10 某系统故障树见图 5-16,各单元失效概率为 $q_1 = 1 \times 10^{-5}$、$q_2 = 2 \times 10^{-4}$、$q_3 = 1 \times 10^{-3}$、$q_4 = 1 \times 10^{-2}$、$q_5 = 5 \times 10^{-2}$。试求各单元的重要度。

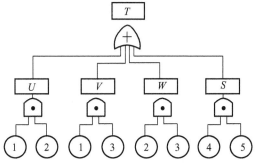

图 5-16 系统故障树

解 (1) 由故障树求出系统的最小割集为 $\{1,2\}$、$\{1,3\}$、$\{2,3\}$、$\{4,5\}$。

(2) 分别求单元1、2、3、4、5的结构重要度对单元1的 $2^{n-1} = 2^{5-1} = 16$ 个组合,见表5–10。

表5–10 对图5–16所示故障树求 n_1 的组合

序号	1以外单元代号				组合	原为割集的组合	加1后变成割集的组合
	2	3	4	5			
1	0	0	0	0	× × ×		
2	1	0	0	0	2		√
3	0	1	0	0	3		√
4	1	1	0	0	23	√	
5	0	0	1	0	4		
6	1	0	1	0	24		√
7	0	1	1	0	34		√
8	1	1	1	0	234	√	
9	0	0	0	1	5		
10	1	0	0	1	25		√
11	0	1	0	1	35		√
12	1	1	0	1	235	√	
13	0	0	1	1	45	√	
14	1	0	1	1	245	√	
15	0	1	1	1	345	√	
16	1	1	1	1	2345	√	
0、1变换重复数	2^0	2^1	2^2	2^3	n_1		6

由表5–10可得 $n_1 = 6$,则由式(5–10)得单元1的结构重要度为

$$I_{\mathrm{ST}}(1) = \frac{n_1}{2^{5-1}} = \frac{6}{16} = 0.375$$

同样可分别求出单元2、3、4、5的结构重要度为

$$I_{\mathrm{ST}}(2) = I_{\mathrm{ST}}(3) = 0.375$$

$$I_{\mathrm{ST}}(4) = I_{\mathrm{ST}}(5) = 0.25$$

(3) 分别求单元1、2、3、4、5的概率重要度。

由式(5–9)和式(3–4)得系统失效概率为

$$Q = P(12 \cup 13 \cup 23 \cup 45)$$
$$= q_1 q_2 + q_1(1-q_2)q_3 + (1-q_1)q_2 q_3 + (1-q_1)(1-q_2)q_4 q_5 +$$
$$q_1(1-q_2)(1-q_3)q_4 q_5 + (1-q_1)q_2(1-q_3)q_4 q_5$$

上述推导过程见例5–9。

由式(5–11)可求得各单元的概率重要度为

$$I_{PR}(1) = \frac{\partial Q}{\partial q_1}$$
$$= q_2 + (1-q_2)q_3 - q_2q_3 - (1-q_2)q_4q_5 + (1-q_2)(1-q_3)q_4q_5 - q_2(1-q_3)q_4q_5$$

$$I_{PR}(2) = \frac{\partial Q}{\partial q_2}$$
$$= q_1 - q_1q_3 + (1-q_1)q_3 - (1-q_1)q_4q_5 - q_1(1-q_3)q_4q_5 + (1-q_1)(1-q_3)q_4q_5$$

$$I_{PR}(3) = \frac{\partial Q}{\partial q_3}$$
$$= q_1(1-q_2) + (1-q_1)q_2 - q_1(1-q_2)q_4q_5 - (1-q_1)q_2q_4q_5$$

$$I_{PR}(4) = \frac{\partial Q}{\partial q_4}$$
$$= (1-q_1)(1-q_2)q_5 + q_1(1-q_2)(1-q_3)q_5 + (1-q_1)q_2(1-q_3)q_5$$

$$I_{PR}(5) = \frac{\partial Q}{\partial q_5}$$
$$= (1-q_1)(1-q_2)q_4 + q_1(1-q_1)(1-q_3)q_4 + (1-q_1)q_2(1-q_3)q_4$$

将 $q_1 、 q_2 、 \cdots 、 q_5$ 的数值分别代入以上各式得各单元的概率重要度为

$$I_{PR}(1) = 2 \times 10^{-4} + (1 - 2 \times 10^{-4}) \times 1 \times 10^{-3} - 2 \times 10^{-4} \times 1 \times 10^{-3} -$$
$$(1 - 2 \times 10^{-4} \times 1 \times 10^{-2} \times 5 \times 10^{-2} + (1 - 2 \times 10^{-4})(1 - 1 \times 10^{-3}) \times 1 \times$$
$$10^{-2} \times 5 \times 10^{-2} - 2 \times 10^{-4}(1 - 1 \times 1 \times 10^{-3}) \times 1 \times 10^{-2} \times 5 \times 10^{-2}$$
$$= 1.199 \times 10^{-3}$$

同理可得：$I_{PR}(2) = 1.009475 \times 10^{-3}$；$I_{PR}(3) = 2.09891 \times 10^{-4}$；$I_{PR}(4) = 4.999999 \times 10^{-2}$；$I_{PR}(5) = 9.999997 \times 10^{-3}$。

考虑以上要求结构重要度的方法比较繁琐，也可用式(5-12)求出各单元的结构重要度如下：

$$I_{ST}(1) = I_{PR}(1)\big|_{q_i = \frac{1}{2}}$$
$$= 0.5 + 0.5^2 - 0.5^2 - 0.5^3 + 0.5^4 - 0.5^4 = 0.375$$

同理可得：$I_{ST}(2) = I_{PR}(2)\big|_{q_i = \frac{1}{2}} = 0.375$；$I_{ST}(3) = I_{PR}(3)\big|_{q_i = \frac{1}{2}} = 0.375$；$I_{ST}(4) = I_{PR}(4)\big|_{q_i = \frac{1}{2}} = 0.25$；$I_{ST}(5) = I_{PR}(5)\big|_{q_i = \frac{1}{2}} = 0.25$，和前面完全一致。

(4) 分别求单元1,2,3,4,5的关键重要度。

将 $q_1, q_2, \cdots, q_5$ 数值代入 Q 计算式，得 Q 值为 $Q = 5.00212 \times 10^{-4}$。

由式(5-13)可求得各单元的关键重要度为

$$I_{CR}(1) = \frac{q_1}{Q}I_{PR}(1) = 0.2396985 \times 10^{-4}$$

$$I_{CR}(2) = \frac{q_1}{Q}I_{PR}(2) = 4.03619 \times 10^{-4}$$

$$I_{CR}(3) = \frac{q_1}{Q}I_{PR}(3) = 4.196042 \times 10^{-4}$$

$$I_{CR}(4) = \frac{q_1}{Q}I_{PR}(4) = 9995.762 \times 10^{-4}$$

$$I_{CR}(5) = \frac{q_1}{Q}I_{PR}(5) = 9995.762 \times 10^{-4}$$

(5) 结论。

各单元的结构重要度、概率重要度和关键重要度的计算结果见表 5-11。

表 5-11　各单元重要度

单元代号 N	结构重要度 $I_{ST}(j)$	概率重要度 $I_{PR}(j)/10^{-3}$	关键重要度 $I_{CR}(j)/10^{-4}$
1	0.375	1.199	0.2396985
2	0.375	1.009475	4.03619
3	0.375	0.209891	4.196042
4	0.25	49.99999	9995.762
5	0.25	9.99997	9995.762

由表 5-11 可知,从结构重要度来分析,单元 1、2、3 比单元 4、5 在结构上重要,因此设计时首先应使单元 1、2、3 可靠些,然后是单元 4、5,这就给系统设计者选用部件可靠性提供了依据;从概率重要角度来分析,单元 4 故障概率最大,其次是单元 5、1、2、3 故障概率依次减小,这就给对已设计的系统,降低每个单元故障概率对于降低顶事件故障概率的贡献大小提供了依据;从关键重要度来分析,单元 4、5 重要度最大,其次是单元 3、2、1 重要度依次减小,这就给对部件排次序,找出最佳的故障诊断和维修顺序提供了依据。对本例可按关键重要度大小判断维修故障的顺序,首先为单元 4 或 5,然后依次为 3、2、1。这与定性分析的结果是不同的。由此可见,对于复杂的工程问题,进行故障树的定量分析是十分必要的。

总之,应用故障树分析可以根据单元的故障概率求出系统的故障概率,同时还可以通过对各单元的重要度的定量计算结果找出对系统失效影响最大的元件。因此,故障树分析不仅可以指导故障诊断、制订维修方案和确定维修顺序,而且可以综合其他因素。如保证最佳经济效益,改进系统结构,致使在各组成单元故障概率不变的情况下减少系统的故障概率,从而保证提高系统的可靠性。

习题与思考题

5-1　具有双天线发射机的通信设备的可靠性逻辑框图见图 5-17。其中 A 为发射机,B_1、B_2 为天线,C 为接收机。试画出相应的故障树,并写出故障函数。

5-2 设有一个输电网络(图5-15),在此电网系统中由 A 站向 B、C 站供电,共有 6 条线路。电网失效判断是:①B 和 C 中任何一站无输入;②B 和 C 站共由单一条线路供电。请建立该电网系统的故障树,求出其最小割集,进行定性分析 6 条输电线的重要性,并与图 5-5 所示电网系统比较可靠性大小。

5-3 系统可靠性逻辑框图见图 5-18,求:
(1)相应的故障树。
(2)故障函数的最小割集表示式。
(3)每个底事件(单元 A_i 失效)的结构重要度。

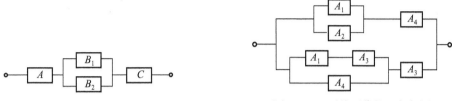

图 5-17 发射机可靠性逻辑框图　　图 5-18 系统可靠性逻辑框图

5-4 故障树见图 5-19,要求完成以下工作:
(1)按常规途径,先枚举最小割集,再化为不交和,写出顶事件的不交和表达式。
(2)用不交布尔代数运算规则,直接写出顶事件的不交积之和表达式,再反求最小割集。
(3)设元件不可靠度(底事件发生概率)为 $q_1=0.01$、$q_2=0.02$、$q_3=0.03$、$q_4=0.04$、$q_5=0.05$、$q_6=0.06$。试分别对(1)、(2)两步所得的不交积之和式计算顶事件概率,并比较其结果。

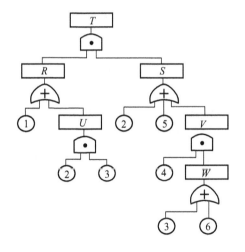

图 5-19 故障树图

第6章 可靠性分析的定性化方法

6.1 概　述

可靠性分析是开展可靠性设计的基础,定性分析是对系统的可靠性设计特性进行逻辑的、综合的评定,以确定系统及其各组成单元和接口的薄弱环节,找出影响系统可靠性的关键部位和因素。通过改进设计、改善工艺和加强管理等手段来提高系统的可靠性。同时还可为维修分析、测试性分析和保障性分析提供必要的输入数据。本章将重点介绍故障模式影响及危害性分析(FMECA)。

6.2 故障模式影响及危害性分析

FMECA 是可靠性分析的主要方法之一,应从方案设计开始,边设计、边分析,并贯穿于产品的研制全过程。该方法通过分析确定产品所有可能的故障模式及每一故障模式对产品工作的影响,找出单点故障,并按故障模式的严酷度及其发生概率,确定其危害性,从而为安排改进措施的先后顺序提供依据。

本章介绍的 FMECA 方法适用于硬件设计。FMECA 不仅能暴露薄弱环节,还可以通过危害度计算为任务可靠性和安全性计算提供数据。与此同时,它还能为维修性分析、安全性分析、测试性分析及保障性分析等提供必要的输入信息。

FMECA 技术在型号研制的各个阶段都可以应用。不同阶段,分析所采用的方法、最低的约定层次及考虑的改进措施也不相同。FMECA 结果的正确性取决于分析人员的工程经验、水平及对产品深入了解的程度。应该指出,FMECA 只考虑每个单一故障模式在系统中的影响,而没有考虑多个因素共同作用的影响。导致灾难的或致命的多重状态的故障,应采用其他分析技术,如故障树分析技术,此时 FMECA 报告中应说明补充分析的方法、程序和范围。

6.2.1 分析方法

FMECA 有两种基本方法,即硬件法和功能法。对于复杂系统还可采用硬件法和功能法相结合的组合法。应根据系统的复杂程度和可获得的故障模式的资料确定所采用的分析方法。

1. 硬件法

列出每个硬件产品并分析产品所有可能的故障模式,确定严酷度类别,按每个故障模式的严酷度和发生概率的综合影响排序。当设计图纸和有关设计资料已明确地确定了产品时,一般可采用此法。硬件法一般是从零部件级开始自下而上地分析到系统级,但也可以从任一级别向任一方向分析。

2. 功能法

具体做法是,列出输出功能,并分析其故障模式,确定严酷度类别,如获得定量的功能故障模式数据时,则按每个功能故障模式的严酷度和发生概率的综合影响进行排序。在系统研制初期,产品设计尚未完成,得不到详细的零部件清单,或当系统复杂而要求从产品的最高层次向下分析,即自上向下分析时,通常可采用此法。采用这种方法较为简单,但容易遗漏某些故障模式。

3. 组合法

对于某些复杂系统,在设计尚未全部完成的情况下可采用此方法,即对设计已确定的那部分采用硬件法,而设计尚未明确的那部分可采用功能法。在缺乏故障模式的可靠性数据时可采用故障模式及影响分析(FMEA),一旦获得这些定量数据时应立即进行FMECA。

进行FMECA一般可分为下列两步进行:①故障模式及影响分析(FMEA);②危害性分析(CA)。

6.2.2 FMECA的准备工作

进行FMECA时,首先须确定和掌握分析的对象,即产品的设计内容及分析层次、所需的设计资料和图纸。其次在具体分析之前还应画出产品的功能框图、可靠性框图,并规定分析的基本准则和假设,以及分析方法、分析的最低约定层次、故障判据、假设条件及分析范围等。

为了进行定量分析,还需要有关的可靠性数据,通常采用外场数据或相同条件下可靠性试验数据。当缺乏上述数据时,可使用《电子设备可靠性预计手册》(GJB 2299A)或其他能获得的故障率数据库,采用的可靠性数据应符合产品的实际情况。

6.2.3 FMECA的步骤

FMECA一般可按下述步骤进行。

1. 定义所分析的系统

在对设计资料、图纸进行深入了解和理解的基础上定义所分析的系统。系统定义至少应包括以下内容:系统的各项任务,各任务阶段/工作模式及其环境剖面;确定系统的功能关系,包括说明主要、次要任务目标;确定系统及其组成部分的故障判据,系统各层次的任务阶段/工作方式、预期任务时间、功能和输出等。

2. 画出功能框图

功能框图是进行FMECA的基础,它反映了系统各组成部分之间的功能逻辑关系。如果设计资料中已有系统功能框图,则可直接使用。如果系统简单,可靠性框图已能充分说明其逻辑关系,也可不画功能框图。

3. 确定任务阶段/工作方式及任务功能

确定系统各个层次的任务阶段及工作方式,列出每个任务阶段及工作方式下各层次的功能输出清单;确定使用不同设备或设备组完成的多个功能;当多于一个工作方式可以完成一种规定的功能时,则应确定替换的功能及转换程序。

4. 系统完成功能的时间

说明在不同任务阶段以不同的工作方式工作的产品或仅在需要时工作的产品完成功

能的时间。

5. 确定环境剖面

说明每一任务阶段预期的环境条件,对在几种不同环境中工作的系统,应分别确定每一种环境剖面。

6. 画出可靠性框图

可靠性框图是从完成系统功能的角度来反映各功能实体之间的相互关系,并用于追踪系统各层次之间故障模式的影响。系统如有几种可替换的工作方式,应画出各个工作方式对应的可靠性框图。

7. 确定严酷度类别

严酷度类别是对故障模式导致最坏的潜在影响的一种定性量度。严酷度按表6-1所列分类划分其类别。当严酷度类别不能按表6-1进行分类时,可以根据故障所引起初始约定层次的最坏潜在后果的损失程度,确定出与上述规定相类似且适合于被分析系统的分类法,并写入 FMECA 报告中。

表6-1 故障后果的严重程度分类

类别	后果
灾难的I类	引起人员死亡或系统(如飞机)毁坏
致命的II类	引起人员严重伤害,造成重大经济损失或导致任务失败的系统严重损坏
临界的III类	引起人员轻度伤害,造成一定的经济损失或导致任务延误或降级的系统轻度损坏
轻度的IV类	不足以导致人员伤害、造成一定的经济损失或系统损坏的故障,但它会导致非计划性维护或修理

8. 填写 FMEA 表

在上述各项工作的基础上,按"6.2.4 FMECA 工作表的填写程序"的说明填写 FMEA 表,表格格式见表6-2。表6-2给出了 FMEA 的基本内容,可根据分析的需要对其进行增减。例如,若 FMEA 结果用于测试性分析,则在 FMEA 表中必须填入故障原因。

表6-2 故障后果的严重程度分类

第___页 共___页

初始约定层次___ 日期___
约定层次___ 填表___
任务___分析的功能/产品层次名称___ 批准___

序号	产品标识			功能	故障模式	故障原因	任务阶段/工作方式	故障影响			严酷度类别	故障检测方法	补偿措施	备注
	产品名称	部件标识号	RBD号					局部影响	高一层次影响	最终影响				

注:RBD 号即为可靠性框图号

9. 确定危害度类别

根据故障模式发生的概率值确定危害度类别。有以下两种确定方法：

（1）定性法。在尚未获得故障率数据的情况下，采用定性法确定故障模式发生概率的等级，等级的划分见表6-3。一旦获得故障率数据后应进行定量分析。

表6-3 危害度分类——定性法

等级	危害度定义	定义故障模式发生概率规定		
		概率	产品工作期间	产品工作期间故障模式发生概率
A	经常发生	接连发生	经常发生	单个故障模式发生概率大于产品在该期间内总的故障概率的20%
B	有时发生	发生较频繁	发生几次	单个故障模式发生概率大于产品在该期间内总的故障概率的10%，但小于20%
C	偶然发生	发生几次	不大可能发生	单个故障模式发生概率大于产品在该期间内总的故障概率的1%，但小于10%
D	很少发生	发生可能性很小	不大可能发生甚至不会发生	单个故障模式发生概率大于产品在该期间内总的故障概率的0.1%，但小于1%
E	极少发生	几乎不可能发生，甚至可以不加以说明	发生概率基本为零	单个故障模式发生概率大于产品在该期间内总的故障概率的0.1%

（2）定量法。对每个故障模式通过危害度的计算确定故障模式发生概率，并按表6-4划分其类别。

表6-4 危害度分类——定量法

等级	危害度定义	故障模式危害度 C_m
A	经常发生	$>1\times10^{-2}$
B	有时发生	$1\times10^{-4} \sim 1\times10^{-3}$
C	偶尔发生	$1\times10^{-5} \sim 1\times10^{-4}$
D	很少发生	$1\times10^{-6} \sim 1\times10^{-5}$
E	极少发生	$<1\times10^{-7}$

注：表中所用的任务时间规定为1h

10. 填写 CA 表

根据所获得的故障率数据和系统的技术状态数据决定采用定性法还是定量法，并按"6.2.4 FMECA 工作表的填写程序"的说明填写 CA 表，表格格式见表6-5。

表6-5 CA 表

第___页 共___页

初始约定层次___　　　　　　　　　　　　　　日期___
约定层次___　　　　　　　　　　　　　　　　填表___
任务___　　　　　　　　　　　　　　　　　　批准___

序号	产品标识		功能	故障模式	故障原因	任务阶段/工作方式	故障概率或故障率数据源	危害度计算						危害度代码	备注
	产品名称	RBD号						故障率 λ_p/h	故障影响概率 β	故障模式频数比 α	工作时间 t/h	故障模式危害度 C_m	产品危害度 C_t		

11. 列出危害性矩阵

危害性矩阵如图6-1所示。图中纵坐标是故障模式发生概率等级或故障模式危害度,横坐标是严酷度类别。根据故障模式发生概率等级或危害度和严酷度类别在图中相应位置填入故障模式代码。

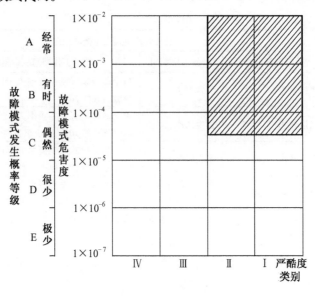

图6-1 危害性矩阵

利用危害性矩阵,可以在给定的严酷度下将故障模式进行比较,以确定采取纠正措施的先后顺序。离原点越远,危害性越大,凡故障模式代码落在矩阵图中阴影区的产品就被确认为可靠性关键产品,应采取措施使其危害性下降,对于无法降低危害性的那部分产品(即落在阴影区的)应填入可靠性关键产品清单中。

12. 编写 FMECA 报告

应根据分析时的设计技术状态编写 FMECA 报告。报告应包括系统定义、基本规则和假设、分析层次、资料来源、填写的各种表格、危害性矩阵图、分析结论及建议等。报告还应给出Ⅰ、Ⅱ类故障模式、单点故障、可靠性关键产品清单,并从设计角度说明无法消除而需保留的理由。表格格式见表6-6至表6-8。

表6-6 Ⅰ、Ⅱ类故障模式清单

第___页 共___页

初始约定层次___　　　　　　　　　　　　　　　填表___

约定层次___　　　　　　　　　　　　　　　　　批准___

序号	产品标识			故障模式	严酷度类别	危害度代码	对安全和任务的影响	建议的纠正措施	故障模式未被消除的理由
	产品名称	部件标识号	RBD号						

表6-7 单点故障清单

初始约定层次___　　　　　　　　　　　　　　　　　　　　　　　　　　填表___
约定层次___　　　　　　　　　　　　　　　　　　　　　　　　　　　　　批准___
任务或工作阶段___

序号	产品标识			故障模式	危害度代码	单点故障影响描述	建议的纠正措施	故障模式未被消除的理由
	产品名称	部件标识号	RBD号					

表6-8 可靠性关键产品清单

初始约定层次___　　　　　　　　　　　　　　　　　　　　　　　　　　填表___
约定层次___　　　　　　　　　　　　　　　　　　　　　　　　　　　　　批准___
任务或工作阶段___

序号	产品标识			故障模式	对安全和任务的影响	危害度代码	检测方法	建议的纠正措施	故障模式未被消除的理由
	产品名称	部件标识号	RBD号						

6.2.4　FMECA 工作表的填写程序

表6-2和表6-5适用于硬件法和功能法，下面以硬件法为主进行说明，功能法如有不同之处，则作补充说明。

1. FMEA 表的填写程序

（1）表头。按表6-2表头所要求的内容填写。"初始约定层次"是被分析对象所对应的总的完整产品，它可定为装备、系统、分系统、设备等系列中的任一层次。"约定层次"则是FMEA表中正在被分析的产品紧邻的上一层次。"分析的功能/产品层次名称"一栏，当采用功能法时，填入所分析的功能；当采用硬件法时，则填入所分析的分系统的名称。

（2）序号（第1栏）。为了使分析工作具有可跟踪性，应进行连续编号，每一个编号与所分析的产品相对应。当采用功能法时，如果已知完成功能的产品，则编号对应于填入第2栏内的产品；如果尚不知道完成功能的产品，则编号对应填入第2栏内的功能；当列出新的分析功能时，需进行新的编号。如果产品已完成工作单元代码的编制，则该栏可填入相应产品的代码。

（3）产品标识。①产品名称（第2栏），填入分析产品（或功能）的名称。②部件标识号（第3栏），填入可靠性框图中对应框的编号。设计图纸或原理图中的编号，用括号加以注明，便于查找。当第2栏内为功能名称时，则此栏不填。③可靠性框图号（RBD）（第4栏），填入分析产品所在的可靠性框图编号，如果一个产品以不同的分系统或不同的故障模式出现在几个可靠性框图中，则应分别对它们进行分析并填入相应的可靠性框图号。当采用功能法时，则填入功能框图号。

(4) 功能(第5栏)。根据完整的系统定义,在该栏中简明填写产品所具有的主要功能,该功能应包括零部件的功能及其与接口设备的相互关系。

(5) 故障模式(第6栏)。填入所分析层次(与第1、第2、第3栏相对应)的所有可预测的故障模式,并用连续的英文小写字母对每一个故障模式进行编号。应通过对产品输出或功能输出的研究来确定潜在的故障模式,防止故障模式的遗漏并保证分析的准确、完整。彻底弄清系统各功能级别的全部可能的故障模式是至关紧要的,因为整个FMEA的工作就是以这些故障模式为基础进行的。这里强调的是全部故障模式,绝不要不经分析就想当然地认为某种或某些故障模式不重要,放弃分析,这样可能会导致严重后果。当采用硬件法时,由于故障模式与可靠性框图、功能、工作方式有关,所以同一产品的同一故障模式在分析中可能出现几次。为了有助于读者较好地掌握产品故障模式的分析,作为举例,表6-9列出了一般常见的故障模式。如需更全面地了解故障模式,可见《飞机及机载设备故障失效代码》(GJB 632)。

表6-9 常见的故障模式

序号	故障模式	序号	故障模式	序号	故障模式
1	不转换	18	结构破裂	35	错误动作
2	不释放,不抛放	19	卡死	36	不能开机
3	不返回	20	颤振	37	不能关机
4	不上锁	21	脉动	38	不能切换
5	自开锁	22	不能保持在指定位置上	39	提前运行
6	接不通	23	打不开	40	滞后运行
7	电门跳回	24	关不上	41	输入量过大
8	断裂	25	破裂	42	输入量过小
9	爆破	26	内漏	43	输出量过大
10	烧坏	27	外漏	44	输出量过小
11	渗油	28	超出允许上限	45	无输入
12	堵塞	29	超出允许下限	46	无输出
13	空中停车	30	间断性工作不稳定	47	电短路
14	加力接不通	31	漂移性工作不稳定	48	电开路
15	炸膛	32	意外运行	49	电泄漏
16	卡链	33	错误指示	50	电击穿
17	不延时	34	流动不畅	51	无信号

(6) 故障原因(第7栏)。该栏应说明与故障模式有关的各种原因,包括直接导致故障使品质降低进一步发展为故障的那些物理或化学过程、设计缺陷、零件使用不当或其他过程。在分析故障原因时考虑相邻层次之间的关系,一般来说,下一层次的故障模式为上一层次的故障原因。

(7) 任务阶段/工作方式(第8栏)。根据系统定义和任务剖面在该栏内填写所在的任务阶段和工作方式,如起飞、着陆等。

(8) 故障影响。此栏应考虑故障模式对产品工作、任务目标、维修需求及对系统和人员安全的影响。故障模式可以对包括被分析产品层次及以上的各个层次产生的影响进行分析,所以应分别评估"局部影响""高一层次的影响"和"最终影响"。当对功能进行分析时,应分别研究功能故障模式对以上3个层次的影响。

（9）局部影响(第9栏)。指故障模式在所分析的层次上,对产品工作或功能方面的影响。当考虑故障对产品造成的后果时,则应结合它引起的二次故障的影响。在某些情况下,局部影响就是故障模式本身。

（10）高一层次的影响(第10栏)。分析故障模式对高一层次的产品工作和功能方面的影响,如设备的故障对分系统的工作和功能的影响。

（11）最终影响(第11栏)。分析和确定故障模式对最高层次产品工作、功能或状态方面的最终影响。一般来说是对飞机的影响。

（12）严酷度类别(第12栏)。根据故障模式的最终影响,按"确定严酷度类别"的定义确定严酷度类别。

（13）故障检测方法(第13栏)。在此栏,记录发现故障模式的方法和手段,如视觉或音响告警、状态监控指示器、BIT检测、其他指示方式或检测手段、方法等。对不能检测的故障模式,则应判别该故障模式的发生是否使系统保持在安全状态,对相关联的从属故障如果导致一个不希望的严酷度,则应予以进一步分析,以确定能否对飞行员给出指示。

除告警方式外,给飞行员明显的指示方式可分为以下几种:

① 正常——当系统正常工作时,给飞行员一个明显的指示。

② 不正常——当系统不正常工作或故障时,给飞行员一个明显的指示。

③ 错误指示——由于指示器不正常工作或故障而发生的错误指示。

（14）补偿措施(第14栏)。记述消除或减轻故障影响的现有补偿措施,补偿措施包括设计措施和飞行员的操作措施。

设计措施包括冗余度、安全装置、监控技术、替换的工作方式等。

飞行员采取的措施包括人工操作、切断电源等,还应考虑按照错误指示采取的不正确动作所造成的后果,并记录其影响。

（15）备注(第15栏)。记述与分析有关的补充说明,如异常状态及冗余度设备故障的影响、对改进设计的建议等。

2. CA表的填写程序

填写CA表是FMEA分析的继续,用于危害性分析,包括计算危害度并按"9.确定危害度类别"进行危害度分类。

（1）表头。根据表头各栏名称填写,其中页码一栏应与表6-2相同。

（2）序号(第1栏)。填A与表6-2第1栏相同的数字。

（3）产品标识。产品名称(第2栏)将表6-2中的第2、3栏的内容填入此栏。可靠性框图号(第3栏)与表6-2中第4栏的框图号相同。

（4）功能(第4栏)。与表6-2第5栏的内容相同。

（5）故障模式(第5栏)。与表6-2第6栏的内容相同。

（6）故障原因(第6栏)。与表6-2第7栏的内容相同。

（7）任务阶段/工作方式(第7栏)。与表6-2第8栏的内容相同。

（8）故障概率或故障率数据源(第8栏)。当进行定性分析时,即以故障模式发生概率评价故障模式时,应列出故障模式发生概率的等级;如果使用故障率数据来计算危害度,则应列出计算时所使用的故障率数据的来源。

(9) 危害度计算。

(10) 故障率 λ_p(第9栏)。填入可靠性预计中获得的或按《电子设备可靠性预计手册》(GJB Z299A)方法计算的值。故障率 λ_p 还可从试验、外场或其他可靠性数据库中得到,但须对工作应力、环境条件进行分析,根据其差异程度,对故障率数值进行适当的修正。

(11) 故障影响概率(第10栏)。值是条件概率,它表示该故障模式发生将会导致潜在影响的严酷度等级的条件概率。

一般地说,它的取值由分析人员根据经验判断,并对照表6-10的规定确定。

表6-10 故障影响概率值

故障模式影响	β
造成的严酷度一定发生	1.00
造成的严酷度很可能发生	0.5~0.99
造成的严酷度可能发生	0.1~0.49
造成的严酷度的发生可忽略	0.01~0.09
造成的严酷度实际不发生	0.00

大多数情况下为1,表明故障模式一旦发生就会导致相应的严酷度发生。为了强调故障模式发生的特定状态,确定故障模式的实际影响,它的值应根据功能、特定的工作方式、外部因素等确定,并在FMECA报告中说明取值的理由。

(12) 故障模式频数比(第11栏)。故障模式频数比是故障模式的故障率占该产品故障率的百分比,用十进制的百分数来表示。产品全部可能的故障模式的值之和为1。值可以根据故障率原始数据分析、试验或外场数据统计得到。如果缺乏这些数据时,分析人员可以根据分析、估计得到。

(13) 工作时间 t(第12栏)。根据系统定义确定工作时间,它是以产品每次任务的工作小时或工作循环次数表示。填写本表此栏时,应填入 t 的实际值,当仅进行危害度分类、计算危害度时 t 取1h。

(14) 故障模式危害度(第13栏)。故障模式危害度。表示在特定严酷度下,某一故障模式的发生概率,是特定严酷度下产品危害度的一部分。第 j 个故障模式的危害度按下式计算,即

$$C_{mj} = \lambda_p \alpha_j \beta_j t \tag{6-1}$$

式中:λ_p 为产品的故障概率;α_j 为第 j 个故障模式频数比;β_j 为第 j 个故障模式的故障影响概率;t 为工作时间。

(15) 产品危害度 C_r(第14栏)。产品的危害度 C_r 表示在特定严酷度等级、任务阶段与工作方式下,产品故障的发生概率,其值为各严酷度等级下故障模式危害度 C_{mj} 之和,C_r 可按式(6-2)计算,即

$$C_r = \sum_{j=1}^{m} C_{mj} = \sum_{j=1}^{m} \lambda_p \alpha_j \beta_j t \qquad (6-2)$$

式中：j 为特定严酷度下产品的第 j 个故障模式；m 为特定严酷度下产品可能发生的故障模式数；λ_p、α_j、β_j、t 的含义与式(6-1)相同。

(16) 危险度代码(第15栏)。危害度代码由代表严酷度等级的罗马数字和代表危害度等级的英文大写字母组成。例如，危害度代码Ⅱ/B表示该故障模式的严酷度为Ⅱ类，危害度等级为B级。

(17) 备注(第16栏)。记述与分析有关的补充说明，如异常状态、余度产品的故障模式影响、建议的纠正措施、维修、测试等。建议的纠正措施应在FMECA报告中加以详细叙述。

6.2.5 FMECA 中的维修性信息

FMECA 维修性信息为制定维修计划、检查和测试需求、保障性分析等提供早期信息。

FMECA 维修性信息是 FMECA 的补充，并在 FMECA 完成之后进行。它可以保证维修计划分析、保障性分析、以可靠性为中心的维修分析(RCM)具有一致性。

维修性信息文件的编制是通过填写 FMECA 维修性信息工作表来完成的。表格格式见表6-11。在 FMECA 维修性信息表中，除下述各栏外，其他各栏与 FMECA 表中对应栏的内容相同，可从 FMECA 表中转抄过来。

(1) 功能(第5栏)。此栏简要说明产品应完成的功能。若用功能法，应详细说明功能定义，与接口功能或子系统的关系。

(2) 产品的 MTBF(第11栏)。通常以工作小时为单位填写产品的 MTBF，它等于 CA 表中第9栏 λ_p 的倒数。

MTBF 只与产品有关，而与故障模式频数比无关，每个产品只填写一次。

表6-11 FMECA 维修性信息表

初始约定层次___　　　　　　　　　　　　　　　　日期___
约定层次___　　　　　　　　　　　　　　　　　　填表___
任务___　　　　　　　　　　　　　　　　　　　　批准___

序号	产品标识			功能	故障模式	故障原因	故障影响			产品MTBF	故障概率预计值	严酷度类别	故障检测方法	基本维修措施	是否属于最少设备清单	备注
	产品名称	部件标识号	RBD号				局部影响	高一层次影响	最终影响							

（3）故障概率预计值（第12栏）。此栏填写产品每个故障模式故障发生概率的预计值，它等于CA表中第13栏的故障模式危害度，表示每百万小时故障模式发生的概率。

（4）基本维修措施（第15栏）。描述通过分析人员判断，由维修人员为排除故障所采取的维修措施。还应确定维修后可能需要的调整和校准要求。

（5）是否属于最少设备清单（第16栏）。最少设备清单规定，当系统有某些缺陷时，在遵守清单中所列相应限制的前提下，系统允许使用。这一栏填写该故障产品是否在此清单中，如果在其中，则确定相应的限制。

6.2.6 FMECA 应用示例

以飞机起落架前轮转弯系统（NWS）为例，简要说明 FMECA 的分析过程。

1. 系统定义

前轮转弯系统（NWS）构成如下：
① 轮载开关（WOW）组件。
② 指令电位器组件。
③ 反馈电位器组件。
④ 电源组件。
⑤ 模式选择手柄组件。
⑥ NWS 控制盒。
⑦ 液压控制分系统。
⑧ NWS 故障检测电路。
⑨ 操纵作动筒组件。

NWS 系统输入信号如下：
① 飞行员指令。
② WOW 位置。
③ 前起落架（NLG）位置。

系统工作原理：NWS 系统通过比较飞行员指令和操纵作动筒反馈信号，输出位置信号，接通电磁线圈。

根据要求的方向（左/右）每次仅接通一个电磁线圈，使作动筒的一腔与高压管相接通，作动筒动作带动轮子偏转。如果两个电磁线圈都未接通，作动筒两个腔则连通到液压回路管上。

如果其中一个控制电磁线圈由于故障而处于不正常接通状态，则会引起作动筒运动，而造成位置错误。此时，控制系统将接通另一个电磁线圈消除位置错误。在这种情况下，作动筒的两个腔均与高压管连通，保证作动筒停止运动。

WOW 位置信号提供飞机处于地面还是空中的信息。

NLG 位置信号提供前起落架处于"收上"还是"放下"位置。

NWS 故障检测电路用于检测系统故障并把故障信号输入到座舱显示器。

2. 绘制功能框图

系统的功能框图见图 6-2。本例未对各组成部分的功能作进一步说明。

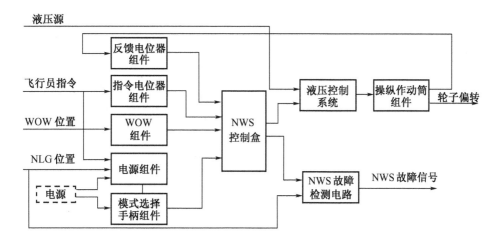

图 6-2 前轮转弯系统功能框图

3. 绘制可靠性框图

作为举例,本例仅示出液压控制部分的可靠性框图,如图 6-3 所示。

图 6-3 前轮转弯系统液压控制部分可靠性框图

4. 严酷度分类

适用于本例的严酷度分类如表 6-12 所列。

表 6-12 严酷度分类

类别	最终影响	说　　明
Ⅰ	灾难的	故障导致飞机丧失,人员严重伤害
Ⅱ	致命的	故障导致起飞时前起落架不能收上或不能完成转弯,从而引起任务中断但不影响飞机安全
Ⅲ	临界的	故障导致任务降级
Ⅳ	轻度的	不属于上述类别的故障状态

5. 危害度分类

表 6-4 中所列的危害度分类适用于本例。

6. FMEA 分析

按 6.2.4 小节要求填写 FMEA 表,作为示例仅给出表 6-13 所列内容。

表 6-13 FMEA 信息表

系统：NWS 系统　　　　　　　　　　　　　　　　　　　　　日期：880117
产品层次：4　　　　　　　　　　　　　　　　　　　　　　　填表：a、b
任务：全部　　分析的功能/产品等级名称：飞机转弯功能　　　批准：c、d

序号	产品标识			故障模式	任务阶段工作模式	故障影响			严酷度类别	检测方式	现存补偿措施	备注
	产品名称	部件标识号	RBD号			局部影响	高一层次影响	最终影响				
15	截流电磁阀	21.1	21	①内部泄漏	起飞/着陆	使少量油进入控制电磁线圈的压力管或回流管	没有影响	轻度的	IV	无	无	
				②不正常关闭	起飞/着陆	控制电磁线圈失去液压源	转弯作动筒失去液压控制	丧失飞机转弯功能	I	飞行员感觉	无	
				③不正常打开	起飞/着陆	不需要时,给控制电磁阀提供液压源	同21.1a	同21.1a	IV	无	无	
16	控制电磁阀	21.2	21	①内部泄漏	起飞/着陆	使少量油流入回油管	同21.1a	同21.1a	IV	无	无	
				②不正常关闭	起飞/着陆	不让液压油流到作动筒	转弯作动筒不能工作	丧失飞机转弯功能	I	飞行员感觉	无	
				③不正常打开	起飞/着陆	不需要时继续进行液压控制	不需要时,转弯作动筒继续工作	丧失飞机转弯功能	I	飞行员感觉	无	

7. CA 分析

在完成 FMEA 分析工作后,进行 CA 分析,按 6.2.4 小节要求填写 CA 表,见表 6-14。

表 6-14 CA 信息表

系统：NWS 系统　　　　　　　　　　　　　　　　　　　　　日期：880117
产品层次：4　　　　　　　　　　　　　　　　　　　　　　　填表：a、b
任务：全部　　　　　　　　　　　　　　　　　　　　　　　　批准：c、d

序号	产品标识		故障模式	危害度数计算						危险度代码	备注
	产品名称	RBD号		λ_p / ($10^{-5}h^{-1}$)	故障率影响概率 β	故障模式频数比 α	工作时间 t/h	故障模式危害度 C_m	产品危害度 C_r		
15	21.1 截流电磁阀	21	①内部泄漏	48.00	1.000000	0.1000	1.00	4.8000E-06	0.0000E+00/ IV 2.1600E-05/ II	IV/D	
			②不正常关闭	48.00	1.000000	0.4500	1.00	2.1600E-05	0.0000E+00/ III 2.6400E-05/IV	II/C	
			③不正常打开	48.00	1.000000	0.4500	1.00	2.1500E-05		IV/C	

(续)

序号	产品标识		故障模式	危害度数计算						危险度代码	备注
	产品名称	RBD号		$\lambda_p/$ $(10^{-5}h^{-1})$	故障率影响概率 β	故障模式频数比 α	工作时间 t/h	故障模式危害度 C_m	产品危害度 C_t		
16	21.2 控制电磁阀1″	21	① 内部泄漏 ② 不正常关闭 ③ 不正常打开	86.40 86.40 86.40	1.000000 1.000000 1.000000	0.1000 0.4500 0.4500	1.00 1.00 1.00	8.6400E-06 3.8880E-05 3.8880E-05	0.0000E+00/ Ⅰ 7.7760E-05/ Ⅱ 0.0000E+00/ Ⅲ 8.6400E-06/ Ⅳ	Ⅳ/D Ⅱ/C Ⅳ/C	
17	21.3 控制电磁阀2″	21	① 内部泄漏 ② 不正常关闭 ③ 不正常打开	86.40 86.40 86.40	1.000000 1.000000 1.000000	0.1000 0.4500 0.4500	1.00 1.00 1.00	8.6400E-06 3.8880E-05 3.8880E-05	0.0000E+00/ Ⅰ 7.7760E-05/ Ⅱ 0.0000E+00/ Ⅲ 8.6400E-06/ Ⅳ	Ⅳ/D Ⅱ/C Ⅳ/C	

危害度计算示例如下：

截流电磁阀的故障率为 $\lambda_p = 4.8 \times 10^{-6}/h$ 在规定的任务阶段，该产品有一个故障模式属于Ⅱ类严酷度，有两个故障模式属于Ⅳ类严酷度。其故障模式频数比分别为

$\alpha_a = 0.1$（严酷度为Ⅳ类的第一个故障模式）。

$\alpha_b = 0.45$（严酷度为Ⅱ类的故障模式）。

$\alpha_c = 0.45$（严酷度为Ⅱ类的第一个故障模式）。

故障概率为

$\beta_a = \beta_b = \beta_c = 1.0$

工作时间 $t = 1.0h$

计算故障模式危害度和该产品危害度，得

$$C_{nb} = 4.80 \times 10^{-6}, \quad C_{mb} = 2.16 \times 10^{-3}, \quad C_{mc} = 2.16 \times 10^{-5}$$

$$C_{rⅡ} = C_{mb} = 2.16 \times 10^{-5}, \quad C_{rⅣ} = C_{ma} + C_{mc} = 2.64 \times 10^{-5}$$

将计算结果和有关数据填入 CA 表中相应的各栏内。

8. 绘制危害性矩阵

9. 按要求绘制危害性矩阵

危害性矩阵如图 6-4 所示。

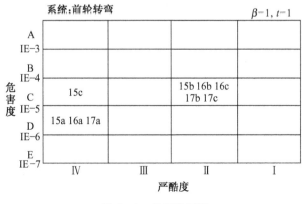

图 6-4 危害性矩阵

10. 填写关键产品清单和单点故障清单

根据危害性矩阵图得到的关键产品填写关键产品清单,见表6-15。将表6-13所列的故障模式对照可靠性框图(图6-2)进行分析,得到截流电磁阀"不正常打开"故障模式为单点故障,将其填入单点故障清单中,见表6-16。

表6-15 可靠性关键产品清单

系统:NWS 系统　　　　　　　　　　　　　　　　　　　　日期:880117
产品层次:4　　　　　　　　　　　　　　　　　　　　　　填表:a,b
任务或工作阶段:全部　　　　　　　　　　　　　　　　　　批准:c,d

序号	产品标识			故障模式	丧失影响	危害度代码	检测方式	建议的就纠正措施	故障模式未被清除理由
	产品名称	部件标识号	RBD号						
15	21.1 截流电磁阀	21.1	21	不正常关闭	丧失飞机转弯功能	I/C	飞行员感觉	无	工艺技术的局限
16	21.2 控制电磁阀1″	21.2	21	不正常关闭	丧失飞机转弯功能	I/C	飞行员感觉	无	工艺技术的局限
				不正常打开	丧失飞机转弯功能	I/C	飞行员感觉	无	工艺技术的局限
17	21.3 控制电磁阀2″	21.3	21	不正常关闭	丧失飞机转弯功能	I/C	飞行员感觉	无	工艺技术的局限
				不正常打开	丧失飞机转弯功能	I/C	飞行员感觉	无	工艺技术的局限

表6-16 单点故障清单

系统:NWS 系统　　　　　　　　　　　　　　　　　　　　日期:880117
产品层次:4　　　　　　　　　　　　　　　　　　　　　　填表:a,b
任务或工作阶段:全部　　　　　　　　　　　　　　　　　　批准:c,d

序号	产品标识			故障模式	危害度代码	单点故障影响面熟	建议的纠正措施	故障模式未被消除理由
	产品名称	部件标识号	RBD号					
15	截流电磁阀	21.1	21	不正常关闭	I/C	丧失飞机转弯功能	无	工艺技术的局限

习题与思考题

6-1 简述应用 FMECA 应注意的问题。

6-2 简述危害性分析方法各自的特点。

6-3 依据图6-5所示的分压器原理图,故障模式分析结果见表6-17,绘制分压器的危害性矩阵图。

6-4 信号放大器系统有两个信号放大器并联工作,只要一个放大器正常工作即可完成信号放大功能。已知 $\lambda_A = \lambda_B = 1 \times 10^{-3}$/h,该系统的工作时间为72h。放大器 A 和 B 均具有两个失效模式,即开路($\alpha=0.9$)和短路($\alpha=0.1$)。现要求完成该系统的 FMECA(故障影响"系统功能丧失",严酷度类别为

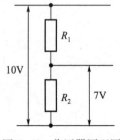

图6-5 分压器原理图

"Ⅰ";"系统功能降级",严酷度类别为"Ⅱ")。

表6-17 分压器的 FMECA 分析结果

产品名称		R_1	R_1	R_1	R_2	R_2	R_2
故障模式		开路	短路	参数漂移	开路	短路	参数漂移
故障原因		器件内部缺陷开焊	内部缺陷外部短路	器件内部缺陷	器件内部缺陷开焊	内部缺陷外部短路	
故障影响		没有输出电压	输出电压10V	分压器烧坏	参数漂移50%,输出电压0.26V	输出电压为10V	输出电压为0V	烧坏分压器	参数漂移50%,输出电压5.88V
严酷度类别		Ⅲ	Ⅱ	Ⅰ	Ⅲ	Ⅱ	Ⅲ	Ⅰ	Ⅲ
危害性分析	α	0.31	0.03		0.66	0.31	0.03		0.66
	β	1.0	0.8	0.2	1.0	1.0	0.2	0.8	1.0
	λ/h	1.1×10^8	1.1×10^8		1.1×10^{-8}	1.1×10^{-8}	1.1×10^8		1.1×10^{-8}
	t/h	80000	80000		80000	80000	80000		80000
	C_m	2.728×10^{-4}	1.112×10^{-4}	5.28×10^{-4}	5.808×10^{-4}	2.728×10^{-4}	5.28×10^{-6}	2.112×10^{-5}	5.808×10^{-4}
	C_r	$C_r(Ⅰ)=0.528\times10^{-6}$ $C_r(Ⅱ)=2.112\times10^{-5}$ $C_r(Ⅲ)=8.536\times10^{-4}$				$C_r(Ⅰ)=2.112\times10^{-5}$ $C_r(Ⅱ)=5.28\times10^{-6}$ $C_r(Ⅲ)=8.536\times10^{-4}$			

第7章 可靠性与维修性分析的数字仿真方法

7.1 概　述

本章详细描述了基于可靠性框图的可靠性与维修性分析数字仿真技术的基本原理和方法,并对伪随机数的产生理论进行了简要阐述,系统地介绍了各种常用的伪随机数生成方法的适用条件、使用方法以及各自的优点和局限性,对一种基于可靠性框图的数字仿真软件进行了介绍。

基于可靠性框图的数字仿真方法是在第3章建立的系统可靠性框图模型的基础上,采用模拟试验办法进行系统可靠性与维修性指标预计和计算。具体过程是先用伪随机数模拟子系统内各元件的寿命,通过多次模拟,得到该子系统的多个模拟寿命,在此基础上用统计公式计算出该子系统的可靠性、维修性指标。在获得各子系统的可靠性与维修性指标后,同样利用模拟方法可以最终得到系统的可靠性与维修性指标。

这种方法的最大特点是元件的寿命分布形式可以是任何一种形式,元件、系统间的关系也是可以任意复杂的(串联、并联、旁路、混联及 k/n 等),它克服了获得复杂系统可靠性、维修性指标时(第3章的可靠性框图方法)对元件寿命分布形式和元部件、系统间关系的严格限制;另一个特点是这种方法充分利用了计算机运算快的特点,相当于做了多次模拟试验,在经济上和准确性上都很令人满意。分析和实践证明,这种方法可以解决大型电气系统、机械系统及机电混合系统的可靠性、维修性指标的计算问题,是解决大型复杂机电系统可靠性、维修性指标预计的非常有效的方法之一。

7.2 基于可靠性框图的数字仿真方法的基本模型

根据第3章所述的建立系统可靠性模型的方法,众所周知,任何一个复杂的机电系统,其可靠性框图都是串联、并联或者旁路(非工作储备模型)这3种基本类型的一种或者两种以上的组合形式。对于这3种基本类型,元件的寿命随机变量 $T_i(i=1,2,\cdots,n)$ 和系统的寿命随机变量 T_s 间分别存在以下关系式,即

对于串联类型,有

$$T_{SS} = \min(T_1, T_2, \cdots, T_n) \quad (7-1)$$

对于并联类型,有

$$T_{SP} = \max(T_1, T_2, \cdots, T_n) \quad (7-2)$$

对于旁路类型,有

$$T_{SB} = T_1 + T_2 + \cdots + T_n \quad (7-3)$$

很明显,除特殊情况外,对于任意不同分布类型的随机变量情况,利用式(7-1)至式(7-3)得不出 T_S(包括 T_{SS}、T_{SP} 和 T_{SB})的寿命分布形式。因此,对于元件数目众多、连接关系复杂的大系统,第3章所建立的可靠性模型在可靠性指标计算中的作用是很有限的。但是,采用数字仿真的概念则可以很好地解决这一问题,其基本原理叙述如下:

设系统中第 i 个元件的寿命分布形式 T_i 是已知的,即其概率密度函数的类型和参数是已知的,这时就可以用数学的方法产生一组伪随机数 $t_{ij}(j=1,2,\cdots,m,m$ 为伪随机数的数目)。对于 t_{ij} 的基本要求是用统计方法可以推断它们服从随机变量 T_i 的分布。

为了便于阐述原理,下面以式(7-1)所代表的串联系统为例加以介绍。

T_1 $t_{11},t_{12},t_{13},\cdots,t_{1m}$ 元件虚拟库1(伪随机数库1)。

T_2 $t_{21},t_{22},t_{23},\cdots,t_{2m}$ 元件虚拟库2(伪随机数库2)。

⋮

T_n $t_{n1},t_{n2},t_{n3},\cdots,t_{nm}$ 元件虚拟库 n(伪随机数库 n)。

形象地讲,就相当于拥有了一个该系统中各元件的虚拟元件库,这样就可以用虚拟试验的方法获得该系统寿命(T_{SS})的 m 个虚拟值,它们分别为

$$\begin{cases} t_{SS1} = \min(t_{11},t_{21},t_{31},\cdots,t_{n1}) \\ t_{SS2} = \min(t_{12},t_{22},t_{32},\cdots,t_{n2}) \\ \vdots \\ t_{SSj} = \min(t_{1j},t_{2j},t_{3j},\cdots,t_{nj}) \\ \vdots \\ t_{SSm} = \min(t_{1m},t_{2m},t_{3m},\cdots,t_{nm}) \end{cases} \quad (7-4)$$

这样,利用统计公式就可以得到 T_{SS} 随机变量的均值,即

$$\overline{T}_{SS} = \frac{1}{m}\sum_{j=1}^{m} t_{SSj} = \frac{1}{m}\sum_{j=1}^{m} \min(t_{1j},t_{2j},t_{3j},\cdots,t_{nj}) \quad (7-5)$$

同理,对应于式(7-2)和式(7-3),有

$$\overline{T}_{SP} = \frac{1}{m}\sum_{j=1}^{m} \max(t_{1j},t_{2j},t_{3j},\cdots,t_{nj}) \quad (7-6)$$

$$\overline{T}_{SB} = \frac{1}{m}\sum_{j=1}^{m}\sum_{i=1}^{n} t_{ij} \quad (7-7)$$

例7-1 已知3个元件的寿命服从 $T_1 \sim N(1000,100^2)$、$T_2 \sim N(1500,150^2)$ 和 $T_3 \sim N(2000,200^2)$,分别用式(7-5)、式(7-6)和式(7-7)表示,计算 $m=1000$、2000 和 3000 时的 $\overline{T}_{SS}$、$\overline{T}_{SP}$ 和 $\overline{T}_{SB}$。

解 正态分布的伪随机数产生方法见7.3节,最终结果如表7-1所列。

表7-1 例7-1的计算结果

m	$\overline{T}_{SS}$	$\overline{T}_{SP}$	$\overline{T}_{SB}$
1000	1004.08	1992.91	4498.08
2000	1001.79	2003.03	4502.64
3000	1001.20	2000.71	4502.87

例 7-2 某飞机前起落架收放机构由 5 个主要部件组成：上定位锁、下定位锁、收放作动筒、舱门收放作动筒及冷气作动筒。各部件的寿命分别服从如下分布：$T_i \sim \exp(0.001)(i=1、2)$，$T_i \sim \exp(0.0005)(i=3、4、5)$，用基于可靠性框图的数字仿真方法计算该系统的平均寿命。

解 指数分布的伪随机数产生方法见 7.3 节，计算结果如下：

$$m = 1000, \bar{T}_{SS} = 264.44$$
$$m = 2000, \bar{T}_{SS} = 277.77$$
$$m = 3000, \bar{T}_{SS} = 283.80$$
$$m = 4000, \bar{T}_{SS} = 283.24$$

本例的理论解为 285。

例 7-3 图 7-1 所示为飞机中某电机的故障树，对应于系统失效模式的最小割集为 $\{x_1\}$、$\{x_2\}$、$\{x_3\}$、$\{x_6\}$、$\{x_8\}$、$\{x_4, x_7\}$、$\{x_5, x_7\}$。设 $T_i \sim \exp(0.001)(i=1、2、3、6、8)$，$T_i \sim \exp(0.005)(i=4、5、7)$。求系统的 MTTF。

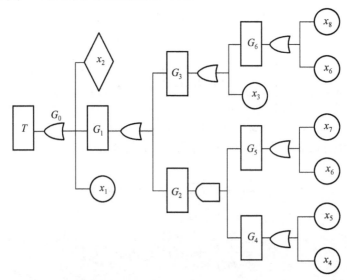

图 7-1 某电机的故障树

解 由于系统的失效模式是串联关系，且同一模式中的元件是并联关系，故该系统的可靠性分析框图如图 7-2 所示。

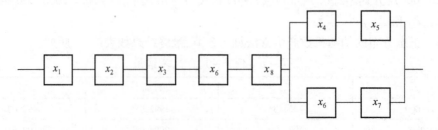

图 7-2 例 7-3 中系统的可靠性分析框图

$$T_1 = \min[T_1, T_2, T_3, T_6, T_8, \max[(T_4, T_7), \min(T_5, T_7)]]$$

用本书方法可以简洁地求得系统的 MTTF 如下：

$$N = 1000, \quad MTTF = 115.077$$
$$N = 2000, \quad MTTF = 116.513$$
$$N = 3000, \quad MTTF = 116.581$$

7.3 伪随机数及随机变量产生原理

7.3.1 伪随机数的基本概念

在随机抽样的过程中，从[0,1]区间上有均匀分布的母体中产生的简单子样称为随机数序列$(r_1, r_2, \cdots, r_n)$，而其中的每一个个体称为随机数，其他各类分布，如正态分布、Γ分布、β分布、泊松分布等，都可以用某种方法对这些均匀分布的随机数进行某种变换来实现。产生随机数的方法很多，如随机数表法、物理方法、数学方法等。

早期产生随机数的方法是用手工实现的，如抽签、发纸牌等。到了20世纪30年代末，Kendall 和 Babinton Smith 制成了一张有10万个数字的随机数表，不久以后又出现了以随机脉冲真空管为基础的电子线路，它以每秒50个的速率输出随机数字。

随着计算机及模拟技术的发展，到了20世纪四五十年代，人们的研究工作转向了用数值方式或算术方式产生随机数，它是利用数学递推公式来产生随机数的，通常把这种随机数称为伪随机数。因为这种方法具有经验的性质，所得出的数只是近似地具备随机性质。

7.3.2 产生伪随机数的基本方法

目前广泛应用的一种产生在[0,1]上均匀分布的伪随机数的方法是同余法。

1. 混合同余发生器

混合同余发生器(Mixed LCG)的递推公式为

$$\begin{cases} x_i = (\lambda x_{i-1} + c) \bmod M \\ r_i = \dfrac{x_i}{m} \end{cases} \quad i = 1, 2, \cdots \quad (7-8)$$

产生在[0,1]上均匀分布的伪随机数序列为$r_1, r_2, \cdots, r_i, \cdots$。通过选取适当参数可以改善伪随机数的统计性质。例如，若c取为奇数，$M = 2^k$，$\lambda = 4q+1$，x_0取为任意非负整数，就可以产生随机性较好、最大周期$L = 2^k$的随机数序列$\{r_i\}$。

2. 乘法同余发生器

当$c = 0$时，LCG称为乘法同余发生器(Multiplicative LCG)，它在不需要选择c方面是有利的。乘法同余递推公式为

$$\begin{cases} x_i = (\lambda x_{i-1}) \bmod M \\ r_i = \dfrac{x_i}{M} \end{cases} \quad i = 1, 2, \cdots \quad (7-9)$$

式中：λ、M 和 x_0 均为预先选定的常数,该式的意义是以 M 除以 λx_{i-1} 后得到的余数记为 x_i。显然,$0 \leq x_i \leq M$,利用该式算出序列 $x_1, x_2, \cdots, x_i, \cdots$。再将该序列各数除以 M 则得到序列 $r_1, r_2, \cdots, r_i, \cdots$,显然,$0 \leq r_i \leq 1$,利用该式算出序列 $r_1, r_2, \cdots, r_i, \cdots$,即为在 $[0,1]$ 区间上均匀分布的随机数序列。由式(7-8)可知,不同的 x_i 最多只有 M 个,因而不同的 r_i 最多也只能有 M 个。为产生尽可能多的随机数,推荐下列参数：$x_0 = 1$ 或任意正奇数,$M = 2^k$,$\lambda = 5^{2q+1}$,q 为满足 $5^{2q+1} < 2^k$ 的最大整数。例如,$x_0 = 1$,$k = 36$,$q = 6$,就有 $M = 2^{36}$,$\lambda = 5^{13}$。

7.3.3 任意分布随机变量的产生

1. 产生随机变量的一般方法

（1）逆变法。假定要产生具有分布函数 F 的随机变量 X,F 连续,且在 $0 < F(X) < 1$ 时单调递增。F^{-1} 表示 F 的反函数,则根据分布函数 F 产生随机变量 X 的算法如下：

① 产生 $U \sim U(0,1)$。

② 置 $X = F^{-1}(U)$,然后返回。

逆变法也可推广用于离散型随机变量。

（2）组合法。组合法是基于这样的思想：如果要采样的分布函数可以表示成其他分布 $F_1, F_2, \cdots$,的凸组合表达式时,希望从比 F 更容易的 F_i 中采样。

具体来说,如果对所有 x,$F(x)$ 可以写成

$$F(x) = \sum_{j=1}^{n} p_j F_j(x) \tag{7-10}$$

式中：$p_j \geq 0$,且 $\sum_{j=1}^{n} p_j = 1$,那么一般的组合法可以描述如下：

① 产生一个正随机数,于是

$$P(J = j) = P_j \quad j = 1, 2, \cdots \tag{7-11}$$

② 使那个 $J = j$ 产生具有分布 F_j 的 X,然后返回。

在第①步可以认为是选择具有概率 P_j 的分布函数 F_j,这可以用离散逆变法达到。第②步在给定 $J = j$ 后,做产生 X 的工作,当然 X 和 J 是无关的。

（3）卷积法。卷积法与组合法有些相似,它是将变量 X 表示为其他随机变量之和。产生所需的算法是很直观的（令 F 是 X 的分布函数,G 是一个 Y_i 的分布函数）：

① 产生 $Y_1, Y_2, \cdots, Y_n$,每个 Y 都有独立的分布 G。

② 置 $X = Y_1 + Y_2 + \cdots + Y_n$,然后返回。

（4）取舍法。取舍法在方法上是非直接的,它可以在直接法失败或效率不高时使用,这种方法需要规定一个函数 t,使之覆盖密度 $f(x)$,即对所有的 x,有 $t(x) \geq f(x)$。通常 $t(x)$ 不是密度函数,因为

$$\int_{-\infty}^{+\infty} t(x) \mathrm{d}x \geq \int_{-\infty}^{+\infty} f(x) \mathrm{d}x = 1 \tag{7-12}$$

但 $r(x) = t(x)/c$ 是密度函数。取舍法的具体算法如下：

① 产生具有密度 $r(x)$ 的 Y。

② 产生与 Y 独立的 $U \sim U(0,1)$。

③ 若 $U \leqslant f(Y)/t(Y)$，置 $X = Y$ 并返回；否则回到第①步。

2. 几种常见随机变量的产生

(1) 均匀分布 $U(a,b)$。随机变量 $U(a,b)$ 很容易通过逆变法得出，对于 $0 \leqslant u \leqslant 1$，$x = F^{-1}(u) = a + (b-a)u$。具体步骤如下：

① 产生 $U \sim U(0,1)$。

② 令 $x = a + (b-a)u$，然后返回。

(2) 指数分布 $\exp(\beta)$。指数分布随机变量也可用逆变法得到：

① 产生 $U \sim U(0,1)$。

② 置 $x = -\beta \cdot \ln U$，然后返回。

(3) 伽马分布 $\Gamma(\alpha,\beta)$。伽马分布的分布函数没有可以用逆变法求解的简单形式，因此它的算法比较复杂。

当 $\alpha = \beta = 1$ 时，伽马分布 $\Gamma(1,1)$ 正是具有参数 1 的指数分布。因此，可以只考虑 $0 < \alpha < 1$ 和 $\alpha > 1$ 的情况。而对于 β，只要令 $x = \beta x$ 就可以从 $x \sim \Gamma(\alpha,1)$ 得到 $x \sim \Gamma(\alpha,\beta)$，所以也只考虑 $\beta = 1$ 的情况。

首先考虑 $0 < \alpha < 1$ 的情况，采用一种由 Ahrens 和 Dieter 提出的取舍算法。取覆盖函数 $t(x)$ 为

$$t(x) = \begin{cases} 0, & x \leqslant 0 \\ \dfrac{x^{\alpha-1}}{\Gamma(\alpha)}, & 0 < x \leqslant 1 \\ \dfrac{\mathrm{e}^{-x}}{\Gamma(\alpha)}, & 1 < x \end{cases} \quad (7-13)$$

于是，$c = \int_0^\infty t(x)\mathrm{d}x = b/[\alpha\Gamma(\alpha)]$，$b = (e + \alpha)/e > 1$，由此得到

$$t(x) = \begin{cases} 0, & x \leqslant 0 \\ \dfrac{\alpha x^{\alpha-1}}{b}, & 0 < x < 1 \\ \dfrac{\alpha \mathrm{e}^{-x}}{b}, & x > 1 \end{cases} \quad (7-14)$$

为了产生具有密度 $r(x)$ 的随机变量，可以用逆变法，对应 $r(x)$ 的分布函数为

$$R(x) = \int_0^\infty r(y)\mathrm{d}y = \begin{cases} \dfrac{x^a}{b}, & 0 \leqslant x \leqslant 1 \\ 1 - \dfrac{\alpha \mathrm{e}^{-x}}{b}, & x > 1 \end{cases} \quad (7-15)$$

经变换得

$$R^{-1}(x) = \begin{cases} (bu)^{\frac{1}{\alpha}}, & u \leqslant 1/b \\ -\ln \dfrac{\alpha(1-u)}{\alpha}, & \text{其他} \end{cases} \quad (7-16)$$

这样,为了产生具有密度 $r(x)$ 的 Y,首先产生 $U_1 \sim U(0,1)$。若 $U_1 \leqslant 1/b$,则置 $Y = (b \cdot U_1)^{\frac{1}{\alpha}}$;否则置 $Y = -\ln[(1-U_1)/\alpha]$,此时 Y 将大于 1。注意:

$$f(y)/t(y) = \begin{cases} e^{-y}, & 0 \leqslant y \leqslant 1 \\ y^{\alpha-1}, & 1 < y \end{cases} \quad (7-17)$$

于是得到最后的算法如下:

① 产生 $U_1 \sim U(0,1)$,并令 $P = bU_1$,若 $P > 1$,转第③步;否则进行第②步。

② 令 $y = P^{\frac{1}{\alpha}}$,并产生 $U_2 \sim U(0,1)$,若 $U_2 \leqslant e^{-y}$,置 $x = y$ 并返回;否则回到第①步。

③ 令 $y = -\ln[(b-P)/\alpha]$,并产生 $U_2 \sim U(0,1)$,若 $U_2 \leqslant y^{\alpha-1}$,置 $x = y$ 并返回;否则回到第①步。

接下来考虑 $\alpha > 1$ 的情况。当 $\alpha > 1$ 时,有几种算法可以应用。在此,选用 Cheng 的修正取舍法,这种算法称为 GB 算法。为了获得覆盖函数 $t(x)$,首先令 $\lambda = (2a-1)^{\frac{1}{2}}$,$u = a^\lambda$,$c = 4a^\alpha e^{-\alpha}/[\lambda\Gamma(\alpha)]$,然后定义 $t(x) = cr(x)$,这里

$$r(x) = \begin{cases} \dfrac{\lambda u x^{\lambda-1}}{(u+x^\lambda)}, & x > 0 \\ 0, & 其他 \end{cases} \quad (7-18)$$

对应密度 $r(x)$ 的分布函数为

$$R(x) = \begin{cases} \dfrac{x^\lambda}{u+x^\lambda}, & x \geqslant 0 \\ 0, & 其他 \end{cases} \quad (7-19)$$

经过变换,易于得到

$$R^{-1}(x) = \left(\dfrac{u^2}{1-u}\right)^{\frac{1}{\lambda}} \quad 0 < u < 1 \quad (7-20)$$

这其实是先规定了已知分布(这里 $R(x)$ 是作为对数分布的已知分布),然后改变 $r(x)$ 的比例以得到覆盖函数 $t(x)$。

(4) 正态分布 $N(\mu,\sigma^2)$。如果有了 $X \sim N(0,1)$,则令 $X' = \mu + \sigma x$ 可得到 $X' \sim N(\mu,\sigma^2)$,因此,只需产生 $N(0,1)$。产生随机变量 $N(0,1)$ 的早期方法之一是由 Box 和 Muller 开始使用的,这种方法现在仍被广泛使用。它的优点是能确保在随机变量 $U(0,1)$ 和随机变 $N(0,1)$ 之间一对一地产生,因此在偏差—缩减技术中使用公共随机数保持同步是很有用的。这种方法简单地说是产生随机变量 U_1、U_2,然后置 $X_1 = (-2\ln U_1)^{\frac{1}{2}}\cos(2\pi U_2)$ 和 $X_2 = (-2\ln U_1)^{\frac{1}{2}}\sin(2\pi U_2)$,则 X_1、X_2 是独立的 $N(0,1)$ 随机变量。此法用两个 $U(0,1)$ 随机变量产生了两个 $N(0,1)$ 随机变量,在实际应用中,可输出一个,保存另一个以备下次输出。Marsaglia 和 Mackren 叙述了一种改进的 Box 和 Muller 法,此法消除了三角运算,现已成为著名的 Polar 法。用 FORTRAN 语言计算时,在不同机器上,该法比 Box 与 Muller 法快 9%~31%。其算法如下:

① 产生 $U_1, U_2 \sim U(0,1)$,令 $V_i = 2U_i - 1 (i=1,2)$,$W = V_1^2 + V_2^2$。

② 如果 $W>1$,则回到第①步;否则,令 $Y=[(-2\ln W)/W]^{\frac{1}{2}}$, $X_1=V_1Y$, $X_2=V_2Y$,则 X_1、X_2 是独立的 $N(0,1)$ 随机变量。

(5) 对数正态分布 $LN(\mu,\sigma^2)$。对数正态分布的特性是若 $Y\sim N(\mu,\sigma^2)$,则 $\mathrm{e}^Y\sim LN(\mu,\sigma^2)$。可以用以下算法获得:

① 产生 $Y\sim N(\mu,\sigma^2)$。
② 置 $X=\mathrm{e}^Y$,返回。

(6) 贝塔分布 $B(\alpha_1,\alpha_2)$。贝塔分布的密度函数为

$$f(x)=\begin{cases}\dfrac{x^{\alpha_1-1}(1-x)^{\alpha_2-1}}{B(\alpha_1,\alpha_2)}, & 0<x<1 \\ 0, & 其他\end{cases} \tag{7-21}$$

式中:$B(\alpha_1,\alpha_2)$ 是贝塔(Beta)函数。

对于一定的 (α_1,α_2) 组合,某些 $B(\alpha_1,\alpha_2)$ 分布的特性有利于产生贝塔随机变量。首先,若 $X\sim B(\alpha_1,\alpha_2)$,则 $1-X\sim B(\alpha_1,\alpha_2)$,因此可以从 $B(\alpha_1,\alpha_2)$ 得到 $B(\alpha_2,\alpha_1)$。当 α_1 或 α_2 中有一项等于 1 时,如 $\alpha_2=1$,有 $f(x)=\alpha_1 x^{\alpha_1-1}$,分布函数 $F(x)=x^{\alpha_1}$,因而可以很容易地用逆变法产生 $X\sim B(\alpha_1,1)$。当 $\alpha_1=\alpha_2=1$ 时,$B(1,1)$ 分布就是 $U(0,1)$。

对于任意的 $\alpha_2>0$ 及 $\alpha_1>0$,可以利用下述事实,即若 $Y_1\sim\Gamma(\alpha_1,1)$、$Y_2\sim\Gamma(\alpha_2,1)$ 以及 Y_1 和 Y_2 独立,则 $Y_1/(Y_1+Y_2)\sim B(\alpha_1,\alpha_2)$ 由此得到以下算法:

① 产生 $Y_1\sim\Gamma(\alpha_1,1)$,$Y_2\sim\Gamma(\alpha_2,1)$,$Y_1$ 和 Y_2 独立。
② 置 $x=Y_1/(Y_1+Y_2)$,然后返回。

(7) 威布尔分布 $W(\eta,\beta)$ 其分布函数为

$$F(x)=1-\mathrm{e}^{-\alpha x^\beta} \tag{7-22}$$

式中:$\alpha=1/\eta^\beta$,则

$$x=(-\ln y/\alpha)^{\frac{1}{\beta}}$$

式中:$\alpha=1/\eta^\beta$。

威布尔分布随机变量可用逆变法得到,即
① 产生 $Y\sim U(0,1)$。
② 置 $X=(-\eta^\beta\ln Y)^{1/\beta}$,然后返回。

7.4 可靠性与维修性指标计算方法

根据 7.3 节所述原理,用数字仿真的方法可以得到任意一个复杂系统的 m 个数字模拟值 $t_{sj}(j=1,2,\cdots,m)$。可靠性指标计算的经典方法是根据 t_{sj} 对 T_s 的分布类型和参数进行统计推断,进而利用第 1 章的一些基本概率计算系统的平均寿命、寿命方差、可靠寿命和对系统的寿命进行区间估计等。但是,考虑到系统中各元件的寿命 $T_i(i=1,2,\cdots,n)$ 的分布类型不同及元件间连接关系的复杂性,实际上经典方法对于较为复杂的系统难以奏效,因此在获得系统的 $t_{sj}(j=1,2,\cdots,m)$ 后,建议的方法是直接利用 t_{sj} 对系统的可靠性和维修性指标进行统计推断。当然,为了保证精度 m 值要大一些。

平均寿命为

$$\overline{T}_s = \frac{1}{m}\sum_{j=1}^{m} t_{sj} \tag{7-23}$$

寿命方差为

$$\overline{S}_{T_s} = \sqrt{\frac{1}{m-1}\sum_{j=1}^{m}(t_{sj} - \overline{T}_s)^2} \tag{7-24}$$

可靠寿命为

$$t_p = \{t_{s_p} \mid \text{在所有 } t_{sj} \text{ 有 } m \times R \text{ 个大于 } t_{sR}\} \tag{7-25}$$

寿命的区间估计为

$$\left(\overline{T}_s - t_{\alpha/2}\frac{\overline{S}_{T_s}}{\sqrt{m}}, T_s + t_{\alpha/2}\frac{\overline{S}_{T_s}}{\sqrt{m}}\right) \tag{7-26}$$

对于维修性指标,用式(7-27)计算系统的平均修复时间 MTTR 为

$$\text{MTTR} = \frac{\sum_{i=1}^{n} \lambda_i \overline{M}_{cti}}{\sum_{i=1}^{n} \lambda_i} \tag{7-27}$$

式中:λ_i 为第 i 个元件的故障率;$\overline{M}_{cti}$ 为第 i 个元件的平均修复时间。

对于可靠修复时间$(\text{MTTR})_R$(按该修复时间,有 $R \times 100\%$ 的产品可以修好),则在式(7-27)中,将 $\overline{M}_{cti}$ 替换为对应可靠度值 R 的 $\overline{M}_{ctiR}$ 即可。

7.5 一种可靠性与维修性分析的数字仿真软件系统介绍

目前,可用于复杂系统可靠性与维修性指标计算的方法主要有两种,即故障树分析法(FTA)和基于本章基本理论与方法的可靠性框图与模拟试验相结合的方法。这两种方法从原理上形成了相互补充的关系。

故障树分析方法是从研究系统在某一时刻发生故障的概率为主线,主要研究系统故障和元件故障间的逻辑关系以及系统故障概率和元件故障概率间的定性与定量关系。它可以给出系统的失效概率值,但给不出系统的平均寿命等可靠性指标。

可靠性框图方法是以研究系统寿命特征为主线,主要研究系统寿命和元件寿命间的逻辑关系以及系统寿命指标和元件寿命指标间的定性关系。在可靠性框图方法的基础上,采用本章前面介绍的数字模拟方法后,可以方便地计算出系统寿命的平均值等可靠性指标,而且不受系统中元件的寿命分布形式和系统中元件复杂的连接关系的限制。但它只能给出系统的寿命平均值等,而给不出系统的失效概率值。

下面主要介绍由西北工业大学可靠性工程研究所经多年研究和开发的一种可靠性与维修性分析的数字仿真软件系统。

7.5.1 系统的主要功能

该系统的主要功能模块包括系统自动建模功能模块,元件的寿命分布形式选择、参数

输入及元件的标识模块,系统可靠性与维修性指标体系选择模块,可靠性与维修性指标计算模块及系统管理模块等。

1. 系统自动建模功能模块

该功能模块可以在系统界面的提示下,采用元件拓展的方式,建立任意复杂系统的直观可靠性框图,系统框图的大小不受计算机屏幕尺寸的限制。图7-3至图7-5所示为某飞机领航轰炸系统自动建模功能模块的部分界面。

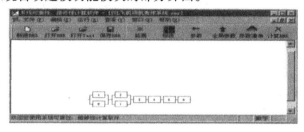

图7-3 经第三次拓展后的可靠性框图

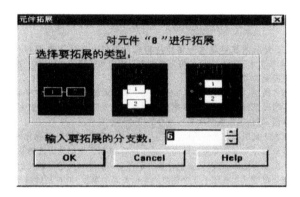

图7-4 框图的第四次拓展

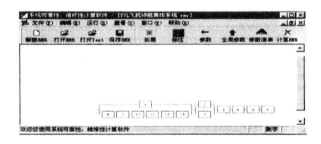

图7-5 经第四次拓展后的可靠性框图

2. 元件的寿命分布形式选择、参数输入及元件的标识模块

系统在界面提示下可以方便和直观地对元件的寿命分布形式进行选择输入,在此基础上进行参数输入,对元件进行标识。该模块具有群处理能力,可以提高效率,如图7-6至图7-9所示。

3. 系统可靠性与维修性指标体系选择模块

该模块可以根据需要选择要计算的目标系统的指标体系、需要仿真的次数和与指标计算相关联的一些参数,如图7-10所示。

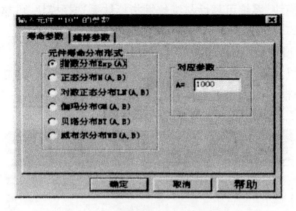

图 7-6　选择元件 10 为在线元件

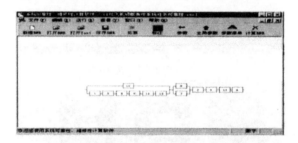

图 7-7　元件寿命分布形式与参数输入

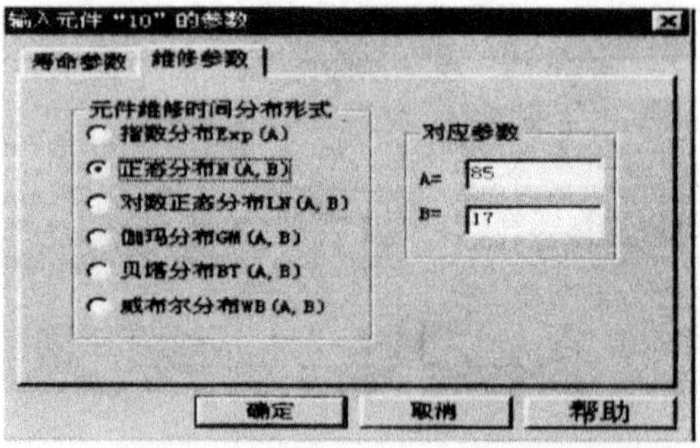

图 7-8　元件维修时间分布形式选择与参数输入

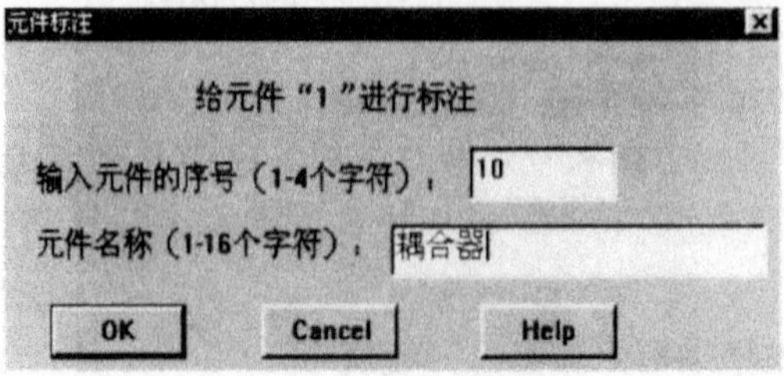

图 7-9　元件标注示例

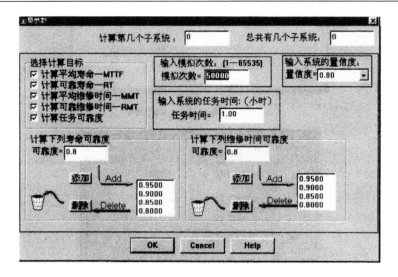

图 7-10 系统的指标体系选择

4. 可靠性与维修性指标计算模块

在完成系统的可靠性框图建立、元件的寿命与维修时间分布形式的选择与参数输入、选定要计算的指标体系和模拟仿真次数后,启动该模块就可以很方便地计算出所要的指标数值,基本的计算方法在 7.3 节和 7.4 节已经论述。

5. 系统管理模块

该模块具有整个系统的运行管理与输入/输出文件管理的功能。文件管理包括已有系统模型文件的管理(含参数输入文件)和结果文件的管理。在所有的文件管理中均具有常规文件管理的基本功能。

7.5.2 系统的应用举例

下面以某型飞机前轮转弯系统为例进行说明。

1. 参数列表(表 7-2)

表 7-2 参数列表

序号	元件名称	寿命分布	MTBF/h	维修时间分布	MMT/min
14	限流器	指数分布	24000	正态分布	55
13	减压器	指数分布	30000	TK 态分布	75
12	电磁开关	指数分布	30000	正态分布	123
11	摩擦离合器	正态分布	90000	正态分布	233
6	前轮转弯活门滑轮	正态分布	90000	正态分布	148
5-2	换向滑轮	正态分布	90000	正态分布	148
5-1	换向滑轮	正态分布	90000	正态分布	148
4	换向滑轮	正态分布	90000	正态分布	148
2	左操纵滑轮	正态分布	90000	正态分布	138
3396	二极管	指数分布	24000	正态分布	28

(续)

序号	元件名称	寿命分布	MTBF/h	维修时间分布	MMT/min
3394	微动开关	指数分布	2400	正态分布	53
3393	控制开关	指数分布	24000	正态分布	73
3392	自动保护开关	指数分布	24000	正态分布	33
10	右操纵手轮	正态分布	90000	正态分布	117
9	右操纵滑轮	正态分布	90000	正态分布	133
8-2	同轴转接滑轮	正态分布	90000	正态分布	2Z8
S-1	同轴转接滑轮	正态分布	90000	正态分布	228
7	新增换向滑轮	正态分布	90000	正态分布	148
3	滑轮	正态分布	90000	正态分布	228
1	左操纵手轮	正态分布	90000	正态分布	117

2. 画出任务可靠性框图(图7-11)

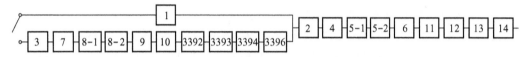

图 7-11 某型飞机前轮转弯系统任务可靠性框图

3. 利用该仿真软件系统的计算结果(表7-3)

表 7-3 某型飞机前轮转弯系统的计算结果(模拟次数为 50000)

计算的指标		本软件	Blocksint 软件
MTTF/h		9203.2881	9203.2881
置信区间(置信度=0.8)		[9150.4553,9256.1209]	
任务可靠度(任务时间=1.0000h)		0.999891	0.999891
可靠寿命/h	$R=0.9500$	484.4851	434.4851
	$R=0.9000$	980.9475	980.9475
	$R=0.8500$	1508.4070	1508.4070
	$R=0.3000$	2050.7981	2050.7981
MMT/min		97.1788	97.1788
可靠维修时间/min	$R=0.9500$	86.0648	85.8863
	$R=0.9000$	85.5399	85.4212
	$R=0.8500$	85.7214	85.6678
	$R=0.8000$	86.1962	86.2521

习题与思考题

7-1 什么叫伪随机数?

7-2 基于可靠性框图的数字仿真方法的原理是什么?

7-3 有一串联系统由 n 个元件组成,它们的寿命服从 $T_i \sim \exp(\theta)$,维修时间服从

$MT_i \sim \exp(\omega)$ ($i=1,2,\cdots,n$),当 $\theta = 1000$、2000;$\omega = 120$、200 和 $n = 10$、5 时,求系统的平均寿命和平均维修时间。

7-4 有一旁路连接系统由 n 个元件组成,它们的寿命服从 $T_i \sim N(\mu,\sigma^2)$,维修时间服从 $MT_i \sim N(\mu,\sigma^2)$。当 $\mu = 1000$、2000;$\mu_1 = 120$、200;$\sigma = 10$、30 及 $n = 10$、5 时,求系统的平均寿命和平均维修时间。

第8章 维修性建模、分配与预计

8.1 概　述

维修性建模、分配与预计是产品维修性定量设计与分析中的重要工作项目。

维修性模型是维修性分析与评定的重要基础和手段。其目的是要用模型来表达系统与各单元维修性的关系以及维修参数与各种设计及保障要素参数之间的关系,供维修性分配、预计及评定用。

维修性分配是为了把产品维修性定量要求按规定的准则分配给各组成部分而进行的工作。其目的是为系统或设备各部分研制者提供维修性设计指标,以保证系统或装备最终符合规定的维修性要求;同时,通过维修性分配,明确各承制方或供应方的产品维修性指标,以便于系统承制方对其实施管理。维修性分配要尽早开始,逐步深入,适时修正。

维修性预计是为了估计产品在规定工作条件下的维修性而进行的工作。其目的是预先估计产品的维修性参数值,了解其是否满足规定的维修性要求,以便做出设计决策(如选择设计方案、转入新的研制阶段或试验)。同时,可以及时发现维修性设计方面的缺陷,作为更改设计或保障安排的依据。另外,在改进产品或研制中更改设计时,通过预计还可估计其对维修性的影响,以便采取适当的对策。维修性预计的结果还常常用作维修性设计评审的依据。

8.2 维修性模型分类

维修性模型按其反映的内容,可分为狭义模型和广义模型。狭义维修性模型指表达系统维修性与各组成单元维修关系的模型和产品维修性与设计特征关系的模型。它们主要用于维修性分配、预计和评价。广义维修性模型除包含上述内容外,还包括其他有关维修的 RCM(以可靠性为中心的维修)、RLA(修理级别分析)等模型,它们主要用于设计或设计方案的评价、选择和权衡,或为维修性设计提供基础。本节主要介绍狭义维修性模型。

按维修性模型形式的不同,分为以下几种。

1. 框图模型

其主要采用维修职能流程图、包含维修的功能层次框图等形式,标示出各项维修活动间的顺序或产品层次、维修的部位和工作,判明其相互影响,以便于分配、评价产品的维修性并及时采取纠正措施。这种模型属于定性分析模型。

2. 数学模型

其主要通过建立各种数学表达式,用于进行维修性分析、评估与综合权衡。

3. 计算机仿真模型

考虑到维修作业的发生和持续时间的随机性,难以用一般数学模型描述,可建立系统维修性的仿真模型,通过仿真求解系统维修时间。

4. 实体模型

用于维修性核查、演示、验证的模型。

下面主要介绍框图模型和数学模型。

8.2.1 维修性的系统框图模型

1. 维修职能流程图

维修职能是一个统称,它可以指产品维修级别,如基层级维修、基地级维修等;也可以指在某一具体级别上实施维修的各项活动,这些活动是按时间顺序排列出来的。

维修职能流程图是提出维修的要点并找出各项职能之间相互关系的一种流程图。对某个维修级别来说,则是从产品进入维修时起直到完成最后一项维修职能,使产品恢复到或保持其规定状态所进行的流程框图。

维修职能流程图随产品的层次、维修的级别不同而不同。图8-1是某系统最高层次的维修职能流程图。该图清楚地表明了由维修机构实施的预防性维修或排除故障维修,可分为3个级别,即基层级、中继级和基地级,系统一般是在某一机构维修,完成维修后再转回使用。

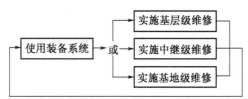

图8-1 各级维修的总流程

图8-2所示为产品中继级维修的一般流程,是图8-1所示中继级维修的进一步展开。它表示出从接收该待修产品到修完返回使用单位(或供应部门)的一系列维修活动,包括准备活动、诊断活动和更换活动等。

图8-2 中继级维修职能的流程图

维修职能流程图是一种有效的维修性分析手段,它将产品维修活动的先后顺序整理出来,形成非常直观的流程图。如果把有关的维修时间和故障率的数值标在图上,就可以很方便地进行维修性分配和预计及其他分析。

2. 系统功能(包含维修)层次框图

维修职能流程图是从纵向按时序表达各项维修工作和活动的关系;而包含维修的系统功能层次框图则是从横向按组成表达系统与各部分维修工作和活动的关系,以便掌握系统与单元的维修关系。系统功能层次框图是表示从系统到可更换单元的各个层次所需的维修措施和维修特征的系统框图,它可以进一步说明维修职能流程图中有关产品和维修活动的细节。

系统功能层次的分解是按其结构(工作单元)自上而下进行的,一般从系统级开始,分解到能够做到故障定位,更换故障件,进行维修或调整的层次为止。分解时应结合维修方案,在各个产品上标明与该层次有关的重要维修措施(如弃件式维修、调整或修复等),为简化这些维修措施可用符号表示。图8-3所示为一个典型通信系统的功能层次图。

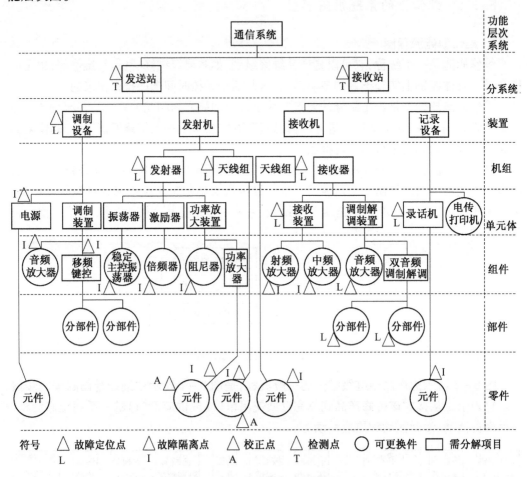

图8-3 典型通信系统的功能层次图

图8-3中各符号意义如下。
- 圆圈:该圈内的项目在故障后采用换件修理,即可更换单元。
- 方框:框内项目需要继续向下分解。
- 标记有"L"的三角形:该项目不用辅助保障设备即可故障定位。
- 标记有"I"的三角形:该项目需要使用机内或辅助保障设备才可故障定位(即隔离)。
- 标记有"A"的三角形:标在方框旁边表明换件前需调整或校正;标在圆圈旁边表明换件后需调整或校正。

- 含"T"的三角形：项目需要功能检测。

8.2.2 维修性数学模型

1. 维修时间的进一步说明

如前所述，维修性的参数很多，而维修时间是最基本的，通常由它可以导出其他的参数。维修时间的计算是维修性分配、预计及试验数据分析等活动的基础。因此，维修性的数学模型，主要是计算维修时间的模型。这里的维修时间是一个统称，它可以是修复性维修时间，也可以是预防性维修时间，为了方便统称为维修时间。

由于维修时间是随机变量，它通常可以由某一统计分布形式来近似表达。所以，维修时间的计算模型可分为两类：一是分布计算模型，通过分析、计算得出维修时间的分布规律；二是特征值计算模型，用于计算维修时间的特征值，如平均值、中值、最大值等，这里仅介绍常见的维修时间模型。

由于维修性数学模型主要是计算维修时间，因此，首先给出维修时间要素的概念。维修时间要素及定义如表8-1所列。

表8-1 维修时间要素的定义

维修时间要素	符号	定义
准备时间	T_P	与在进行故障隔离之前需要完成的维修作业有关的时间。例如，测试设备安装及预热；给系统接通电源、冷却、预热及稳定；对系统输入初始化参数等所需时间
故障隔离时间	T_{FI}	与将故障隔离到可开始修复故障的产品层次所需的维修作业有关的时间。例如，诊断程序的加载、运行和判读结果；检查故障隔离征候，根据维修手册确定其位置；按手册的程序指出RU或RU组装件的确切位置等所需的时间
故障修复时间 • 分解时间	T_D	与新确定RU有关的时间。例如，打开设备柜门、拉出设备柜、拆下止动杆，技术人员将设备等转移到远处的时间
• 更换时间	T_t	与拆卸并更换有故障的RU有关的时间。例如，拧下螺钉、连接器和去焊；取出并插入RU；涂上保护涂层和传热膏等的时间
• 再组装时间	T_R	与更换RU后把设备密闭有关的时间，即与分解相反过程所需的时间
• 校准时间	T_A	与在故障修复后进行对系统或RU的调整或校准系统有关的时间
• 检验时间	T_C	与验证故障已修复而系统工作正常有关的时间

2. 建立模型的基础

为建立模型需要下述信息：

（1）产品技术状态，根据这些状态指标可以确定主要的可更换单元。
（2）每个主要的可更换单元的故障率。
（3）总的故障隔离方案（即故障隔离到单个可更换单元或一组可更换单元）。
（4）基本的封装原则，包括每个可更换单元初步的可达及更换特性。
（5）对每个主要的可更换单元将实施的主要的故障隔离技术。
（6）用下面两种方法之一定义的故障隔离率：

① 被测装置中可更换单元的平均个数。
② 隔离到 N 个可更换单元的百分数，$N = 1, 2, 3, \cdots$。

3. 常用的维修性数学模型

（1）串行作业模型（累加模型）。串行作业是指一系列首尾相连，前一作业完成时后一作业开始，既不重叠又不间断。在维修工作中，一次维修事件是由若干维修活动组成的，而各项维修活动是由若干项基本维修作业组成的。如果只有一个维修人员或维修组，不能同时进行几项活动或作业，就是串行作业。在这种情况下，完成一次维修或一项维修活动的时间就等于各项活动或各基本维修作业时间的累加值。

假设某项维修事件（活动）的时间为 T，完成该项维修事件（活动）需要 n 个活动（基本维修作业），每项活动（基本维修作业）的时间为 $T_i (i = 1, 2, \cdots, n)$，它们相互独立，则

$$T = T_1 + T_2 + \cdots + T_n = \sum_{i=1}^{n} T_i \tag{8-1}$$

如果已知每项活动（基本维修作业）时间的分布函数，则可求得总时间 T 的分布。

例 8-1 某设备的电源产生故障后，其修理流程如图 8-4 所示。

拆卸盖板 → 更换电源 → 安装盖板

图 8-4 例 8-1 用图

已知每项活动的时间服从正态分布，其分布参数如下：
拆卸盖板：$\theta_1 = 15\text{min}, \sigma_1 = 3\text{min}$；
更换电源：$\theta_2 = 20\text{min}, \sigma_2 = 5\text{min}$；
安装盖板：$\theta_3 = 18\text{min}, \sigma_3 = 3\text{min}$。
求：修理电源的时间分布。

解 由于每项修理活动时间均服从正态分布，则总的时间分布也是正态分布。在每个 T_i 的均值和方差确定的情况下，T 的均值和方差可直接用以下公式确定：

$$\theta = \theta_1 + \theta_2 + \theta_3 = 53\text{min}$$

$$\sigma = \sqrt{\sigma_1^2 + \sigma_2^2 + \sigma_3^2} = 7.07\text{min}$$

对于一般的分布，可以考虑用卷积公式和数字仿真方法求解。

① 卷积计算。独立随机变量和的密度函数等于各随机变量的密度函数的卷积。假设两项维修活动（基本维修作业）时间是相互独立的随机变量 T_1、T_2，其密度函数为 $m_1(t)$、$m_2(t)$，则 T 的密度函数为

$$m(t) = m_1(t) m_2(t) = \int_{-\infty}^{+\infty} m_1(t) m_2(z-t) \mathrm{d}z \tag{8-2}$$

当随机变量超过两个时，其卷积可分两步计算。

② 模拟法求解。其基本思想是利用计算机产生 $(0,1)$ 的随机数，分别反求出相应的 $t_1, t_2, \cdots$，则 $T = t_1 + t_2 + \cdots$，这样反复模拟上千次或上万次，得到大量的修理时间数据，然后把这些数据排序分组，计算其密度函数的估计值。

（2）均值计算模型。均值是维修时间的重要特征量，也是确定维修性参数时的首选特征量，在维修性分析中，经常估算产品维修时间均值。其计算模型如表 8-2 所列。

表 8-2 维修时间均值计算模型

维修性模型类别	定义	计算公式	符号说明
平均修复时间 $\overline{M}_{ct}$	在规定条件下和规定时间内,产品在任一规定的维修级别,修复性维修总时间与该级别上被修复产品的故障总数之比	$\overline{M}_{ct} = \dfrac{\sum_{i=1}^{n} \lambda_i \overline{M}_{cti}}{\sum_{i=1}^{n} \lambda_i}$	n— 可更换单元(RU)的数量 λ_i— 第i个可更换单元的故障率 $\overline{M}_{cti}$— 第i个可更换单元的平均修复时间
平均预防性维修时间 $\overline{M}_{pt}$	指设备某个维修级别一次预防性维修所需时间的平均值	$\overline{M}_{pt} = \dfrac{\sum_{j=1}^{m} f_{pj} \overline{M}_{ptj}}{\sum_{j=1}^{m} f_{pj}}$	f_{pj}— 系统第j项预防性维修活动的频率,指日维护、月维护、年预防性维护等的频率 $\overline{M}_{ptj}$— 系统第j项维修活动所需要的平均时间 m— 系统需要进行预防性维修活动的项目数
平均维修时间 $\overline{M}$	在规定的条件下和规定时间内,产品预防性维修和修复性维修总时间与该产品计划维修和非计划维修总次数之比	$\overline{M} = \dfrac{\lambda \overline{M}_{ct} + f_p \overline{M}_{pt}}{\lambda + f_p}$	λ— 产品的故障率,$\lambda = \sum_{i=1}^{n} \lambda_i$ f_p— 产品预防性维修的频率,$f_p = \sum_{j=1}^{m} f_j$

例 8-2 某装备由 3 个可修部件组成,其部件平均故障间隔时间 T_{bfi} 及平均修复时间 $\overline{M}_{cti}$ 如下:

部件 1　$T_{bf1} = 1000h$,$\overline{M}_{ct1} = 1h$。
部件 2　$T_{bf2} = 500h$,$\overline{M}_{ct2} = 0.5h$。
部件 3　$T_{bf3} = 500h$,$\overline{M}_{ct3} = 1h$。

求: 装备的平均修复时间。

解　各部件的平均故障率为

$$\lambda_1 = \frac{1}{T_{bf1}} = 0.001/h$$

$$\lambda_2 = \frac{1}{T_{bf2}} = 0.002/h$$

$$\lambda_3 = \frac{1}{T_{bf3}} = 0.002/h$$

则

$$\overline{M}_{ct} = \frac{\sum_{i=1}^{3} \lambda_i \overline{M}_{cti}}{\sum_{i=1}^{3} \lambda_i} = 0.8h$$

(3) 并行作业模型。组成维修事件(活动)的各项维修活动(基本维修作业)同时开始,则为并行作业。在大型装备中常常是多人或多组同时进行维修,以缩短维修持续时间。如果各项活动或作业是同时开始,那就应当使用并行作业模型。

显然,并行作业的维修持续时间等于各项活动(基本维修作业)时间的最大值,即

$$T = \max(T_1, T_2, \cdots, T_3) \tag{8-3}$$

而其维修度为

$$M(t) = P\{T \leq t\} = P\{\max(T_1, T_2, \cdots, T_n) \leq t\}$$

$$= P\{T_1 \leq t, T_2 \leq t = \prod_{i=1}^{n} M_i(t)\} \tag{8-4}$$

即为各项活动(基本维修作业)维修度的乘积。

(4)网络作业模型。如果组成维修事件(活动)的各项活动(基本维修作业)既不是串行又不是并行关系,则可用网络模型来表述,采用网络计划技术计算维修时间,它适用于装备大修时间分析,以及交叉作业的其他维修时间计算。其具体方法可参考运筹学等有关书籍。

(5)维修性参数回归分析模型。维修性的参数与多种设计特征有关。这种关系往往难以直接推导出简单的函数式,而通过试验或收集现场维修数据进行回归分析,建立回归模型是一种有意义的方法。

例如,影响电子设备维修时间的因素甚多,经验表明,其中最重要的是设备的复杂程度,即所包含的可更换单元数和发生一次故障所需要更换的单元数。根据我国统计数据,它们近似于线性关系,即可用线性回归模型。如雷达平均修复时间(h)为

$$\overline{M}_{ct} = 0.15u_1 + 0.0025u_2 \tag{8-5}$$

除上述外,维修性分配、预计、验证的方法和标准往往都规定介绍适用模型。在工程项目研制中,主要是选择适当的模型,并进行必要的修改或补充。

8.3 维修性分配

在确定了产品的维修性指标以后,应在设计的初始阶段完成初步的分配工作,即将维修性指标分配到系统的各功能部分,并在详细设计过程中将分配进行反复修正。分配的广度和深度取决于产品的复杂程度和设计过程,并受其他性能(如可靠性)的影响。

8.3.1 维修性分配前应具备的条件

在维修性分配前应具备以下条件:
(1)已经提出对产品的维修性要求并写入合同或研制任务书中。
(2)已经初步确定产品的系统功能层次和维修方案。
(3)已经完成有关的可靠性分析,并为维修性的分配和预计提供了必要的数据(如故障率)。

8.3.2 维修性分配步骤

维修性分配是一个重复迭代的过程,它可按下述步骤(图8-5)进行分配:

步骤1　确定被分配系统的维修性参数及定量要求,如某系统要求$\overline{M}_{cts}^{*}=0.5\mathrm{h}$。

步骤2　绘制系统的维修流程图,确定每一维修等级所具有的维修职能和能做的工作,维修流程图规定了各分系统在维修环境中的相互关系和进行维修的先后顺序。

步骤3　绘制系统的功能框图,确定组成系统的各个分系统及(或)组成分系统的各个设备,以对每个分系统及(或)设备分配维修性指标。

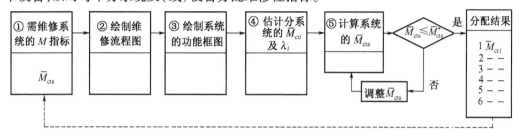

图8-5　维修性分配步骤(系统级)

步骤4　初步估算各分系统的平均修复时间$\overline{M}_{cti}$及维修频率(或故障率λ_i),把系统的维修性要求初步分配给各个分系统,其分配过程可利用表格或功能框图来表示。

步骤5　计算系统的平均修复时间$\overline{M}_{cts}$,即

$$\overline{M}_{cts} = \frac{\sum_{i=1}^{n} \lambda_i \overline{M}_{cti}}{\sum_{i=1}^{n} \lambda_i} \quad (8-6)$$

式中：n为组成系统的分系统总数。

步骤6　分析并检查分配后的$\overline{M}_{cts}$是否与要求的指标$\overline{M}_{cts}^{*}$相一致(即$\overline{M}_{cts} \leqslant \overline{M}_{cts}^{*}$)。如果$\overline{M}_{cts}$不能满足要求,则要采取下述方法来调整各分系统$\overline{M}_{cti}$的分配值。

(1) 通过改进可靠性设计或采用可靠性更高的元器件等来减小故障率λ。

(2) 通过改进可达性,采用模块化设计或提高故障诊断能力等来减少修复性维修时间。

在调整分配值的过程中,通常要列出各种备选方案,并进行寿命周期费用分析来选择最优的方案,使得分配后的$\overline{M}_{cts}$既满足系统规定的要求($\overline{M}_{cts}^{*}$),又使其费用低。

步骤7　完成对各系统的分配后,各分系统的分配值$\overline{M}_{cts}^{*}$便作为分系统的设计指标并进一步分配到更低一级的产品层次(如设备级),其分配步骤及方法与上述从系统到分系统的分配过程相似。

8.3.3　维修性分配方法

如前所述,系统(上层次产品)与其各部分(下层次部分,以下称单元)的维修性参数大都为加权和的形式,如式(8-6)所示。其他参数的表达式也与此类似,以下均予以讨论。该式是维修性指标分配应满足的基本公式。维修性分配方法根据分配时机、信息占有程度等的不同,采用不同的方法,下面将介绍几种不同的分配方法。

1. 等值分配法

取各单元的指标相等,即

$$\overline{M}_{ct1} = \overline{M}_{ct2} = \cdots = \overline{M}_{ctn} = \overline{M}_{ct}$$

这是一种最简单的分配方法,其适用条件是:组成上层次产品的各单元的复杂程度、故障率及预想的维修难易程度大致相同。也可在缺少可靠性、维修性信息时进行初步的分配。

2. 按故障率分配法

取各单元的平均修复时间 $\overline{M}_{cti}$ 与其故障率成反比,即

$$\lambda_1 \overline{M}_{ct1} = \lambda_2 \overline{M}_{ct2} = \cdots = \lambda_n \overline{M}_{ctn}$$

代入式(8-6),得

$$\overline{M}_{ct} = \frac{n\lambda_i \overline{M}_{cti}}{\sum \lambda_i} \qquad (8-7)$$

当各单元故障率 λ_i 已知时,可求得各单元的 $\overline{M}_{cti}$。显然,单元故障率越高,分配的修复时间越短。这样,可以比较有效地达到规定的可用性和战备完好性目标。

例 8-3 某系统由 A、B、C 3 个分系统组成,其功能层次如图 8-6 所示,要求系统平均修复时间 $\overline{M}_{ct}$ 为 0.5h,各分系统故障率列于表 8-3 中,试按故障率分配法进行维修性分配。

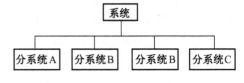

图 8-6 系统功能层次示意图

表 8-3 分配表

分系统类型	数量	故障率 λ	累积故障率	$\overline{M}_{cti}$/h
A	1	1.71	1.71	0.27
B	2	0.48	0.96	0.47
C	1	0.06	0.06	7.6
∑			2.73	

解 计算各分系统故障率,并按故障率分配法进行计算,结果见表 8-3。

$$\overline{M}_{ctA} = \frac{0.5 \times 2.73}{3 \times 1.71} = 0.27\text{h}$$

$$\overline{M}_{ctB} = \frac{0.5 \times 2.73}{3 \times 0.96} = 0.47\text{h}$$

$$\overline{M}_{ctC} = \frac{0.5 \times 2.73}{3 \times 0.06} = 7.6\text{h}$$

3. 相似产品分配法

产品设计总是有继承性的,因此可根据已有相似产品维修性信息,作为新研或改进产品维修性分配的依据。

已知相似产品维修性数据,计算(改进)产品的维修性指标,可用下式:

$$\overline{M}_{cti} = \frac{\overline{M}_{cti}^*}{\overline{M}_{ct}^*} \overline{M}_{ct} \qquad (8-8)$$

式中：$\overline{M}_{ct}^*$ 和 $\overline{M}_{cti}^*$ 分别表示相似产品（系统）和它的第 i 单元的平均修复时间。

4. 设计特性加权分配法

这种方法适用于新系统的基本设计特性已确定的研制阶段，根据各分系统的设计特性确定分配的加权系数，其分配步骤如下：

第一步　第 i 种分系统的数量 Q_i。

第二步　估计单个分系统的故障率 λ_{ss}。

第三步　确定每种分系统的总故障率 λ_i，即第 i 种分系统的数量 θ_i 与其单个分系统的故障率 λ_{ss} 的乘积 $\lambda_i = Q_i \lambda_{ss}$。

第四步　确定可达性、故障检测、隔离、拆卸和安装以及校准、检验等设计特性的影响因数 K_{ij}，K_{ij} 为第 i 种分系统的第 j 个设计特性，参见表 8-4 至表 8-7。

第五步　确定各分系统设计特性加权系数 W_i，即

$$W_i = \frac{K_i \sum_{i=1}^{n} \lambda_i}{\lambda_i \sum_{i=1}^{n} K_i} \qquad (8-9)$$

式中：K_i 为第 i 种分系统设计特性总的影响因数之和，$K_i = \sum_{j=1}^{D} K_{ij}$，$D$ 为设计特性数量；n 为分系统的种类数。

第六步　计算各分系统的分配值 M_{cti}，即

$$M_{cti} = m_{ctS}^* W_i \qquad (8-10)$$

表 8-4　故障检测和隔离因子 K_{i1}

K_{i1} 值	说　明
1	使用 BIT 进行故障检测和隔离
2	使用 BIT 进行故障检测和部分隔离
3	使用 ATE① 进行故障检测
4	使用测试设备进行手工故障检测
5 6	使用标准测试设备进行手工故障查找
注：① ATE 为地面自动测试设备	

表 8-5　设备安装因子 K_{i3}、设备校准和调整因子 K_{i4}

K_{i3}、K_{i4} 值	说　明
1	通过软件进行自动校准
2	通过系统自身的显示装置进行简便的模拟式校准
3	通过外接设备进行模拟式校准
4	机械调整
5	人工修正
6	逐次逼近法调整

表 8-6 设备拆卸因子 K_{i2}

K_{i2}值	说 明
1	① 直接可达或通过用摇摆螺栓或快卸锁锁紧的 A 类口盖就可达 ② 卡口插接式电连接器 ③ 一个人可搬运的轻型设备
2	① 通过用快卸锁锁紧的 B 类口盖就可达 ② 卡口插接式电连接器 ③ 一个人可搬运的轻型设备
3	① 通过螺钉、螺栓固定的 C 类口盖 ② 卡口插接式电连接器 ③ 两人才能搬运的重型设备
4	① 必须拆卸某些设备后才可达 ② 其他情况与"3"相同
5	① 设备很重,拆卸时需地面保障设备 ② 其他情况与"4"相同
6	① 由专门特性的导线进行电气连接 ② 其他情况与"5"相同

表 8-7 设备检测技术因子 K_{i5}

K_{i5}值	说 明
1	采用 BIT 进行检测
2	BIT 结合交互式自检测
3	采用测试设备进行检测
4	
5	采用手工方式进行检测
6	

表 8-6 中所述的 A 类、B 类及 C 类口盖分别说明如下:

A 类口盖。口盖打开或关闭时间小于 1min,飞机上日常的所有维护点,飞行前及飞行后检查和日常检查的产品须采用 A 类口盖,或者不用通过口盖就可进行检查。

B 类口盖。口盖打开或关闭时间为 1~10min,对于 MTBF 较低的产品,所有要求进行定期阶段检查或频繁拆卸的产品都应通过 B 类口盖进行检查。

C 类口盖。口盖打开或关闭时间根据检查口盖上具有螺钉的数量而定,对于 MTBF 较高的产品,所有不要求进行定期检查或频繁拆卸的产品可通过 C 类口盖进行检查。

最后,对于改进型的系统,设它由 n 种分系统组成,其中 L 种是不须进行改进设计的分系统,$n-L$ 种是须进行新设计的分系统。新设计的分系统的维修性分配由式(8-11)决定,即

$$\overline{M}_{ctj} = \frac{\overline{M}_{cts}^{*} \sum_{i=1}^{n} Q_i \lambda_i - \sum_{i=1}^{j} Q_i \lambda_i \overline{M}_{cti}}{(n-L) Q_i \lambda_i} \tag{8-11}$$

式中：$j=L+1,\cdots,n$；$\overline{M}_{ctj}$为新设计的第j分系统的平均修复时间；$\overline{M}_{ctS}$为系统要求的平均修复时间；$\overline{M}_{cti}$为第i分系统的平均修复时间；Q_i为第i分系统的数量；λ_i为第i分系统的故障率；Q_j为第j分系统的数量；λ_j为第j分系统的故障率。

例8-4 某战斗机的飞行操纵系统由数字式飞行控制分系统、伺服作动器、前缘襟翼分系统和机械部件等4个分系统组成，整个飞行操纵系统的M_{ct}为2h。试将飞行操纵系统的设计指标分配到分系统级，并将数字式飞行控制分系统M_{ct}分配到设备级，即外场可更换单元。其分配步骤如下：

步骤1 确定飞行操纵系统的维修性参数和指标，$\overline{M}_{ctS}^{*}=2h$。

步骤2 绘制飞行操纵系统的功能框图，如图8-7所示。

步骤3 利用设计特性加权分配法把飞行操纵系统的$\overline{M}_{ctS}^{*}$分配到数字式飞行控制分系统、伺服作动器分系统、前缘襟翼分系统和机械分系统（各舵面中的机械部分），其分配过程如表8-8所示。

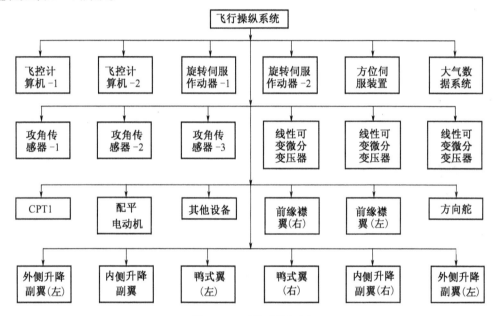

图8-7 系统功能框图

表8-8 飞行操纵系统的分配

分系统名称	Q_i	$\lambda_{SS}/$ $(10^{-6}h^{-1})$	$\lambda_i/(10^{-6}h^{-1})$ $(Q_i\lambda_{SS})$	K_{i1}	K_{i2}	K_{i3}	K_{i4}	K_{i5}	K_i	$\lambda_i \cdot K_i$	W_i	M_{cti}/h
数字式飞控分系统	1	7400	7400	1	1	1	0	1	4	29600	0.399386	0.798773
伺服作动器分系统	1	4150	4150	3	6	6	2	2	19	78850	1.897085	3.794171
前缘襟翼分系统	1	1370	1370	3	4	4	2	2	15	20550	1.497699	2.995398
机械分系统	1	100	100	2	4	4	2	2	14	1400	1.397852	2.795705
总和			13020						52	130400		

步骤4 检查分配后系统的平均修复时间是否满足要求。

计算$\overline{M}_{ctS}$为

$$\overline{M}_{\text{cts}} = \frac{7400 \times 0.789 + 4150 \times 3.749 + 1370 \times 2.995 + 100 \times 2.795}{7400 + 4150 + 1370 + 100} = 1.999(\text{h})$$

可见 $\overline{M}_{\text{cts}} < M_{\text{cts}}^* = 2.0\text{h}$，分配值有效，四舍五入后各分系统分配的平均修复时间 $\overline{M}_{\text{cti}}$ 分别为数字式飞行控制分系统 $\overline{M}_{\text{ct1}} = 0.8\text{h}$。

伺服作动分系统 $\overline{M}_{\text{ct2}} = 3.8\text{h}$。

前缘襟翼分系统 $\overline{M}_{\text{ct3}} = 3.0\text{h}$。

机械分系统 $\overline{M}_{\text{ct4}} = 2.8\text{h}$。

步骤5 把分系统的分配值再进一步分配到设备级。例如，把数字式飞行控制系统的 $\overline{M}_{\text{ct1}}$ 再分配到飞控计算机、旋转伺服作动器、攻角传感器、线性可变微分变压器、大气数据系统、配平电动机、方位伺服装置及其他设备。表8-9给出了分配过程及结果，其分配步骤与上述系统分配相似。

表8-9 数字式飞控分系统的分配

设备名称	Q_i	$\lambda_{ss}/$ (10^{-6}h^{-1})	$\lambda_i/$ $(10^{-6}\text{h}^{-1}) =$ $(Q_i\lambda_{ss})$	K_i	K_{i1}	K_{i2}	K_{i3}	K_{i4}	K_{i5}	$\lambda_i K_i$	W_i	M_{cti} /min	M_{ct} /min
飞控计算机	2	16445	3289	1	1	1	0	2	5	16445	0.873656	41.93548	42
旋转伺服作动器	2	865	1730	1	1	1	0	1	4	6920	0.698924	33.54333	34
攻角传感器	3	158	474	1	2	2	2	2	9	4266	1.572580	75.48387	75
线性可变微分变压器	3	80	240	1	3	3	3	1	11	2640	1.9220430	92.25806	92
大气数据系统	1	382	382	1	1	1	0	3	6	2292	1.048387	50.32258	50
CPT1	1	374	374	1	1		0	1	4	1469	0.693924	33.54838	33
配平电动机	1	235	235	2	2	2	0	1	7	1645	1.223118	58.70967	58
方位伺服装置	1	246	246	1	1	1	0	1	4	984	0.696924	33.54838	34
其他设备	1	440	440	2	5	5	0	1	13	5720	2.271505	109.0322	109
总和			7410						63	42408			

5. 保证可用度并考虑单元复杂性的分配方法

在分配指标时，要考虑其实现的可能性，通常是考虑各单元的复杂性。一般来说，产品结构越简单，其可靠性越好，维修性也越简单、迅速，可用性好；反之，结构越复杂，可用性则难以满足要求。因此，可先按相对复杂程度分配各单元可用度，引入复杂性因子 K_i，定义为预计第 i 单元的元件数与系统（上层次）的单元总数的比值，则第 i 单元可用度分配值为

$$A_i = A_s^{K_i} \tag{8-12}$$

式中：A_s 为系统可用度值，有

$$A_s = \Pi A_i$$

由式(8-12)计算出单元可用度后，代入下式，可计算出单元修复时间，即

$$\overline{M}_{cti} = \frac{1-A_i}{\lambda_i A_i} = \frac{1}{\lambda_i}\left(\frac{1}{A_i} - 1\right)$$

或

$$\overline{M}_{cti} = \frac{1}{\lambda_i}\left(\frac{1}{A_s^{K_i}} - 1\right) \qquad (8-13)$$

例 8-5 某串联系统由 4 个单元组成,要求其系统可用度 $A_s = 0.95$,预计各单元的元件数和故障率如表 8-10 所列,试确定各单元的平均修复时间指标。

表 8-10 例 8-5 用表

单元号	1	2	3	4	总计
元件数	1000	2500	4500	6000	14000
$\lambda_i/\mathrm{h}^{-1}$	0.001	0.005	0.01	0.02	0.036

解 将表 8-10 所列各值代入式(8-12),可得各单元可用度为

$$A_1 = 0.95^{1000/14000} = 0.9963$$

同样地,可得 $A_2 = 0.9909, A_3 = 0.9836, A_4 = 0.9783$,代入式(8-13),则可直接求出各单元平均修复时间为

$$\overline{M}_{ct1} = \frac{1}{0.001} \times \left(\frac{1}{0.9963} - 1\right) = 3.6714(\mathrm{h})$$

类似地可得,$\overline{M}_{ct2} = 1.840\mathrm{h}, \overline{M}_{ct3} = 1.662\mathrm{h}, \overline{M}_{ct4} = 1.111\mathrm{h}$,系统平均修复时间为

$$\overline{M}_{ct} = \frac{1}{0.036} \times \left(\frac{1}{0.95} - 1\right) = 1.462(\mathrm{h})$$

8.3.4 进行维修性分配需要注意的问题

(1) 分配的组织实施。根据工程项目的具体情况,可由订购方、承制方或双方联合组织进行维修性分配。

维修性分配要与可靠性分配、保障性分析等工作密切协调,互相提供信息。

(2) 维修性分配要与维修性预计相结合。为使分配结果合理、可行,在分配过程中,应对分配指标的产品维修性做出预计,以便采取必要的修正或强化维修性设计措施,由于设计方案未定,这时很难准确而正规地预计,主要采用简单粗略的方法,如利用类似产品的数据或经验,或者由设计人员、维修人员凭经验估计维修时间或工时。

(3) 对分配结果要进行评审与权衡。维修性分配的结果是产品研制中维修性工作评审的重要内容,特别是在系统要求评审、系统设计评审中,更应评审分配的结果。对分配结果要进行权衡。当某个或某些产品的分配值与预计值相差甚远时,要考虑是否合理、可行。若认为不合适时,则需要进行调整。

8.4 维修性预计

维修性预计即是应用适当的方法,对具体产品设计方案或构型的维修性参数进行估

算,以评价设计是否满足维修性要求,并确定需要采取的纠正措施。

预计要从设计早期开始反复进行,并随设计更改和有关信息的增加而调整。

维修性预计的参数应同规定的维修性指标一致,最经常预计的是平均修复时间,根据需要也可预计最大修复时间、工时率或预防维修时间。

维修性预计的参数通常是系统级的或设备级的,以便与合同规定和使用需求相比较。而要预计出系统或设备的维修性参数,必须先求其组成单元的维修时间或工时以及维修频率。在此基础上,求得系统或设备的维修时间或工时均值、最大值。

8.4.1 预计前应具备的条件和准备工作

1. 维修性预计前应具备的条件

(1) 已完成可靠性的初步预计。

(2) 已掌握有关资料和数据,并确定它们对新方案是否适用,主要包括以下几个方面:

① 现有相似产品的历史相关数据。

② 现有的维修保障系统(如维修资源情况、进行维修工作的维修级别、维修人员的技能等)。

③ 与所研制的产品及各部分有关的故障率数据、维修工作顺序和维修工作时间元素的数据。

④ 其他,如有关的数学模型和适用的统计分布。

2. 预计前的准备工作

(1) 使用需求分析。确定飞机系统的使用要求、寿命剖面、任务剖面和其他约束条件。

(2) 确定产品各组成部分的功能层次,绘制系统功能层次框图。系统功能层次框图的符号说明如图 8-3 所示,图 8-6 给出了一个功能层次框图的示例,航空产品功能层次数应由产品的复杂程度而定,并与可靠性分配层次取得一致。

(3) 确定维修方案。根据维修策略和保障方案等确定各维修级别的任务和职能,绘制维修职能流程图,示例如图 8-2 所示。

(4) 确定维修频率。各个功能层次产品的修复性维修频率或故障率,根据可靠性分配和预计的结果或用相似产品经验数据来确定,其预防性维修的频率则由制定的预防性维修大纲确定。

(5) 确定预计的维修性参数、方法和适用的数学模型。

(6) 对维修职能流程框图的维修任务和系统功能框图中的每一个项目的维修性预计进行研究,并与其他性能及费用进行综合权衡。若认为不能满足要求则应进行下述工作:

① 通过改进设计提高维修性,在满足整个系统要求的条件下重新预计。

② 在尽可能降低维修保障费用、提高产品有效度和合理使用维修保障资源的前提下,调整每个维修级别上的维修任务。

若仍不能满足要求时则应提高产品的可靠性,降低故障率,或重新考虑系统要求。

8.4.2 维修性预计方法

目前维修性预计方法有很多,有概率模拟预计法、功能层次预计法、抽样评分预计法、运行功能预计法、时间累计预计法、单元对比预计法等。这些方法在适用范围、预计方法精度、计算复杂性等方面均有所不同,见表 8-11。

表 8-11 维修性预计方法比较

预计方法	适用范围	特点	缺点	优点
概率模拟预计法	用来预计其单元可在外场更换的机载电子和机电系统的修复时间等维修性参数	以"基本作业"作为修复时间的基本组成部分,并由此通过时间分布的综合过程来导出有关的维修时间参数	• 要求已知系统各个单元的位置和故障率 • 需要大量而复杂的计算 • 只适用于外场更换的机载电子和机电系统 • 不适于早期设计	在设计方案建立以后,该方法可在任何时间使用
功能层次预计法	适用于电子设备和系统	• 修理由 7 项维修工作组成 • 每项工作的时间根据功能级确立 • 本程序假定适用于某些设备类型的"修复时间"可用来预计类似设备和装置的维修性	• 修理时间值为完成各项维修活动所需时间之和,基本作业时间与现用维修方法及特性不相符 • 对维修方案与外场可更换单元(LRU)的故障模式不敏感	方法预计的结果能用于设计的评价或改进,用于工程研制阶段,适用于详细设计时的预计
抽样评分预计法	用于预计地面电子系统和设备的平均和最大修复性维修停机时间	• 采用随机抽样的基本原理进行预计 • 修理时间取决于设备人员及保障属性 • 通过 3 种检查表的评分来评定维修性 • 回归方法把评分变成平均修理时间	• 检查表是根据以前的设计技术制定的 • 不能充分包括各种故障隔离特性 • 只适用于电子设备	本程序适用于工程研制阶段,通常在设计完成之前先进行粗略估计,作为第一步,此后随研制的进程做出更加详细的估计
运行功能预计法	适用于所有系统和设备的工程研制阶段,也可用于设计改进时对维修时间进行的估计	• 本程序尽可能利用广泛的现有数据,并以历史经验、主观评价、专家判断等数据为基础,预计完成各种维修的时间,然后加以综合 • 根据故障率加权值和环境条件确定产品修理时间	修理时间估计值根据专家的判断主观确定。本程序是根据维修环境而不是根据设计判定的	这是一种常用的经济、可行的方法

(续)

预计方法	适用范围	特点	缺点	优点
时间累计预计法	用于预计航空、地面和机载电子设备在基层级、中继级及基地级维修的维修性参数,也可用于任何使用环境和包括机械装备在内的其他各种装备	对各项维修工作时间进行综合和累加以获得总的系统维修时间,在累加中所用的时间是某种分布的平均值	考虑因素较多,如故障诊断、隔离和测试能力、可更换单元结构、封装和产品的故障率,还规定一系列假设和规定	这是一种较为简便成熟的维修性预计方法,目前有多种具体的程序和表格,分别适用于各类装备。有两种方法:一种用于工程研制初步设计阶段;另一种用于详细设计阶段
单元对比预计法	适用于各类产品方案阶段的早期预计,可用于改进系统维修性设计	系统的维修时间既与修复其单元中已经发生故障的单元所需的修复时间有关,又与其组成单元发生故障的频率和预防维修的频率有关,而故障单元的修复时间又取决于可更换单元的规模及其故障探测、隔离、拆装、更换的难易程度	都以相对量值求得系数,如各可更换单元故障率、修理项目各作业时间长短、预防性维修频率、计算精度差等	计算较为简单
设计基准线法(MDBL)	类同时间累计法	本方法是对时间累计预计法的改进,在对同一系统或同一区域的不同产品进行维修时,存在着很多相同的单项维修任务(如检测、隔离、分解、复原等),针对这种情况,本方法将维修任务分解成主要任务(如拆换等)和次要任务(如检测、隔离、分解、复原等)	需要有大量的修理作业时间,项目使用经验、数据,如维修频率、维修耗时、任务发生概率等,以上数据可通过维修性演示验证的结果得到,也可通过与相似产品的类比获得	工程上常用的方法,可以将很多相同的信息用于分析不同的产品,从而减少重复输入

维修性预计的方法有多种,本节介绍的是适用范围较广的一些方法。

1. 推断法

推断法是广泛应用的现代预测技术,其中最常用的就是回归预测,即利用维修性参数回归分析模型预计维修性参数值。显然,这种推断方法是一种粗略的早期预计技术。因为不需要多少具体的产品信息,所以在研制早期(如技术指标论证或方案探索中)有一定的应用价值。

2. 单元对比法

任何装备的研制都会有某种程度的继承性,在组成系统或设备的单元中,总会有些是使用过的产品,因此,可以从研制的装备中找到一个可知其维修时间的单元,以此为基准,通过与基准单元对比,估计各单元的维修时间,进而确定系统或设备的维修时间。这就是单元对比法的思路。

(1) 适用范围。由于单元对比法不需要更多的具体设计信息,它适用于各类产品方案阶段的早期预计。单元预计法既可预计修复性维修参数,又可预计预防性维修参数。预计的基本参数是平均修复时间、平均预防性维修时间和平均维修时间。

(2) 预计需要的资料如下:
① 在规定维修级别上可单独拆卸的可更换单元的清单。
② 各个可更换单元的相对复杂程度。
③ 各个可更换单元各项维修作业时间的相对量值。
④ 各个预防性维修单元的维修频率相对量值。

(3) 预计模型:
① 平均修复时间 $\overline{M}_{ct}$ 为

$$\overline{M}_{ct} = \overline{M}_{ct0} \frac{\sum_{i=1}^{n} h_{ci} k_i}{\sum_{i=1}^{n} k_i} \qquad (8-14)$$

式中: $\overline{M}_{ct0}$ 为基准可更换单元的平均修复时间; h_{ci} 为第 i 个可更换单元相对修复时间因数; k_i 为第 i 个可更换单元相对故障率因数,即

$$k_i = \frac{\lambda_i}{\lambda_0} \qquad (8-15)$$

式中: λ_i 与 λ_0 分别为第 i 单元和基准单元的故障率。在预计过程中, k_i 并不需由 λ_i 与 λ_0 计算,可由比较 i 单元与基准单元设计特性加以估计。

② 平均预防性维修时间 $\overline{M}_{pt}$ 为

$$\overline{M}_{pt} = \overline{M}_{pt0} \frac{\sum_{i=1}^{m} h_{pi} l_i}{\sum_{i=1}^{m} l_i} \qquad (8-16)$$

式中: $\overline{M}_{pt0}$ 为基准单元平均预防性维修时间; h_{pi} 第 i 个预防性维修单元相对维修时间因数; l_i 为第 i 个预防性维修单元相对于基准单元的预防性维修频率因数,即

$$l_i = \frac{f_i}{f_0} \qquad (8-17)$$

同样, l_i 依据单元设计特性的比较进行估计。

③ 平均维修时间 $\overline{M}$ 为

$$\overline{M} = \frac{\dfrac{M_{ct0}\sum h_{ci}k_i + f_0 M_{pt0}\sum l_i h_{pi}}{\lambda_0}}{\dfrac{\sum k_i + f_0 \sum l_i}{\lambda_0}} \tag{8-18}$$

④ 相对维修时间因数 h_i 为第 i 单元的相对修复时间或预防性维修时间因数 h_{ci} 或 h_{pi}（以下用 h_i 代表），是一个由比较得到的数值。为了便于比较，把维修事件分为4项活动，即故障定位隔离、拆卸组装、更换/安装可更换单元、调准检验。对每项活动分别比较，故 h_i 也分为以下4项，即

$$h_i = h_{i1} + h_{i2} + h_{i3} + h_{i4} \tag{8-19}$$

h_{ij} 由第 i 单元第 j 项维修活动时间(t_{ij})相对于基准单元相应时间(t_{0j})之比确定，即

$$h_{ij} = \frac{h_{0j}t_{ij}}{t_{0j}} \tag{8-20}$$

h_{0j} 是基准单元第 j 项维修活动时间所占整个维修时间的比值。显然，有

$$h_0 = h_{01} + h_{02} + h_{03} + h_{04} = 1$$

（4）预计程序。

① 明确在规定维修级别上装备的各个可更换单元。若修复性维修与预防性维修的单元不同，应分别列出。

② 选择基准单元。基准单元应是维修性参数值已知或能够估测的，它与其他单元在故障率、维修性方面有明显可比性。修复性与预防性维修的基准单元，可以是同一单元，也可以分别选取。

③ 估计各单元各项因数 k_i、h_i、l_i。

④ 计算系统或设备的 $\overline{M}_{ct}$、$\overline{M}_{pt}$、$\overline{M}$。

例 8-6 设某装备设计与保障方案已知，在现场维修时可划分为 12 个可更换单元（LRU），由类似装备数据得到：单元 1 为插接式模块，平均修复时间为 10min，其中检测隔离平均时间为 4min，拆装其外的遮挡 3min，其更换只要 1min，更换后的调准约 2min，故障率预计 0.0005/h；单元 3 预防性维修频率为 0.0001/h。要求预计其平均维修时间是否不大于 20min。

解 因为设计与保障方案已知，且可更换单元也已明确，故只需从确定基准单元开始。显然，取单元 1 为修复性维修基准单元，单元 3 为预防性维修基准单元为好。以单元 1 为基准，其故障率因数 $k_0 = k_1 = 1$。由各项活动时间与总时间之比可得因数 $h_{01} = 0.4$、$h_{02} = 0.3$、$h_{03} = 0.1$、$h_{04} = 0.2$。该模块不需要做预防性维修，$l_1 = 0$。

然后，确定各单元的各个因数，列于表 8-11 中。假定单元 2 是一个质量较大须用多个螺钉固定的模块，其外还有屏蔽，寿命较短。因此，其相对故障率因数高，取 $k_2 = 2.5$。检测隔离与基准单元相差不大，取 $h_{21} = 0.5$；更换时须拆装外部屏蔽遮挡，比基准单元费时，取 $h_{22} = 1$；多个螺钉固定，更换费时，取 $h_{23} = 2$；调准较费时，取 $h_{24} = 0.6$。不需要预防性维修，$l_2 = 0$。假定单元 3 是一个小型电机，依其设计、安装情况，与基准单元对比，估计出各因数如表 8-11 所列，因为它需要定期进行润滑、检修，故 l_3 不为零，作为预防性维

修基准单元，$l_3 = l_0 = 1$。其余各单元可照上面的办法估计因数并列入表中。

按表8-12所示，计算各因数之和。再代入式(8-14)、式(8-16)和式(8-18)计算出装备的维修性参数预计值。由于各维修时间因数均是以单元1为基准的，故公式中的基准单元维修时间均应用单元1的10min计算，因此有

$$\overline{M}_{ct} = 10 \times 49.95/17.38 = 28.74 (\min)$$

$$\overline{M}_{pt} = 10 \times 12.925/5.04 = 25.64 (\min)$$

$$\overline{M} = \frac{10 \times 49.95 + 0.0001 \times 10 \times 12.925/0.0005}{17.38 + 0.0001 \times 5.04/0.0005} = \frac{499.5 + 25.85}{18.39} = 28.57 (\min)$$

表8-12 可更换单元因数表（示例）

| 可更换单元序号 | k_i | h_{ij} | | | | h_i | $k_i h_i$ | l_i | $l_i h_i$ |
		h_{i1}	h_{i2}	h_{i3}	h_{i4}	$\sum h_{ij}$			
1	1	0.4	0.3	0.1	0.2	1	1	0	0
2	2.5	0.5	1	2	0.6	4.1	10.25	0	0
3	0.7	1.8	0.3	0.5	0.7	3.3	2.31	1	3.3
4	1.5	2	1.2	0.8	0.5	4.5	6.75	0	0
5	0.5	1.2	0.5	0.3	2	4	2	0	0
6	2.3	0.4	1	0.25	0.5	2.15	6.02	2.5	5.375
7	0.8	1.3	0.7	1.2	0.8	4	3.2	0	0
8	2.2	0.2	0.5	0.4	0.3	1.4	3.08	0	0
9	3	0.6	0.8	0.6	0.5	2.5	7.5	1.5	3.75
10	0.08	5	2	2.5	3	12.5	1	0.04	0.5
11	0.9	1	2	0.8	1	4.8	4.32	0	0
12	1.4	0.6	0.3	0.4	0.5	1.8	2.52	0	0
合计	17.38						49.95	5.04	12.925

预计的平均维修时间 $\overline{M} = 28.57\min$，超过指标要求（20min），需要更改设计方案。由此可见，其中预防性维修的影响较小，可暂不考虑。要缩短修复时间，即应减少 $\sum k_i h_i$，利用式(8-18)，若令 $\overline{M} = 20\min$，则可得

$$\sum k_i h_i = \left[\overline{M}\left(\sum k_{ci} + f_0 \sum l_i/\lambda_0\right) - f_0 \overline{M}_{pt0} \sum l_i k_{pi}/\lambda_0\right] / \overline{M}_{ct0}$$

$$= [20 \times 18.39 - 25.85]/10 = 34.2$$

要将 $\sum k_i h_i$ 由49.95减至34.2，由表8-11可见，重点应减少2、9、4、6、11等单元的修复时间。

3. 时间累计预计法

这种方法是一种比较细致的预计方法。它根据历史经验或现成数据、图表，对照装备的设计或设计方案和维修保障条件，逐个确定每个维修项目、每项维修工作或维修活动乃至每项基本维修作业所需的时间或工时，然后综合累加或求均值，最后预计出装备的维修性参量。以下介绍一种典型的时间累计法。

(1) 适用范围。用于预计各种(航空、地面及舰载)电子设备在各级维修的维修性参数，也可用于任何使用环境的其他各种设备的维修性预计。但该方法中所给出的维修作业时间标准主要是用于电子设备的，用于预计其他设备时需要补充或校正。

平均修复时间 $\overline{M}_{ct}$ 是预计的基本参数。还可以预计：在 ϕ 百分位的最大修复时间 $\overline{M}_{max\,ct}(\phi)$；故障隔离率 r_{F1}；每次修理的平均工时 M_{MH}/R_p；工时率 $M_1(M_{MH}/O_H$ 或 M_{MH}/F_H，O_H 和 F_H 是设备工作小时或飞行小时)。

(2) 预计需要的资料。

① 各个可更换单元(RI)的目录及数量(实际的或估算的)。

② 各个 RI 预计或估算的故障率。

③ 每个 RI 故障检测隔离的基本方法(如机内自检、外部检测设备或人工隔离等)。

④ 故障隔离到一组 RI 时的更换方案(如全组更换或者用交替更换继续隔离到更换层次)。

⑤ 封装特点。

⑥ 估算的或要求的隔离能力，即故障隔离到单个 RI 的隔离率或隔离到 RI 组的平均规模(平均由几个 RI 组成)。

(3) 预计的基本原理和模型。面对一个系统或一台设备，要直接估计出其维修性参数值是不现实的，但可以把它分解，把每个单元出故障后的维修过程也分解，针对某个单元某项活动或作业，估计其时间或工时则比较现实，然后再对各项作业、各个单元的时间或工时进行综合，估计出系统或设备的参数值。这就是时间累计预计法的思路或过程，可用图 8-8 表示。

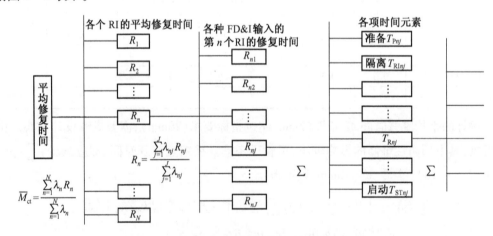

图 8-8 时间累计预计法模型

① 维修对象的分解。把系统或设备分解，直到规定维修级别的可更换单元(RI)。每个 RI 的故障率可由可靠性预计或历史资料得到。

② RI 的故障分析。一个 RI 发生故障，其故障模式可能有几种，故障检测与隔离(FD&I)的方式及其输出(即 FD&I 时得到的信号、迹象、仪表读数、打印输出等)也就不尽相同，FD&I 所需时间以及整个修复时间就会不一样。因此，要按 FD&I 输出将单元故障区分开，并确定每种 FD&I 输出下的故障率 λ_{nj} 及修复时间 R_{nj}(n 代表第 n 个单元，j 代表

第 j 种 FD&I 输出）。

③ 维修时间的分解。一次维修可能包含 8 种维修活动，其时间即是修复时间元素 T_m（m 表示第 m 项活动时间）。

准备时间 T_P——在进行故障隔离之前完成的各项准备工作的时间。

故障隔离时间 T_{FI}——将故障隔离到着手进行修理的层次所需的时间。

分解时间 T_D——拆卸设备以达到故障隔离所确定的 RI（或 RI 组）所需的时间。

更换时间 T_T——卸下并更换失效或怀疑失效的 RI 所需的时间。

重装时间 T_R——重新安装设备所需的时间。

调准时间 T_A——对设备（系统）进行校准、测试和调整所需的时间。

检验时间 T_C——检验故障是否排除、设备（系统）能否正常运行所需的时间。

启动时间 T_{ST}——确认故障已被排除后，使设备（系统）重新进入故障前的运行状态所需的时间。

④ 维修活动的分解。一项维修活动可能是由若干个基本维修作业（动作）组成的。例如，更换一个晶体管，要包括拆焊(3 处)、取下、清理、安装、重焊(3 处)等几个动作。这些动作（基本维修作业）占用时间短且相对稳定（时间散布不大），常见动作种类数量有限。因此，可以选择常见的基本维修作业，通过试验或现场统计数据确定其时间（工时），作为维修性预计的依据。

维修性预计则是一个反向综合过程，从估计维修动作的时间（工时）开始，计算各项维修活动时间（工时）、各 RI 在各 FD&I 输出的修复时间（工时）、各 RI 的平均修复时间 $\overline{R}_n$（工时），最后估算出设备（系统）的平均修复时间 $\overline{M}_{ct}$（工时）。

在上述过程中，运用的数学模型基本上是两类，即累加模型和均值模型。累加模型用于串行作业，在不考虑并行作业的情况下由基本维修作业时间合成为维修活动时间 T_{mnj}，维修活动时间合成为各 RI 在各 FD&I 输出下的平均修复时间 R_{nj}。均值模型用于求系统平均修复时间。

（4）预计程序。

① 确定预计要求。首先要明确需要预计的维修性参数及其定义，其中包括修复时间中的时间元素，是否需要根据装备的特点做调整；其次是确定预计程序和基本规则；再就是明确预计所依据的维修级别，了解其保障条件与能力。

② 确定更换方案。由于具有不同的更换方案，哪些是规定维修级别的可更换单元所需要的维修方案，可用包含维修职能的系统功能层次框图表示。还要进一步确定更换方案，如单独更换、成组更换与交替更换。

③ 决定预计参数。在上述预计需要的资料基础上，进一步确定预计用的基础数据。

④ 选择预计的数学模型，应根据实际维修作业情况进行选择与修正预计数学模型。

⑤ 计算维修性参数值。在以上分析与数据收集、处理的基础上，利用预计模型自下而上逐层计算，求得所需的维修时间或工时。在估算出系统或设备的平均修复时间 $\overline{M}_{ct}$ 后，若需估计最大修复时间 $M_{\max ct}$，须利用已知的分布假设计算。

4. 随机抽样法

这种方法使用随机抽样的基本原理，从组成系统的全部元件中，按照可更换的不同种类，随机抽选可更换件，把每种可更换件都作为一个小子样，对每个子样的可更换件进行维修性分析。典型的可更换件如晶体管、电子管、电容等，可以使用这种方法进行预计。

随机抽样法的基本思路是，认为系统的失效主要是由于可更换件的故障引起的，故更换这些器件所需要的时间就是不能工作时间的一种量度。假如不能工作时间的长短是一些具体设计参数的函数，这些参数与下列因素有关：①系统的物理结构；②所提供的维修装置情况；③完成维修任务所需的维修技术等级。

习题与思考题

8-1 什么叫维修性？维修性与可靠性有什么异同？

8-2 维修性常用的定置指标有哪些？

8-3 什么是维修性模型？常用的模型有哪些种类？

8-4 为什么要进行维修性分配和预计？

8-5 常用的维修性预计方法有哪些？其适用范围如何？

8-6 某系统组成及各单元数据如图 8-9 所示，要求对其进行改进，使平均修复时间控制在 60min 内，试分配各单元的指标。

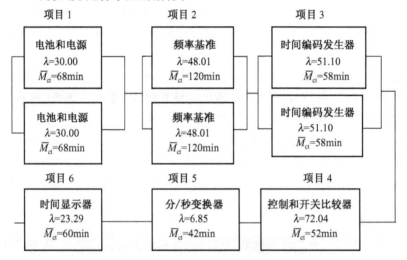

图 8-9 某系统组成及各单元数据

第9章 保障性原理与应用

9.1 概 述

随着可靠性、维修性及保障性工作的不断深入,各个学科出现了向综合化方向发展的趋势,仅靠某一专业工程学科的发展,不能从总体上实现装备的优化,必须强调可靠性、维修性和保障性工作之间的综合协调。由于我国可靠性和维修性工作开展较早,技术上相对较成熟而保障性工作起步较晚,在型号研制中未全面展开,因而,了解和掌握保障性工程的基本观点和工作方法,对于装备设计人员、综合保障工程的管理人员与工作人员以及装备发展决策者都是十分必要的。

9.1.1 综合保障工程的研究对象和范围

装备在执行作战任务中所需的保障工作是多种多样的,并与军兵种的组成、装备特点、作战样式和任务要求及所处的环境条件有关。通常区分为作战保障、装备保障和后勤保障。

作战保障也称战斗保障,指进行战斗所需的保障工作,主要包括观察和侦察、警戒、伪装、电子对抗、核生化防护、通信、工程保障以及对空和水下防御保障等,还包括一些专业保障,如天文、气象、测量计算、领航、导航及救生等。

装备保障指为使装备处于战备完好状态并能持续完成作战任务所需的保障工作,其中包括装备的启封和动用准备、储存和运输、自救和抢救、测试检查、加注燃料和油气液、补充弹药以及大量的维护和修理工作等。

9.1.2 装备保障是综合保障工程的研究对象

装备保障又可分为装备的使用保障和维修保障。各类装备的特点不同,因此使用和维修保障的内容和侧重点也有所不同。属于单次使用的装备其使用保障居重要地位,而多次使用的可修复装备则使用与维修保障兼而有之。使用保障是指为保证装备正常操作使用,以便能充分发挥其作战性能所进行的一系列技术和管理活动,以及为保证这些活动有效地实施所必需的保障资源,如装备使用前检查、加注燃料和补充弹药、装备的操作技术以及装备的储存和运输等,还需考虑相应的专业人员配备与训练和物资保障等。维修保障是指为了保持和恢复装备完好的技术状况所应进行的全部技术和管理活动,以及为保证这些活动有效实施所必需的保障资源,包括装备的计划与非计划维修、战场抢修及其工具、设备、设施的配备和备件、器材的供应等,还需考虑相应的专业人员配备与训练、物资保障等。

9.1.3 保障性与可靠性、维修性等专业工程的关系

保障性与可靠性、维修性等专业工程都是为了满足系统战备完好性要求、降低寿命周期费用而逐步形成并发展的学科和工程领域，它们都是装备的基本属性，都是由研制、生产过程赋予的。它们彼此之间有着密切的联系，但又有其特定的工作内涵和作用。主要表现在以下两个方面：

（1）可靠性、维修性是保障性的前提和基础。可靠性、维修性是影响保障性的关键设计特性，要想达到所需的保障性水平，首先考虑的就是提高可靠性和维修性。可靠性高了，维修性好了，是装备保障性好的重要基础。

（2）保障性具有与可靠性、维修性不同的特性。总体上说，要提高装备的保障性水平，提高其可靠性、维修性水平是重要的途径，但并不是说只要可靠性、维修性提高了，保障性自然就提高了，只有装备的保障性设计全面地考虑了装备的使用、维修、运输、储存和停放等各种保障要求，装备才具备了好的保障能力。这主要是因为保障性包含两个不同性质的内容，即设计特性和保障资源，这里的设计特性指与保障有关的设计特性，如可靠性、维修性等，良好的保障设计特性使装备具有可保障的特征。而保障资源并非设计特性，充足的并与装备匹配完善的保障资源说明装备是能得到保障的。装备具有可保障的特性和能保障的特性才是具有完整性的装备。

从以上叙述不难看出，在特性的关系上装备系统，即顶层的保障性特性涵盖了可靠性、维修性特性，保障性比可靠性、维修性覆盖的内涵更宽、层次更高，可靠性、维修性是关键的保障性设计特性。可靠性、维修性、保障性内涵不同但紧密相联，系统战备完好性是它们的出发点和归结点。

9.1.4 综合保障与技术保障的区别与联系

综合保障工程与现役装备的技术保障工作既有区别也有一定的联系。技术保障工作是为了保证现役装备处于战备完好状态，并能持续完成作战与训练任务所需进行的使用与维修技术和管理。综合保障工程则是在研制新装备时综合考虑装备保障问题，使保障影响设计，并在交付使用同时提供成套的保障资料。综合保障工程贯穿于寿命周期全过程，而技术保障仅是装备使用阶段的一项工作，这是它们之间的本质区别。

在使用阶段，技术保障工作中除了装备的正确操作与使用、保养与修理、器材供应和有关人员训练外，还包括保障兵力和物力的指挥与管理，特别是在战场上保障人力的部署、派遣与支援、保障资源的前送和损伤装备的后送等工作。在使用阶段的综合保障工作则不仅是将设计成套的保障资源和建成的保障系统提交使用，还包括承制方向订购方提供技术服务，对交付的保障资源和形成的保障系统继续进行评价和分析及必要的改进，核算保障资源费用等工作。

它们之间的联系表现在以下两个方面：

（1）现役装备技术保障工作的基本依据是，这种装备在研制时，为综合保障提供的保障系统和保障资源所制定的使用与保障制度，或者说按建立的保障系统制定使用和维修制度，按这一制度实施技术保障工作。

（2）在综合保障工程中,当确定新装备保障方案和保障资源时,要参考现役类似装备的有关数据与信息,以便更好地适应使用实际情况,这都需要技术保障提供信息。

9.2 保障性要求的确定

保障性指标的确定要经历一个从初步拟定到最后确定、由使用要求到设计要求、由综合特性要求到单一特性要求的细化、分解、转换并权衡的过程,也是一个反复迭代的过程。系统战备完好性要求是基于使用要求和现役类似系统(即选定的比较系统)提出的。确定保障性要求的步骤如表9-1所列。

表9-1 确定保障性要求的步骤

步骤	确定要求	描述对象	要求特点	依据	使用的分析方法和使用工具
1	确定初始装备系统保障性使用要求	装备系统	用综合的、概括的使用参数描述,如MC、SGR等	任务需要说明;新装备的使用方案;基准比较系统的保障性要求	使用研究;利用基准比较系统进行对比分析;建模仿真
2	将初始的保障性使用要求分解为对装备和保障系统的保障性使用要求,当需要时可以分解到功能系统的层次	装备;保障系统及资源;功能系统	用若干单一特性和要素的使用参数描述,如MTBM等	初始的装备系统保障性要求;备选的设计方案;备选的保障方案	使用研究 对比分析 分解转换模型 可靠性分配、预计 维修性分配、预计 FMEA RCMA ROLA 使用维修工作分析 权衡研究 建模仿真
3	将保障性使用要求转换为保障性设计要求	装备;保障系统及资源;功能系统	用若干单一特性和要素的设计参数描述	相应的使用要求;备选的设计方案;备选的保障方案	

在论证阶段,由于设计方案和保障方案尚未确定,只能拟定初步的系统战备完好性要求,并将其分解为初步的可靠性、维修性设计要求和保障系统要求。

在方案阶段,通过对备选设计方案实施可靠性、维修性分配、预计和故障模式及危害性分析等工作项目,估计可靠性、维修性可能达到的水平,找出影响系统战备完好性和费用的关键因素,确定改进的技术途径,并评价其效果和风险;通过对备选的保障方案实施研究和比较分析,估计保障资源、保障费用等可能达到的水平,并通过保障性分析不断地在设计方案和保障方案之间,在要求值和可能值之间进行权衡。随着设计方案和保障方案的不断细化,对初步确定的系统战备完好性要求进行修正。

在这个过程中,主要工作体现在以下两方面:①要求把顶层的要求分解为分别对装备和保障系统的要求,这需要建立分解模型;②要求将使用要求转换为设计要求。

分解模型的建立和大量经验数据的收集和利用是一项有难度的工作,需要探索、研究。在国外,如著名的罗姆实验室对这方面已开展了研究,并推出了一些模型,例如:

$$A_0 = \frac{\text{MTBM}}{\text{MTBM} + \text{MDT}}$$

式中:A_0 为对战备完好性的度量;MTBM 为平均维修间隔时间,是使用可用度的度量;MDT 为平均停机时间。

如已知类似装备的 MDT = 1.25h,如果初始规定 A_0 = 0.8 时,便可获得初始的 MTBM = 50h,这个例子假定 MDT = 1.25h 是基于大量统计信息获得的。

在方案阶段结束时,应最后确定一组协调匹配的系统战备完好性参数、保障性设计特性参数和保障系统及其资源参数的目标值和阈值(至少应确定阈值),并将可靠性、维修性等的目标值和阈值转换为规定值和最低可接受值。

9.3 保障性分析

9.3.1 保障性分析的概念

保障性分析是综合保障的核心工作,是联系综合保障各项工作、各专业工程工作、设计工程工作的纽带。保障性分析是一个进行反复迭代的系统分析过程,是系统工程过程的组成部分,其目的主要是确保保障性要求、影响装备的设计和为规划保障提供信息。

9.3.2 保障性分析的应用与任务

保障性分析过程应用于两个方面:一是提出有关保障性的设计因素;二是确定保障资源要求。前者是根据装备的任务需求确定战备完好性与保障性目标,进而提出与确定可靠性、维修性、测试性、运输性等有关的保障性设计要求,以影响装备的设计,这是将保障性考虑有效地纳入装备设计,使研制的装备具有可保障与易于保障的各设计特性。后者是根据装备系统的战备完好性与保障性目标,确定保障要求和制订保障方案,进而制订保障计划和确定保障资源要求。

保障性分析应完成的主要任务如下:
（1）制订保障性要求。
（2）制订和优化保障方案。
（3）确定保障资源要求。
（4）评估新研装备的保障性。
（5）建立保障性分析数据库。

9.3.3 保障性分析与装备设计过程的关系

保障性分析与装备设计过程的关系如图 9-1 所示。

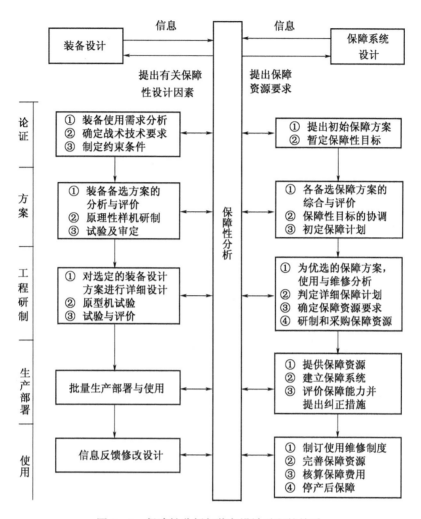

图9-1 保障性分析与装备设计过程的关系

由图9-1可知,保障性分析对装备设计的输出是提出与保障有关的设计因素,对保障系统的输出则是保障资源要求。应当指出,该图所示的只是一个简化的过程,仅说明它们的主要关系,实际上整个保障性分析和通常的系统工程过程一样,是反复迭代、不断分析、综合和权衡的过程。

9.3.4 保障性分析主要内容介绍

国家军用标准《装备保障性分析》(GJB 1371—92)全面规范了装备寿命周期内实施保障性分析的要求、方法和程序。在实际应用中,可根据装备类型、装备规模、设计自由度与技术状态等情况,在寿命周期的不同阶段对这些保障性分析的工作项目进行适当剪裁。表9-2给出了保障性分析内容。

表 9-2 保障性分析的内容

工作项目系列的名称与目的	工作项目名称	工作项目的目的
100 系列 保障性分析工作的规划与控制 目的：为保障性分析制定计划和提出评审要求	101 制定保障性分析工作纲要	制订保障性分析工作纲要，明确具有最佳费用效益比的保障性分析工作项目及子项目
	102 制定保障性分析工作计划	制订保障性分析计划，以确定并统一协调各项保障性分析项目，确定各管理机构的职责，并提出完成各工作项目的途径
	103 制定保障性分析的评审	为承制方制订一项对有关保障性分析提交的设计资料进行正式评审和控制的要求，该要求应保证保障性分析工作的进度与合同规定的评审点相一致，以达到预期的效果
200 系列 装备与保障系统的分析 目的：通过与比较系统的对比和保障性、费用、战备完好性主导因素分析，确定保障性初定目标和有关保障性的设计目标值、阈值及约束	201 使用研究	确定与装备预定用途有关的保障性因素
	202 硬件、软件与保障系统的标准化	根据能在费用、人员与人力、战备完好性或保障政策等方面得到益处的现有和计划的保障资源，确定装备的保障性及有关保障性的设计约束，给装备的引荐或软件标准化工作提供保障性方面的信息辅助
	203 比较分析	选定代表新研装备特性的基准比较系统或比较系统，以便提供有关保障性的参数，判明其可行性，确定改进目标，以及确定装备保障性、费用和战备完好性的主导因素
	204 改进保障性的技术途径	确定和评价从设计上改进新研装备保障性的技术途径
	205 确定保障性和有关保障性的设计因素	确定从备选设计方案与使用方案中得出的保障性定量特性，制订装备的保障性及有关保障性设计的初定目标、阈值及约束
300 系列 备选方案的制订与评价 目的：优化新研装备的保障方案并研制在费用、进度、性能和保障性能之间达到最佳平衡的装备系统	301 确定功能要求	为装备的每一备选方案确定在预期的环境中所必须具备的使用和维修保障功能，然后确定使用与维修配备所必须完成的各种工作
	302 确定备选保障方案	制订可行的装备备选保障方案，用于评价与权衡分析及确定最佳的保障系统
	303 备选方案的评价与权衡分析	为装备的每一备选方案确定优先的备选的保障系统方案，并参与装备备选方案的权衡分析，以便确定在费用、进度、性能、战备完好性和保障性能之间达到最佳平衡所需要的途径

(续)

工作项目系列的名称与目的	工作项目名称	工作项目的目的
400 系列 确定保障资源要求 目的：确定新研装备在使用环境中的保障资源需求，并制订停产后的保障计划	401 使用与维修工作分析	分析装备的使用与维修工作，以便：①确定每项工作的保障资源要求；②确定新的或关键的保障资源要求；③确定运输要求；④确定超过目标值、阈值或约束的保障要求；⑤为制订备选设计方案提供保障方面的资料，以减少使用和维修费用、优化保障资源要求或提高战备完好性；⑥为保障所需的技术资料提供原始资料
	402 早期现场分析	评估新研装备对各种现有的或已计划装备的影响，确定满足新研装备要求的人员和人力，确定未获得必要的保障资源时对新装备的影响，以及确定作战环境下主要保障资源要求
	403 停产后保障分析	生产线关闭以前，分析装备寿命周期内的保障要求，以保证在装备的剩余寿命周期内有充足的保障资源
500 系列 保障性评估 目的：保证达到规定的保障性要求和改正不足之处	501 保障性试验、评价和验证	评估新进装备是否达到规定的保障性要求；判明偏离预定要求的原因，确定纠正缺陷和提高装备战备完好性的方法

9.3.5 保障性分析技术简介

进行装备保障性分析要应用许多分析技术，其中有：故障模式、影响及危害性分析（FMECA）；以可靠性为中心的维修分析（RCMA）、维修级别分析（LORA）；使用与维修工作任务分析；生存性分析和费用分析等。这些技术有的在前面可靠性、维修性内容中不同程度地应用过，在保障性分析中，它们主要用来解决完成装备使用与维修工作的工作内容、工作时间、工作地点、所需资源、维修经济性和野战维修等问题，以便实现所制订的保障性目标。这些技术在保障性分析中应用的相互关系如图 9-2 所示。

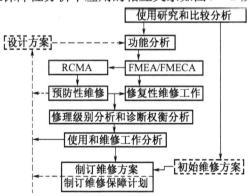

图 9-2 保障性分析中应用的技术及其相互关系

9.4 装备的保障性设计

保障性设计的基本含义是将与装备保障有关的设计特性纳入装备设计,将保障性要求纳入系统设计的一系列方法和活动。它是保证系统达到保障性要求的基本措施和根本途径。

如前所述,要实现装备保障性目的,首先要重视提高装备的设计特性,从保障性角度讲,这里的设计特性主要指与装备使用和维修保障有关的设计特性,如可靠性与维修性等,以及使装备便于操作、检测、维修、装卸、运输、消耗品补给等的设计特性,在整个设计过程中保障性设计特性需要与其他传统的设计特性不断地进行综合权衡,相互协调,良好的保障设计特性是使装备具有可保障的特征,或者说所设计的装备是可保障的;其次,还要重视装备保障系统设计,通过保障资源的规划与研制,使资源与装备的可保障特性协调一致,并有足够的资源满足被保障对象(装备)的任务需求。从保障性角度来看,充足的并与装备匹配完善的保障资源说明了装备是能得到保障的。

综上所述,装备系统的保障性设计主要包括装备的保障性设计和保障系统设计,两者应同步进行。

9.4.1 装备的保障性设计基本内容

装备的保障性设计基本含义是将装备与保障有关的设计特性纳入装备设计,这些特性是在设计中赋予装备的保障特性,包括可靠性、维修性、测试性以及易损性、运输性、抢修性、自保障特性等。关于可靠性、维修性设计等内容在本书前面章节中已详细介绍了,本节主要介绍其他保障性设计内容及其发展情况,主要包括易损性、运输性、抢修性、自保障特性等,它们反映在某些特定情况下的需求,是装备的质量特性,也是在装备设计中确定的。随着现代战争对装备要求的日益提高,而这些特性本身主要侧重于战时实际情况,因而正越来越受到重视。

9.4.2 装备的保障性设计发展

下面结合国外先进飞机的实例,主要从以下几方面说明装备保障性设计的发展。

1. 更高的可靠性、维修性要求

飞机的可靠性、维修性是飞机重要的设计特性之一,可靠性、维修性等有关保障的设计特性的提高,对于提高飞机战备完好水平、降低寿命周期费用有重要影响,因而引起了足够重视。为此,美国空军提出了 R&M 2000 计划,要求 R&M 比现役飞机提高一倍的总目标。例如,在 F-22 设计中,针对整机提出的 R&M 目标主要包括:飞机寿命满足飞机结构完整性大纲要求的 8000h 以上;战斗出动率达 4.5 次/d,是现役飞机 F-15 的两倍,再次出动准备时间为 F-15 的 2/3;每飞行小时的维修工时(MMH/FH)和后勤保障要求均为 F-15 的一半;飞机实行两级维修。针对发动机提出的要求主要包括:选用的 F-119 发动机可满足发动机结构完整性大纲要求,达 4000h;与 F-15 选用的 F-100 型发动机相比,空中停车率减少 29%,提前更换率下降 33%,返修率减少74%,外场可更换件(LRU)更换率降低50%,平均维修间隔时间(MTBM)增加62%,发动机的MMH/FH减少63%,发动机更换时间下降60%(为89min),发动机零件数量约减少40%,保障工具设备数量约减少60%。此外,R&M对电子设备也提出了相应要求。

2. 日益强调飞机抢修性要求

飞机出动率是决定其作战胜负的一个关键因素,故要求飞机能持续保持高的战备完好率。要满足这一要求,除实现上面提出的R&M要求外,还要求对战伤飞机有较高的抢修能力。由于现代作战飞机面临的作战威胁环境日益严峻,因而对战时飞机要求具有良好的保障设计特性,即需要良好的抢修性要求。例如,美国空军要求80%的战伤飞机能在野战机场于24h内可修复并可执行一定任务。

抢修性是指在作战条件下和规定时间内,以应急手段和方法进行维修时,使损伤装备恢复到完成某种任务所需的功能或能自救的能力。由于战时有更多不确定性,抢修性的要求主要是定性的,特别是目前对抢修性研究还不够深入,对战场损伤规律掌握还不透,因此,抢修性设计主要是制订和执行设计准则。

3. 飞机的自保障特性日益受到重视

未来高技术战争的基本特征是以"机动和精确"作战模式取代以往的"密集"作战模式。为提高作战的机动性、灵活性和生存性,要求飞机能以最小的独立作战单位,分散到保障条件简陋的野战机场去机动作战,这就要求飞机具有另一种新的保障设计特性,亦称为自保障特性,即飞机具有自我保障的能力,能自选提供起飞和起飞线维护所需的各种能源,不依赖起飞线保障设备。

飞机的自保障特性是指飞机自身提供作战所需的保障能力,以减少或取消飞机对某些外部(地面)保障(主要指起飞线保障)的依赖,以便能在战时适应在保障条件简陋的野战机场起飞和机动作战。

目前美军已有实际应用的飞机自保障技术,包括以下几个方面:

(1) 自提供起飞线能源。在战斗机/轰炸机上增设或利用第二动力装置或辅助动力装置,以提供起飞线作业和起飞时所需的各种动力。这样飞机可摆脱对各种起飞线作业和起飞线保障设备的依赖而自行起飞,并可减少部队转场时所需空运量的17%。目前在F-22战斗机和B1-B轰炸机上均装有这类动力装置。

(2) 自挂弹。在轰炸机(如B1-B)上装设快速武器装挂系统,能自行装挂导弹和炸弹,而省去地面挂弹车。

(3) 自制氧/氮。以机载制氧/氮系统来代替机载氧/氮气瓶,从而可以取消地面的制氧/氮站,并在飞机再次出动时不用充氧。这项技术已用于B1-B、AV-8B等飞机。

(4) 自顶起。飞机上装有自顶起装置,而省去地面千斤顶。如美国改进的C-130运输机的起落架上有自顶模件、C-17运输机上的安定面支柱也有此功能。

(5) 挂带吊舱。可在挂副油箱位置安装吊舱。飞机转场时,卸下副油箱而挂带吊舱,内装小型保障设备。吊舱设计成有自降能力,带轮降到地面后可用手推。

当然,以上措施都会带来飞机结构设计以至某些性能参数和可靠性、维修性等方面的问题,这就需要进行综合权衡以决策取舍。

9.5 保障系统设计

装备使用中的保障通过保障系统实施。装备系统是使用与维修装备所需的所有保障资源及其管理的有机组合,而保障方案是保障系统的完整总体描述。通过对初步确定的保障方案的不断优化和细化,结合保障资源的规划形成保障计划,作为建立保障系统的基础。保障系统、保障方案及保障计划的关系如图9-3所示。

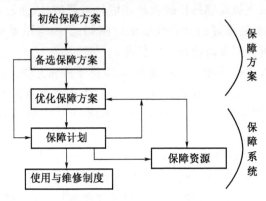

图9-3 保障方案、保障计划和保障系统之间的关系

保障系统设计是指保障系统形成和建立的过程,它主要通过规划保障和规划保障资源,在此基础上进一步形成保障系统。

9.5.1 规划保障

规划保障是指从确定装备保障方案到制订装备保障计划的工作过程,包括规划使用保障和规划维修保障。

保障方案包括使用保障方案和维修保障方案,其具体组成如图9-4所示。

规划保障的过程是保障性分析的一部分,是一个不断迭代的过程,根据使用方案和保障要求,按照《装备保障性分析》(GJB 1371—92)(重点在300系列工作项目),确定保障

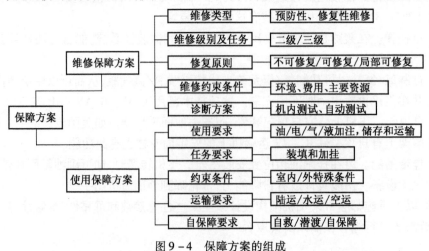

图9-4 保障方案的组成

方案和保障计划,主要工作有以下几点:

1. 确定功能要求(工作项目 301)

确定装备系统的功能,包括装备和保障系统的功能要求,或者包括使用、维修及补给功能,以进一步确定使用与维修工作项目,为制订保障方案打下基础。功能分析的主要工具是功能框图。为了确定维修、储存、补充等保障功能,应以使用功能为基础,当某一功能不能实现时,则是一个维修(保障)功能流程的起点。

2. 确定备选保障方案(工作项目 302)

根据装备类型、现有条件,制订数种可行的备选保障方案,以供进一步优化。

3. 备选方案的权衡与评价分析(工作项目 303)

备选方案的权衡与评价分析工作的内容主要包括：建立评价与权衡准则；评价函数的确定；评价值的计算及综合评价。

在权衡与评价对象方面,由于保障方案组成较为复杂,一般分为对保障方案某一组成部分的权衡与评价和对保障方案总体效果的权衡与评价,前者一般属局部优化,影响面有限,相对容易；后者属全局优化,需要大量数据积累。

9.5.2 规划保障资源

保障资源是装备使用与维修的重要物质基础,是装备保障系统的重要组成部分,只有形成优化的保障系统,才能更好地保障装备系统达到规定的系统战备完好性要求。规划与研制保障资源是装备研制工作的一个重要组成部分,它随着装备研制的不断深入而不断细化。

保障资源规划的工作程序如图 9-5 所示。

图 9-5 保障资源规划的工作程序

1. 人员和专业技术水平

人员是使用与维修装备的主体,是战斗力的重要组成部分。在某一新型装备投入使用后,总需要一定数量的、并具备一定专业知识的人员从事装备的使用与维修工作。在新装备研制过程中,人员及技术水平的要求是优先考虑的因素之一,这时,使用部门常把人员的编制定额和人员可能达到的技能水平作为确定人员要求的约束条件向承制方提出。在研制过程中,则根据使用与维修工作任务分析结果,考虑相应的约束条件、平时和战时兼顾等方面的问题来确定人员数量、技术专业和技术等级要求。

对装备的不同阶段、不同层次规模维修人力资源的需求与配置,其方法不尽相同,主要有以下几种：

(1) 专家评估法。这种方法通常用于对综合程度较高、规模较大的装备维修人力资源需求的确定，特别是对于大型装备基地维修人力资源需求的考虑。

(2) 分析计算法。装备维修人力资源需求，其决定因素是维修工作任务量，它主要采用自下而上的方式，即对各种修复性维修工作和预防性维修工作完成的频率和时间进行分析，得到各专业维修工作任务量，然后综合其他因素，进一步确定维修人力需求，这种方法可用于装备研制阶段。

在确定了研制周期 T 内修复性维修工时及预防性维修工时后，对两者加以综合，即可确定对应于该维修级别的装备维修人力需求，即

$$M = \frac{(T_C + T_P)\eta}{h_0} \qquad (9-1)$$

式中：T_C 为时间 T 内修复性维修工时；T_P 为时间 T 内预防性维修工时；η 为维修工作量修正系数；h_0 为 t 时间内规定每人完成的维修工时数。

(3) 统计计算法。在装备使用一段时间后，随着各项维修工作的开展，可收集到与维修工时相关数据，其与早期的预计会有所差别，通过分析差别的程度，判断是否有必要对维修人力配置进行修正。随着更多新研装备和引进装备服役，这种方法有一定适用空间。

(4) 模拟法。它通过计算机来仿真装备使用和维修过程。它通过一个复杂的故障发生器，产生使用过程中可能出现的各类故障，并结合装备使用和保障各级别环节，输出维修人力工时，进而以此确定维修人力需求。这种方法要求拥有大量数据积累。

2. 供应保障

供应保障是确定装备使用和维修所需器材的数量和品种，并研究它们的筹措、分配、供应、储运、调拨以及装备停产后的器材供应等问题的管理与技术活动。装备在使用与维修中需要的器材包括备件和消耗品，备件用于维修时更换有故障或失效的零部件，消耗品是维修所消耗掉的材料，如垫圈、开口销、焊条、焊料、胶布等。据统计，在寿命周期中维修所需的器材费用占整个维修费用的 60%~70%，由此可见其重要性。供应保障应本着及时、充分和经济的原则，它主要解决两个方面的问题：一是确定器材的需求量；二是确定装备器材的库存量。

从备件提供的时间上区分，可将备件分为初始备件和后续备件，即装备初期使用中应供应保障的备件和装备后续正常使用与维修所需的备件。此外，还应考虑专为停产后的备件供应与战时供应问题。初始供应工作的重点是确定初始备件的需求量，规划装备在使用阶段初期的备件供应工作。后续供应工作的重点是对备件库存量的控制，保证装备的正常使用和维修有充足的备件。

供应保障研究内容非常广泛，以下仅就备件需求量计算方法做一说明。

这里主要讲述 3 种研究方法，分别是确定性方法、概率型方法和计算机仿真法。

(1) 确定性方法。该方法假定在一定时期内，备件需求是一恒定值，其计算结果是唯一的。根据掌握信息的多少，应用时有 3 种方法。

① 类比法。其主要思想是利用装备研制、生产都具有一定的继承性的特点，以相似装备、相似维修备件为基础，通过分析新旧装备的差异，以确定新装备备件消耗量，引入修

正因子 K 来进一步确定新装备备件的配置水平,即

$$D'_j = KD_j \tag{9-2}$$

式中:D_j 为原相似装备第 j 类备件在给定保障期内的消耗水平;D'_j 为新装备中与原相似装备对应的第 j 类备件的消耗水平。

确定了新装备备件消耗水平后,结合装备数量,便容易得到备件配置数量。这种方法适合于在装备研制早期尚没有较多相关数据的情况。

② 工程估算法。其主要思想是通过对装备在一定时期内预期的维修任务及每次维修预期备件消耗量等数据来直接计算某备件配置数量,即

$$N = \sum_{j=1}^{r} \sum_{i=1}^{k_j} n_j f_{ji} D_{ji} \tag{9-3}$$

式中:r 为需要该种备件装备种类;k_j 为 j 型号装备需要该种器材的维修项目数;n_j 为该保障级别上保障的 j 型号装备数;f_{ji} 为 j 型号装备在一定保障期内对第 i 项维修任务的频数;D_{ji} 为 j 型号装备进行一次 i 项维修工作,单台装备某种备件的消耗水平。该方法适应于装备使用一段时期后积累了一定相关数据的情况。

③ 统计预测法。该法通过对历史上同一装备备件消耗和配置量数据的收集,采用统计学的方法建立预测模型。

上述常用的 3 种方法要根据装备研制、使用的不同时期灵活选用。

(2) 概率型方法。备件数量需求与许多因素有关,如备件可靠性水平、维修性水平、使用情况、环境状况因素等,因而有着不确定性,所以用概率方法反映这种数量需求就更趋合理。下面给出备件寿命服从不同分布时数量的计算方法。

① 指数寿命件备件需求量确定。指数寿命件是装备中使用最多的,根据使用实际情况,又将其分为不可修复和可修复两种类型,其需求分析模型也有所区别。

a. 不可修复电子备件数量的计算公式为

$$P(j \leqslant s) = \sum_{j=0}^{\lambda} \frac{(N\lambda t_1)^j}{j!} \exp(-\lambda N t_1) \tag{9-4}$$

式中:s 为该项所需备件数量;N 为该项部件的全部零部件数;λ 为该项部件的工作失效率;t_1 为备件初始保证期内(一般为 1~2 年)累计工作小时数,鉴于泊松方程的通用性,t_1 也可换成 t_2(备件供应周期内累计工作数);P 为备件置信水平,以概率表示,其与备件风险率的关系为

$$P = 1 - \beta \tag{9-5}$$

例 9-1 某装备有某同型电子设备 20 个,均为不可修件,其失效率 λ 为 10^{-4} 次/h,在两年保证期内,每年累计工作时间是 5000h,若要求备件供应概率不小于 90%,试求初始备件应储备多少件?

解 由已知条件可知,$N\lambda t = 20 \times 10^{-4} \times 5000 \times 2 = 20$,代入式(9-4),经迭代运算可知,$s = 26$。

b. 可修复电子备件数量的计算公式为

$$P(j \leqslant s) = \sum_{j=0}^{\lambda} \frac{(N\lambda \overline{M}_{ct1})}{j!} \tag{9-6}$$

式中：$\overline{M}$ 为该项故障件的平均修复时间。

说明：式(9-6)中用 $\overline{M}_{ct1}$ 替换式(9-4)中的 t_1，要求部件的 MTBF 远大于该件的平均修复时间 $\overline{M}_{ct1}$，且在基层级进行修复；如果该件在基层级更换，之后中继级或基地级修复，此时 t 应用该件修理周转期(TAT)内装备累积工作时效(h)计算，TAT 取值一般比初始保障期短很多，如 3~6 个月。

式(9-6)中其余符号定义同式(9-4)。

当 $N\lambda t > 5$ 时，可用正态分布近似计算，这时备件需求量的计算公式为

$$s = N\lambda t + u_p \sqrt{N\lambda t} \tag{9-7}$$

说明：鉴于泊松方程的通用性，上述方法可用于初始备件和后续备件需求计算，但要注意明确各自对应的时间，并且要将后续备件需求数量与基层级申请供应的备件数量区别对待。

② 正态寿命备件需求数量的计算公式为

$$n = \frac{t}{\mu} + Z_p \sqrt{\frac{\delta^2 t}{\mu^3}} \tag{9-8}$$

式中：n 为第 i 项备件所需数量；μ 为该项机械件的平均寿命(h)；δ^2 为该项备件的平均方差；t 为更换周期(磨损寿命 t 用工作时数表示，若是腐蚀、老化寿命，t 可用日历时数近似)；Z_p 为标准正态分布的百分位点值。β 与 Z_p 对应关系由表 9-3 给出，也可由 GB 4086.1 中正态分布函数表查得。

表 9-3 β 与 Z_p 关系表

β	0.2	0.15	0.1	0.05	0.01	0.001
Z_p	0.84	1.04	1.28	1.65	2.33	3.09

说明：
① 式(9-8)原则上仅限于不可修复备件。
② 使用式(9-8)时要注意到装备的使用方式，它要求装备的第 i 类 n 个备件是同时工作的。

例 9-2 已知某正态寿命件的平均寿命 $\mu = 10^3$ h，方差 $\delta^2 = 200^2$ h^2，更换周期为 $t = 2 \times 10^4$ h，求对应 $P = 0.95$（查表 $Z_p = 1.65$）时的备件数。

解 按照式(9-8)，有

$$n = \frac{2 \times 10^4}{10^3} + 1.65 \sqrt{\frac{4 \times 10^4 \times 2 \times 10^4}{10^9}} = 21.5 \approx 22$$

即需要 22 个备件。

3. 保障设备

用于使用与维修所需的任何设备均可称为保障设备。随着现代飞机复杂性的日益提高，保障设备特别是测试设备日益复杂，价格越来越高。保障设备包括使用与维修所用的拆卸和安装设备、工具、测试设备（包括自动测试设备）和诊断设备以及工艺装置与切削加工和焊接设备等。

4. 技术资料

技术资料是将装备和设备要求转化为保障所需的工程图样、技术规范、技术革新手册、技术报告、计算机软件文档等,其目的是为装备使用和维修人员正确使用和维修装备规定明确的程序、方法、规范和要求,并与其他保障资源以及工程设计和质量保证等互相协调统一。

常见的技术资料类型主要有以下几种:

(1) 装备技术资料。主要用来描述装备的战术技术特性、工作原理、总体及部件的构造等,主要根据工程设计资料编纂而成。包括各种工作原理图、技术数据及这些资料的相关说明。

(2) 使用操作资料。指有关装备使用和测试方面的资料,一般包括操作人员正确使用和维护装备所需的全部技术文件、数据和要求。

(3) 维修操作资料。维修操作资料是装备各维修级别的维修操作程序和要求。基层级、中继级和基地级维修人员使用该类资料,保证装备每一维修级别的修理工作按规范的活动正确地进行。

(4) 装备及其零部件的各种目录与清单。该类资料是备件订货和费用计算时的重要根据。一般可编成带说明的零件分解图册或者是备件和专用工具清单等形式。

(5) 包装、装卸、储存和运输资料。主要包括装备及其零部件包装、装卸、储存和运输的技术资料及其实施程序。

5. 训练和训练保障

人是装备使用维修保障的主体,必须在装备研制过程中就考虑使用与维修装备的人员训练和训练保障问题,以便从装备设计上做到尽量降低人员技能要求或从训练上提高人员技能水平,使装备部署后,能及时提供可担负使用与维修工作的合格人才,使装备迅速形成战斗力。该项工作内容主要包括训练条件的准备、训练要求的制订、训练器材的研制等。

6. 计算机资源保障

随着装备的日益复杂,内嵌在装备中的计算机越来越多,其所消耗的资源和占用的管理时间也越来越大。因此,计算机资源保障变得越来越重要。计算机资源保障主要包括硬件和软件的保障。

7. 保障设施

保障设施是指保障装备所需的永久性和半永久性的构筑物及其设备,它是保障资源的重要组成部分。按其结构与活动能力可分为永久性设施和移动性设施;按其预定用途分,则可分为维修设施、供应设施、训练设施和专用设施等。

在装备研制阶段,保障设施规划与研制的主要工作包括:①确定保障设施要求,它主要依据现有设施数据、预计的空间可用性、资金、预计的使用维修方案等,用以确定各类设施的品种和数量要求;②制订设施规划与设施设计。

8. 包装、装卸、储存和运输

包装、装卸、储存和运输(以下简称包装储运)的目的就是计划、研究和管理为保证制造出来的装备交给用户时是可用的而必须进行的各种活动。其主要工作是制订装备的包装储运计划。

9.6 保障性评估

9.6.1 基本概念

1. 保障性试验与评价

保障性评估是保障性试验与评价的总称,是衡量综合保障工程效果的必要手段。评价与试验既有区别又有联系,保障性试验是指针对与保障性有关的硬件(或软件)实际的试验,以便获取数据资料。评价则是合乎逻辑地集合与分析试验数据,以便做出决策的过程。

保障性试验与评价贯穿于装备寿命周期全过程,直到部署后通过试验与评价最终考核其保障性。

2. 保障性试验与评价的目的

保障性试验与评价的目的是衡量装备系统在整个研制过程中的保障性。评价计划保障系统的使用效能,确定保障性方面存在的改进措施。

3. 保障性试验与评价的特点

由于保障性研究内容及研究目的自身的特点,保障性试验与评价与其他特性相比也有验证试验、安全性试验、环境试验、耐久性试验、人素工程试验及其他试验等。另外,又必须将装备与保障系统综合起来进行试验,并须将综合保障各专项试验(如保障性验证、技术资料审核)的结果综合加以评定。

(1)连续性特点。主要指保障性试验与评价贯穿于方案论证至部署使用初期的各个阶段。

(2)与其他试验相结合的特点。由于要评价的保障性参数指标很多,因而要进行试验的项目和采集的数据也很多。若单独试验,不仅持续周期长,而且人力、物力、财力消耗巨大,因此,应尽量将保障性试验与其他试验结合在一起进行,做到统筹规划,一项试验多用途。

(3)协调性要求高。由于综合保障试验和评价需要与装备研制过程中其他试验结合进行,并且需要试验与评价的各有关机构相协调,如装备研制单位、独立的试验评价单位、作战使用部门以及型号管理部门等,因此,需要制订好评估计划,明确任务和职责。

9.6.2 保障性试验

保障性试验是为了对在预计的使用环境里的装备系统的保障性评价提供必要的数据所进行的试验,由于保障性评价结果总是要与所制定的保障性要求比较,以便做出是否达到保障性目标的结论,因而,保障性试验必然要服务于这样的目的。前面已介绍过,将保障性要求分为3类:一是针对装备系统的战备完好性要求;二是针对装备的保障性设计特性要求;三是针对保障系统及其保障资源的要求。因而,保障性试验也必然围绕这些要求而展开。保障性试验项目随装备类型、规模及研制条件的不同而存在明显差异。常用的保障性试验项目主要有可靠性与维修性试验、保障性验证试验、人素工程试验、技术资料的审查与验收、装备系统综合试验。

9.6.3 保障性评价

保障性评价是将保障性试验与分析所取得的数据资料(包括部署后在使用环境中收集的数据)进行逻辑的集合与分析,用以对装备的保障性设计和综合保障做出决策的一个过程。这个过程可以看做是贯穿装备研制的设计—试验—评价—再设计的反复迭代过程中的一个环节。

习题与思考题

9-1 保障性定量要求有哪些?

9-2 保障资源通常包含哪些内容?

9-3 某产品有信号处理印制板 20 块,每块失效率 $\lambda = 10^{-5}$ 次/h,在两年保证期内的维修方案如下:印制板送基地修理周转时间为 6 个月,每月按 30d 计,每天工作 24h,试求保障概率 $P \geqslant 95\%$ 条件下,须备多少块才能满足要求?

第10章 结构、机构可靠性分析

10.1 概　述

10.1.1 结构可靠性概述

结构可靠性的研究略迟于电器类产品的可靠性研究,而且在20世纪60年代时,还是参照电器类可靠性研究方法进行的,即从基本原理上把结构简化为理想的串并联系统,略去相关性计算可靠度,实质上两者之间是有本质区别的。

在第二次世界大战期间,由于有关建筑、航空、船舶及海洋工程结构、机电设备等在设计使用期限内,在规定的载荷条件与环境下失效的事例日趋严重,说明了以安全因数法为代表的传统设计方法对环境条件的结构特性的确定性假设是不适当和不可靠的。另外,一些设计结构接近或已超过设计寿命期限,如何估计这些结构能否延长寿命或对其可靠性做出正确的判断结论,成为很迫切的任务。人们不仅希望能定性分析结构的可靠性,还要能定量分析与设计,所有这些都促进了人们对结构可靠性的研究,并推动其发展。

在20世纪60年代末,国际上越来越多的桥梁、高层建筑等都已接近或超过了原来安全因数设计法给出的使用寿命;造价高而数量不少的石油平台、成本很贵而安全性要求很高的民用大型客机及航天上的宇宙飞船的发展,都促进了结构可靠性的研究,形成了结构体系可靠性(structural system reliability)。作为一门学科,结构可靠性是有确切含义的,即在规定时间和规定条件内,结构完成规定功能的能力称为结构可靠性。

10.1.2 机构可靠性发展现状及趋势概况

与结构可靠性相比,机构可靠性的研究要晚些,从20世纪70年代末期开始研究,至20世纪90年代才有了一些成果。目前,这方面发表的文献还不多。

机构磨损可以说是机构中最为突出的问题。在飞机构造及一般机械中,机构运动副零件的磨损失效在总失效中占相当大的比例,为30%～80%。飞机操纵机构、起落架收放机构、直升机力螺旋桨中的铰链接头等都有因磨损失效而引起事故的实例。这种情况促使苏联的学者们对机构磨损可靠性进行研究,在对机构磨损的理论试验研究与使用统计方面都做出了贡献。美国也对一些小专题进行了试验研究。

飞机起落架不能按要求完成其收放功能的事故、卫星通信设备的可收放天线不能按要求完成其收放功能的事故、军用及民用各种阀门的控制功能的失效事故等导致了对运动机构运动功能可靠性的研究。苏联在1979年对其进行了奠定基础的研究。美国C-5A大型军用运输机前缘襟翼的卡住事故以及各种阀门的卡滞故障,促使人们对机构防卡可靠性进行研究;起落架意外开锁放下事故以及波音747旅客机飞行中舱门自动打开的事故,促使人们对锁系统可靠性进行研究。目前,航空机构出现较多的故障,也迫切需要解决机构可靠性问题。

10.2 结构可靠性分析方法概述

10.2.1 结构设计中的不确定因素及可靠性分析的基本过程

1. 结构设计中的不确定因素

为评价结构的可靠性,必须掌握材料强度和载荷的随机性,以及掌握设计计算误差和施工误差等不确定因素,进而对这些不确定因素进行定量分析。

对于结构设计中的不确定因素,很早就受到重视,但由于当时的科学技术水平的限制,还不能提出一个合理的处理办法。在结构分析理论还没有建立的年代里,只能提出"为保证安全必须留有余地"的设计思想。随着结构分析理论的发展,人们提出了用安全因数来笼统考虑不确定因素的确定性设计方法,这种设计方法要求在载荷作用下,结构或构件的某截面的应力不应超过材料的许用应力$[\sigma]$,即

$$[\sigma] = \frac{\sigma_s}{f} \qquad (10-1)$$

式中:σ_s为材料屈服强度;f为安全因数。

在飞机结构上,用抗拉强度σ_b较σ_s多,用了σ_b(抗拉强度)后还需添一个刚度约束,对于材料来讲,即为使用载荷下不超过σ_b。在这个方法中,外力与结构尺寸及材料的能力等是作为确定值来处理的,只是用安全因数来表示强度储备,而f又是凭经验确定的,缺乏合理的科学依据。

长期的实践和理论分析已证实,作用于结构上的载荷及断面尺寸和材料的力学性能等,由于设计、施工和计算等一系列因素的影响,都不会是确定的常量,它们的真实值在名义值附近随机变化,因此,对每一个影响强度的参量都应该看做是随机变量。而有些参量,特别是作用于飞机上的载荷,其本身就是随机变化的,因此安全因数不能作为评价结构的合理依据。

结构可靠性是把所有的工程变量都作为随机变量来处理的,包含在这些随机变量中的不确定性,包括材料性能的不确定性、构件尺寸的不确定性、制造误差以及建造不完善性和焊接残余应力等引起的不确定性等,这种不确定性可以通过实物和试样的测定结果进行统计分析,找到它们的分布特性。

用结构可靠性理论处理不确定性时,克服了传统的确定性设计法和缺点,因而更符合客观实际。在结构可靠性设计中,用可靠度、失效概率及可靠性指标等来评价结构的可靠性,以结构的失效率为依据的概率设计法即可靠性设计法,正在逐渐取代传统的确定性设计法。从确定性概念转为非确定性概念,这是结构设计思想的一个重要转变与设计方法学上的一个飞跃。

2. 结构可靠性分析的基本过程

结构可靠性分析的过程大致分为3个阶段。一是搜集与结构有关的随机变量的观测

或试验资料,并对这些资料用概率统计的方法进行分析,确定其分布形式及有关统计量,以作为可靠度和失效概率计算的依据。

与结构有关的随机变量大致可分3类:外来作用,如载荷等;材料的机械性质;构件的几何尺寸及其在结构中的位置。上述随机变量的统计分布多为正态分布或对数正态分布及极值1型分布。而相应的统计量主要有均值 μ、标准差 σ 及变异系数 ν 等。

可靠性分析的第二阶段是用结构力学的方法计算构件的载荷效应,通过试验和统计获得结构的能力,从而建立结构的失效准则。

载荷效应指的是载荷作用下,构件的应力、内力、位移、变形、振动频率及疲劳损伤等。

结构能力是指结构抵抗破坏和变形的能力,如屈服强度、抗拉强度、允许变形和位移及寿命等。

结构的失效准则用状态来表示。极限状态连接结构能力与载荷效应,组成了进行结构可靠性分析的极限状态方程。对于结构系统,极限状态方程一般较为复杂,可借助结构力学、塑性力学、弹性力学及有限元分析的理论建立起来。

分析的第三阶段是计算评价结构可靠性的各种指标。在构件或结构系统的失效准则建立以后,便可根据这些准则,计算构件或结构系统的各种可靠性指标,如可靠度、失效概率、可靠指标及寿命等。

10.2.2 结构元件可靠性分析的基本方法

1. 内力—强度干涉模型

当讨论元件的静强度可靠性时,可认为只有两个随机变量,即元件强度 R 和元件外载荷 S。元件外载荷(或从结构体系看是元件的内力)与结构所受外载荷、结构的组成以及各元件的尺寸有关。由于结构外载荷是随机载荷,结构各元件的位置和尺寸也有一定的随机性,故元件所受的外载荷是一随机变量。元件的强度(也称为元件的承载能力)与元件的极限应力、元件的尺寸有关,而材料的强度特性、元件的尺寸又都具有随机性,故元件的强度也是一个随机变量。

若元件能承载,即

$$R - S > 0 \quad (10-2)$$

则称 $R_e = P(R - S > 0)$ 为元件的可靠度。

若元件不能承载,即

$$R - S < 0 \quad (10-3)$$

则称 $P_f = P(R - S < 0)$ 为元件的失效概率。

故

$$R - S = 0 \quad (10-4)$$

称为安全边界方程或破坏面方程。

设已由试验与理论分析得到随机变量 R 与 S 的密度分析,如图 10-1(a) 所示,图中密度分布是对称的,因此强度均值 μ_R 与载荷均值 μ_S 均位于各自图形的对称点位置,图中横坐标是强度 R 和载荷 S,纵坐标为密度函数,f_S 与 f_R 分别代表载荷与强度密度分布函数。

下面进行元件破坏概率的一般表达式的推导。正如图 10-1(a) 所示,在正常设计情况下,均值 μ_R 是大于 μ_S 的(注意:横坐标代表 S 或 R 的大小),但是由于存在着随机性,故这两个随机变量间有一交叉重叠区(称之为干涉区),对干涉区的任一内力具体值 S,位于其左边和对应于 f_R 分布的那一部分,都代表强度 R 小于这一内力值 S。图 10-1(b) 代表不存在干涉区的特殊情况,此时 R 恒大于 S,故 $P_f=0$,要想做到这一点,μ_R 比 μ_S 大很多,且 f_R 与 f_S 的分布范围要窄。由于 μ_R 比 μ_S 大得太多,要降低经济性,且 S 通常接近正态分布,R 通常接近正态分布或对数正态分布,因此结构元件通常都有一个小的干涉区,也即有小量值的破坏概率。

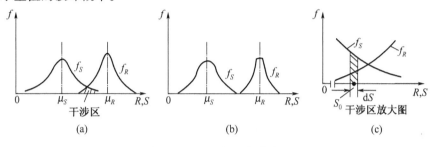

图 10-1 f_R 与 f_S 的分布

下面根据图 10-1(c) 具体推导 P_f 的普遍表达式,分 4 步逐步导出。

元件的内力值位于 s_0 附近 $\mathrm{d}S$ 区间内的概率为

$$P(S_0 - \mathrm{d}S/2 \leqslant S \leqslant S_0 + \mathrm{d}S/2) = f_S(S_0)\mathrm{d}S \tag{10-5}$$

强度 R 小于某一内力值 S_0 的概率为

$$P(R \leqslant S_0) = \int_{-\infty}^{S_0} f_R(r)\mathrm{d}r \tag{10-6}$$

内力值位于 S_0 附近 $\mathrm{d}S$ 区间内,同时强度 R 却低于此区间给出的内力值的概率为

$$f_S(S_0)\mathrm{d}S \int_{-\infty}^{S_0} f_R(r)\mathrm{d}r \tag{10-7}$$

这是因为认为 R 与 S 无关,故其概率为两个单独概率的乘积。

对于内力随机变量 S 的所有可能值,强度 R 低于内力 S 的概率为

$$P_f = \int_{-\infty}^{+\infty} f_S(S) \left[\int_{-\infty}^{S} f_R(r)\mathrm{d}r \right] \mathrm{d}S \tag{10-8}$$

由于强度累积分布函数为

$$F_R(S) = \int_{-\infty}^{S} f_R(r)\mathrm{d}r \tag{10-9}$$

故式(10-8)也可写成

$$P_f = \int_{-\infty}^{+\infty} f_S(S) F_R(S) \mathrm{d}S \tag{10-10}$$

有了上述结构元件的破坏表达式,则元件的可靠度为

$$R_e = 1 - P_f = 1 - \int_{-\infty}^{+\infty} f_S(S) F_R(S) \mathrm{d}S \tag{10-11}$$

也可参照上述 4 步推导,直接导出下式:

$$R_e = \int_{-\infty}^{+\infty} f_S(S) \left[\int_{-\infty}^{+\infty} f_R(r)\,dr\right] dS \qquad (10-12)$$

或

$$R_e = \int_{-\infty}^{+\infty} f_S(S)(1 - F_R(S))\,dS \qquad (10-13)$$

例 10-1 设某结构的构件材料强度服从正态分布,其均值 $\mu_R = 100\text{MPa}$,其均方差 $\sigma_R = 10\text{MPa}$;构件的应力服从指数分布,其 $\mu_S = 50\text{MPa}$,$\sigma_S = 50\text{MPa}$,求该构件的可靠度。

解 由题意可知

$$f_R(R) = \frac{1}{\sqrt{2\pi}\sigma_R} \exp\left[-\frac{(R-\mu_R)^2}{2\sigma_R^2}\right]$$

$$f_S(s) = \lambda e^{\lambda_s}$$

且 $\lambda = \dfrac{1}{\mu_S} = \dfrac{1}{\sigma_S}$。

代入式(10-12)中,得

$$R_e = 1 - \Phi\left(-\frac{\mu_R}{\sigma_R}\right) - \exp\left(-\frac{\lambda^2\sigma_S^2}{2} - \mu_R\lambda\right)\left[1 - \Phi\left(-\frac{\mu_R - \lambda\sigma_S^2}{\sigma_R}\right)\right] = 0.86194$$

2. 一次二阶矩方法(First-Order Second Moment Method,FOSM)

一般情况下,元件的可靠性(实际上,本章的方法可以用于计算结构体系可靠度时的单个破坏模式的破坏概率。这里讲的元件破坏概率或可靠度计算都包含着这层含义)与较多的随机变量有关,分布也不一定限于正态分布,且各变量间还可能相关,这样问题就复杂一些。但用二阶矩理论与方法解之还是相当简单的。二阶矩方法只用到密度分布函数的一阶矩(均值)和二阶矩(方差或标准差)两个参量,计算时采用近似方法以避免复杂的积分。当然,在某些情况下,求得的解确为精确解。下面由简到繁、由易到难逐步阐明之。

(1) 安全余量方程为线性方程,只含两个随机变量且为正态分布时情况。此时有

$$M = R - S \qquad (10-14)$$

且有

$$\begin{cases} M > 0, & \text{安全} \\ M \leq 0, & \text{破坏} \end{cases} \qquad (10-15)$$

式中:M 为安全余量,$M = R - S$ 为安全余量函数。故

$$P_f = P(M \leq 0) \qquad (10-16)$$

$$R_e = P(M > 0) \qquad (10-17)$$

在式(10-14)中,由于 R 与 S 都是正态分布,故随机变更 M 的密度分布也为正态分布,由式(10-16)有

$$P_f = \int_{-\infty}^{0} f_M(m)\,dm = F_M(0) \qquad (10-18)$$

把正态密度分布公式代入式(10-18),得

$$P_f = \int_{-\infty}^{0} \frac{1}{\sigma_M \sqrt{2\pi}} \exp\left[-\frac{1}{2}\left(\frac{m-\mu_M}{\sigma_M}\right)^2\right] dm \qquad (10-19)$$

而

$$R_e = \int_0^{\infty} f_M(m) dm = 1 - F_M(0) = \int_0^{\infty} \frac{1}{\sigma_M \sqrt{2\pi}} \exp\left[-\frac{1}{2}\left(\frac{m-\mu_M}{\sigma_M}\right)^2\right] dm \qquad (10-20)$$

以上各式的推导参考图 10-2。

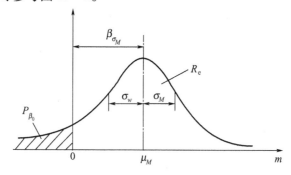

图 10-2 变量 M 的密度分布函数

采用下述变量变换以使其简化为标准正态的求积问题,令

$$Z = \frac{m-\mu_M}{\sigma_M} \qquad (10-21)$$

对式(10-20)两边微分,得

$$\sigma_M dZ = dm \qquad (10-22)$$

将式(10-21)与式(10-22)代入式(10-19),得

$$P_f = \frac{1}{\sqrt{2\pi}} \int_{-\infty}^{Z_0} e^{-\frac{x^2}{2}} dZ \qquad (10-23)$$

式中

$$Z_0 = \frac{0-\mu_M}{\sigma_M} = -\frac{\mu_M}{\sigma_M} \qquad (10-24)$$

用 $\Phi(Z_0)$ 表示式(10-23)等于右边的计算结果,则有

$$P_f = \Phi(Z_0) = \Phi\left(-\frac{\mu_M}{\sigma_M}\right) \qquad (10-25)$$

不少文献中采用下述可靠性指标 β 的定义,即

$$\beta = -Z_0 = \frac{\mu_M}{\sigma_M} \qquad (10-26)$$

因此有

$$P_f = \Phi(-\beta) \tag{10-27}$$

由数理统计知识可知

$$\mu_M = \mu_R - \mu_S \tag{10-28}$$

$$\sigma_M = \sqrt{\sigma_R^2 + \sigma_S^2} \tag{10-29}$$

注意：式(10-29)成立的条件是假设 R 与 S 无关。

下面举一些典型的数据以便对 β 与 P_f、R_e 的关系有一个量级的基本概念，见表10-1。

表10-1 β 与 P_f、R_e 关系的典型值

β	0	0.5	1.0	1.5	2.0	2.5	3.0	4.0	5.0
P_f	0.5	0.3085	0.1587	0.0668	0.0228	0.0062	0.0014	$0.0^4 327$	$0.0^5 3$
R_e	0.5	0.6915	0.8413	0.9332	0.9772	0.9938	0.9986	$0.9^4 673$	$0.9^6 7$

注：表中 $0.0^4 327 = 0.0000327$，$0.9^4 673 = 0.9999673$，其余按此类推

至于式(10-27)的图像阐明则如图10-3所示。

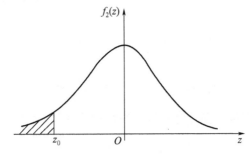

图10-3 标准正态积分示意图

例10-2 一元件安全性因数 $f=1.5$，且认为原设计时的定值强度和载荷均与 μ_R 及 μ_S 相当，且假设剩余强度因数 $\eta=1$，变量服从正态分布，元件强度的变异因数 $V_R=0.06$，载荷的变异因数 $V_S=0.12$，求 P_f 及 R_e（变异因数 V 的定义为：$V=\sigma/\mu$）。

解 因为 $f=1.5$，$\eta=1$，故 $\mu_R/\mu_S=1.5$，应用式(10-25)等，得

$$\beta = (\mu_R - \mu_S)\big/\sqrt{\sigma_R^2 + \sigma_S^2}$$

$$= \mu_S(f-1)\big/\sqrt{V_R^2 f^2 \mu_S^2 + V_S^2 \mu_S^2}$$

$$= (f-1)\big/\sqrt{V_R^2 f^2 + V_S^2} = 3.953$$

所以

$$P_f = 0.0^4 387, \quad R_e = 0.9^4 613$$

若安全因数增加到2，其他数据与条件不变，则可算得

$$\beta = 5.893, \quad P_f = 0.0^8 187, \quad R_e = 0.9^8 813$$

(2) 安全余量函数为线性，式中含 n 个随机变量，变量可以相关，分布为正态分布的情况。此时有

$$M = a_0 + a_1 X_1 + a_2 X_2 + \cdots + a_n X_n \tag{10-30}$$

破坏面为

$$a_0 + a_1X_1 + a_2X_2 + \cdots + a_nX_n = 0 \quad (10-31)$$

式(10-31)是一个含 n 个自变量的超平面,其对应的破坏概率为

$$P_f = P(M \leq 0) \quad (10-32)$$

同样,视 M 为一广义变量,可得

$$P_f = \Phi(Z_0) = \Phi(-\beta) \quad (10-33)$$

式中:$\beta = \mu_M/\sigma_M$,此时有

$$\mu_M = a_0 + a_1\mu_1 + a_2\mu_2 + \cdots + a_n\mu_n \quad (10-34)$$

$$\sigma_M^2 = \sum_{i=1}^n a_i^2 \sigma_i^2 + \sum_{i=1}^n \sum_{j=1}^n \rho_{ij} a_i a_j \sigma_i \sigma_j \quad i \neq j \quad (10-35)$$

式中:ρ_{ij} 为第 i 个元件与第 j 个元件的相关系数。

通常,同一结构不同元件的强度变量之间是有正相关性的($\rho \approx 0.5 \sim 0.8$)。当假设设备变量间无关时,式(10-35)可简化为

$$\sigma_M^2 = \sum_{i=1}^n a_i^2 a_j^2 \quad (10-36)$$

例 10-3 设有结构体系的一个破坏模式的破坏面表达为

$$M = R_1 + \frac{1}{\sqrt{2}}R_5 - S = 0$$

式中:R_1 与 R_5 为元件 1 和元件 5 的强度;S 为结构体系的外载。假设 R 与 S 无关,R_1 与 R_5 相关,且 $\rho_{15} = 0.7, \mu_{R_1} = 200\text{N}, \mu_{R_5} = 300\text{N}, \mu_S = 200\text{N}, V_S = 0.2, V_R = 0.1$,求 p_f 及 R。

解

$$\mu_M = \mu_{R_1} + \frac{1}{\sqrt{2}}\mu_{R_5} - \mu_S = 200 + \frac{300}{\sqrt{2}} = 222.1(\text{N})$$

$$\sigma_M = [a_1^2 \sigma_{R_1}^2 + a_2^2 \sigma_{R_5}^2 + a_3^2 \sigma_S^2 + \rho_{15} a_1 a_2 \sigma_{R_5} + \rho_{51} a_2 a_1 \sigma_{R_5} \sigma_{R_1}]^{\frac{1}{2}}$$

$$= [a_1^2 \sigma_{R_1}^2 + a_2^2 \sigma_{R_5}^2 + a_3^2 \sigma_S^2 + 2\rho_{15} a_1 a_2 \sigma_{R_1} \sigma_{R_5}]^{\frac{1}{2}}$$

故有

$$\beta = 212.1/55.17 = 3.844$$

$$P_f = \Phi(-\beta) = 0.0^4608$$

$$R = 0.9^4392$$

现在再进一步把 β 的几何概念进行阐明。为了易于用图表示,用只含两个变量的破坏方程为例加以说明。对

$$M = R - S = 0 \quad (10-37)$$

做下述变换,以把变量转为标准正态分布,即

$$Z_R = \frac{R - \mu_R}{\sigma_R}, \quad Z_S = \frac{S - \mu_S}{\sigma_S} \tag{10-38}$$

把式(10-38)代入式(10-37)中,经整理得

$$M = R - S = \sigma_R Z_R - \sigma_S Z_S + (\mu_R - \mu_S) = 0 \tag{10-39}$$

式(10-39)为线性方程,代表$Z_R - Z_S$平面中的一条直线,根据代数中点(原点)线距离公式,得

$$d = \frac{\mu_R - \mu_S}{\sqrt{\sigma_R^2 + (-\sigma_S)^2}} = \frac{\mu_M}{\sigma_M} = \beta$$

因此,当变量为n个、线性破坏面、正态分布时,β为标准正态分布中原点到破坏面超平面的距离,如图10-4所示。

图10-4 可靠度指标的几何意义

例10-4 图10-5所示为简单受拉杆,杆的外载$\mu_P = 1000$N,$\sigma_P = 200$N,杆的强度为$\mu_R = 2000$N,$\sigma_R = 200$N,两变量之间无关,且正态分布,求P_f及R_e。

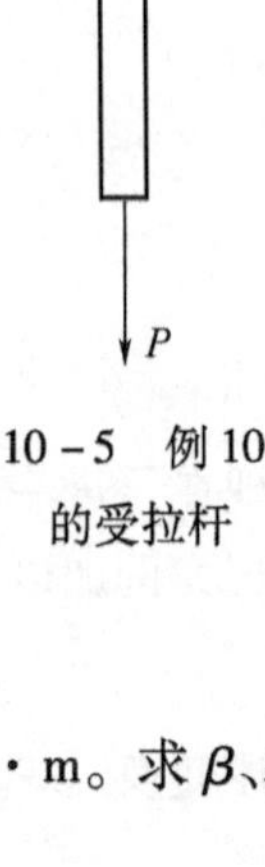

解

$$M = R - P$$
$$\mu_M = \mu_R - \mu_P = 2000 - 1000 = 1000(\text{N})$$
$$\sigma_M = \sqrt{200^2 + 200^2} = 282.8(\text{N})$$
$$\beta = 1000/282.8 = 3.536$$
$$P_f = 0.00020$$
$$R_e = 0.99980$$

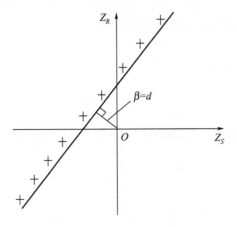

图10-5 例10-4 的受拉杆

例10-5 图10-6所示为一个一次静不定梁,梁为等断面,梁的最大弯矩m_{max}位于铰支处,用m_F表示梁截面的极限弯矩,变量间无关,呈正态分布。

$\mu_P = 400$N,$\sigma_P = 100$N,$\mu_L = 5$m,$\sigma_L = 0$,$\mu_{m_F} = 2000$N·m,$\sigma_{m_F} = 200$N·m。求β、P_f及

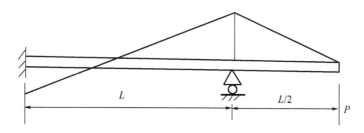

图 10-6 例 10-5 的梁

R_e(只考虑最严重截面处)。

解 若 $m_{\max} \geqslant m_F$,则梁破坏,故破坏面方程为

$$f(P, m_F) = m_F - m_{\max} = m_F - \frac{5}{2}P = 0$$

$$\mu_M = 2000 - \frac{5}{2} \times 400 = 1000 \text{N} \cdot \text{m}$$

$$\sigma_M^2 = 200^2 + \left(-\frac{5}{2}\right)^2 \times 100^2 = 102500 \text{N}^2 \cdot \text{m}^2$$

$$\beta = 3.12, \quad P_f = 0.0^3 9043, \quad R_e = 0.9^3 0957$$

(3) 安全余量函数为非线性,式中含有 n 个随机变量,为正态分布的情况。此时,安全余量函数为

$$M = f(x_1, x_2, \cdots, x_n)$$

一次二阶矩法最初的线性近似方法是把线性化点取在基本随机变量 X_i 的均值点 $\mu_{x_i} = (\mu_{x_1}, \mu_{x_2}, \cdots, \mu_{x_n})$ 上,于是安全裕度为

$$M \approx f(\mu_{x_1}, \mu_{x_2}, \cdots, \mu_{x_n}) + \sum_{i=1}^{n}(X_i - \mu_{x_i})\left(\frac{\partial f}{\partial X_i}\right)\bigg|_{\mu_{X_i}} \quad (10-40)$$

由式(10-40)分别求均值和方差得

$$\mu_M = f(\mu_{x_1}, \mu_{x_2}, \cdots, \mu_{x_n}) \quad (10-41)$$

$$\sigma_M^2 = \sum_{i=1}^{n} \sigma_X^2 \left(\frac{\partial f}{\partial X_i}\right)^2 \bigg|_{\mu_x} + \sum_{i \neq j}^{n} \sum \text{Cov}(X_i, X_j) \left(\frac{\partial f}{\partial X_i}\right)^2 \bigg|_{\mu_{X_i}} \left(\frac{\partial f}{\partial X_j}\right)\bigg|_{\mu_{X_j}} \quad (10-42)$$

式中: $\text{Cov}(X_i, X_j)$ 为 X_i 与 X_j 的协方差。

如果 X_i 和 X_j 都是互不相关的,则式(10-42)可简化为

$$\sigma_M^2 = \sum_{i=1}^{n} \sigma_{X_i}^2 \left(\frac{\partial f}{\partial X_i}\right)^2 \bigg|_{\mu_{X_i}} \quad (10-43)$$

可靠性指标为

$$\beta = \frac{\mu_M}{\sigma_M} \quad (10-44)$$

下面举例说明一次二阶矩法的应用,并对其存在的问题加以讨论。

例 10-6 设圆形截面拉杆承受的拉力 P 为确定值，$P = 100.0\text{kN}$，拉杆材料的屈服强度 σ_x 用直径 d 为随机变量，它们的均值和标准差为 $\mu_{\sigma_S} = 290.0\text{MPa}$、$\sigma_{\sigma_S} = 25.0\text{MPa}$、$\mu_d = 3 \times 10^{-2}\text{m}$、$\sigma_d = 3 \times 10^{-3}\text{m}$。求此拉杆的可靠性指标 β 及失效概率。

解 首先，建立用载荷表示的安全裕度，即

$$M = f(\sigma_R, d) = \frac{\pi}{4} d^2 \sigma_S - P$$

线性化的安全裕度为

$$M = f(\sigma_a, d) = \left(\frac{\pi}{4} \mu_d^2 \mu_{\sigma_b} - P\right) + (d - \mu_d)\left(\frac{\partial f}{\partial d}\right)_{\mu_{X_i}} + (\sigma_S - \mu_{\sigma_S})\left(\frac{\partial f}{\partial \sigma_S}\right)_{\mu_{X_i}}$$

式中

$$\left(\frac{\partial f}{\partial d}\right)_{\mu_{X_i}} = \frac{\pi}{2} \mu_d \mu_{\sigma_x}$$

$$\left(\frac{\partial f}{\partial \sigma_S}\right)_{\mu_{X_i}} = \frac{\pi}{4} \mu_d^2$$

根据式(10-41)及式(10-43)，有

$$\mu_M = 1049.9$$

$$\sigma_M = 446.4$$

可靠性指标为

$$\beta = 2.35$$

则失效概率为

$$P_f = 1 - \Phi(2.35) = 0.0094$$

其次，建立用应力表示的安全裕度为

$$M = f(\sigma_S, d) = \sigma_S - \frac{4P}{\pi d^2}$$

用与载荷表示的安全裕度相同的方法得 $\beta = 3.93$，$P_f = 0.0001$。

从上述可知，对于同一非线性问题，所取的安全裕度函数的表达式不同，用均值展开的 FOSM 方法所求得的可靠性指标差别很大，这是一次二阶矩法存在的严重问题，为了克服此缺点，人们提出了改进的一次二阶矩法。

3. 改进的一次二阶矩法(Advanced First-order Second Moment Method, AFOSM)

该方法是 Hasofer 和 Lind 于 1974 年提出的，其基本概念如下：从标准正态空间的原点作一系列半径为 r 且逐渐增大的超球面，它们与破坏面首先接触的那一点即为设计点 A，从 A 点作破坏面的切超平面，则原点到此超平面的距离即为可靠指标(图 10-7)。由于在标准正态空间内，距原点越近的点密度越大，故此方法的概念较合理。

具体算法主要包括以下几个步骤：

(1) 对基本随机变量 X_i 进行线性变换，转成标准正态随机变量 Z_i，此时有

$$Z_i = \frac{X_i - \mu_{X_i}}{\sigma_{X_i}} \quad i = 1,2,\cdots,n \tag{10-45}$$

$$\mu_{Z_i} = 0, \sigma_{Z_i} = 1 \quad i = 1,2,\cdots,n \tag{10-46}$$

（2）用迭代法逐步求得真正的 β 值,当破坏超平面的曲率不大时,则不管此超平面（用 S_Z 表示）位于超平面（用 P_Z 表示）的左下侧还是右上侧,从原点到 P_Z 的距离（β）恒小于从原点到超平面 S_Z 上任何其他点的连线（射线）长度（图 10-8）,故有

$$\beta = \min_{\bar{x} \in S_Z} \left(\sum_{i=1}^{n} Z_i^2 \right)^{\frac{1}{2}} \tag{10-47}$$

$$\sum_{i=1}^{n} a_i^2 = 1 \tag{10-48}$$

$$a_i = -\frac{\partial f(\bar{Z})}{\partial Z_i} \frac{1}{K} \tag{10-49}$$

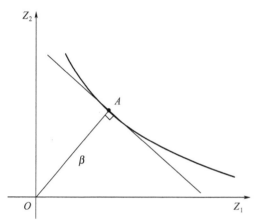

图 10-7 破坏面在设计点的线性化示意图

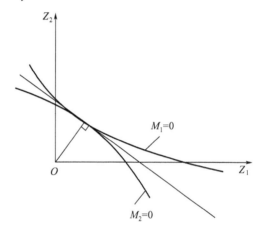

图 10-8 安全余量方程为超曲面时的可靠度指标示意图

常数 K 可由式（10-48）和式（10-49）求得,即

$$K = \left(\sum_{i=1}^{n} \left(\frac{\partial f(\bar{Z})}{\partial Z_i} \right)^2 \right)^{\frac{1}{2}} \tag{10-50}$$

式中,$f(\bar{Z})$ 可由 $f_0(X)$ 通过变量代换求得,且令

$$f(\bar{Z}) = f_1(Z_1, Z_2, \cdots, Z_n) + Z_0 \tag{10-51}$$

式中：Z_0 为常数项,据 n 维向量代数与解析几何得

$$\beta = -\frac{Z_0}{f_1(a_i)} \tag{10-52}$$

此时 $f_1(a_i)$ 代表在 $f_1(Z)$ 中用 a_i 代 Z_i,用 $\beta a_i a_j$ 代 $Z_i Z_k$（注意 $Z_i = \beta a_i$）。具体解题时,建议原始数据 β^0 及 a^0 用下述方法取,即

$$\beta^{(0)} \approx 3 \sim 4$$

$$|a_1^{(0)}| = |a_2^{(0)}| = \cdots = |a_n^{(0)}| = \frac{1}{\sqrt{2}}$$

a_i 的正负号选择的一般原则是对于载荷取正,对于强度与几何变量取负。

由 $\beta^{(0)}$ 及 $a^{(0)}$ 算得 $\partial f(Z)/\partial Z_i$,即可算得 $a_i^{(I)}$,再由式(10-52)算得 $\beta^{(1)}$,依此类推。

4. JC 法

前面介绍了求结构可靠性指标中的两种最简单的方法,即均值一次二阶矩法和改进的一次二阶矩法。由于改进的一次二阶矩法克服了均值一次二阶矩法存在的缺点,因而得到了广泛的应用。其主要优点是在基本变量的分布未知时,仅知道其均值与标准差,就可确定可靠性指标 β;而其缺点是,求得的 β 值只有在基本变量服从正态分布且有线性的极限状态方程时才是精确的。

作为一种近似方法,当极限状态方程的非线性程度较低,失效曲面接近平面时,改进的一次二阶矩法还是可以采用的。但实际工程中并不是所有的变量都服从正态分布,为了解决这个问题,拉克维茨和菲斯勒提出了一种适合非正态分布的求解可靠性指标 β 的方法。该法已被国际结构安全度联合委员会(JCSS)所采用,故称 JC 法。该方法提供了通过当量正态化方法,把非正态变量转换为正态变量的近似方法。

现有较 JC 法更精确的转正态分布方法(如吴氏法),在此不做讨论。下面叙述的 10.2.3 和 10.2.4 节内容均选自文献[2]。

10.2.3 机械疲劳强度可靠性

1. 机械零件的无限寿命可靠性设计

利用材料标准试样或零件的 $P-S-N$ 曲线(即概率—应力—寿命曲线,对于非对称循环变应力则为疲劳极限图),根据给定的条件和要求,将零件设计为始终在无限疲劳寿命区(图 10-9)工作,以使该零件有足够长(10^7 次或以上的应力循环)的寿命设计,称为无限寿命设计。

(1) 按零件的 $P-S-N$ 曲线设计。如果已测得零件的 $P-S-N$ 曲线,如图 10-9 所示,其横轴为应力循环次数(或寿命)。纵轴为疲劳强度和应力水平。若已知零件的疲劳

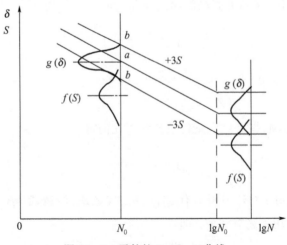

图 10-9 零件的 $P-S-N$ 曲线

强度分布的概率密度函数 $g(\delta)$ 和应力分布的概率密度函数 $f(s)$,则承受疲劳载荷零件的可靠度计算,仍然是以应力—强度分布的干涉理论为依据的。

进行无限寿命可靠性设计时,用 N_σ 右侧的水平线部分,取其均值 μ_δ 和标准差 σ_δ 为强度指标,若工作应力 S 的均值 μ_S 和标准差 σ_S 已求得,且当强度与应力均呈正态分布时,则可求出 z 为

$$z = -\frac{\mu_\delta - \mu_S}{\sqrt{\sigma_\delta^2 + \sigma_S^2}}$$

查标准正态分布表,求得失效概率 $\Phi(z)$,进而求得可靠度 R 为

$$R = 1 - \Phi(z) = \Phi(-z) = \Phi\left[\frac{\mu_\delta - \mu_S}{\sqrt{\sigma_\delta^2 + \sigma_S^2}}\right] = \Phi(z_R)$$

即求得零件在无限疲劳寿命下的可靠度。

(2)按零件的等寿命疲劳极限图设计。受任意应力循环(对称与非对称的)的变应力的疲劳强度可靠性设计,可利用等寿命疲劳极限图进行。

当工作应力不对称系数 r 变化时,应力与强度分布均为三维的图形,且表现为正态分布曲面。强度分布与应力分布的相互干涉部分,给出了零件在随机应力下的破坏概率。由 1 减去这个破坏概率,即为该零件的可靠度值。但由于 r 不是某一确定常数,故可靠度的计算非常复杂。

当不对称系数 r 为某确定值时,利用该零件的疲劳极限图,如图 10-10 所示,先找出 r 值直线与疲劳极限曲线的交点 M,再根据零件的载荷工况的应力幅值 σ_a 或平均应力 σ_m 得出工作应力点 L。过 M 点的疲劳强度分布的均值 μ_δ 和标准差 σ_δ,过 L 点的应力分布均值 μ_S 和标准差 σ_S,可以由疲劳极限图求出。如果它们均呈正态分布,则根据干涉理论,即可求出疲劳载荷下零件的可靠度值,计算方法同前。

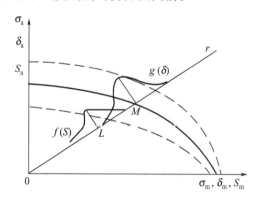

图 10-10 当 r 为常数时零部件的可靠度计算原理

2. 机械零件的有限寿命可靠性设计与寿命预测

许多机械产品和机械设备,如各种重型机械、矿山机械、工程机械和超重运输机械等,其中不少零件虽然承受着重负荷,但工作循环次数却较少,在其整个使用期内也达不到其材料疲劳极限的循环基数(约 10^7 次循环)。另有某些零件,在其使用期内的工作循环次数,虽然会达到这一基数或以上,但为了整个结构设计的合理布置,或为了减小结构尺寸

及重量,充分利用材料以及提高零件的承载能力,常采用有限寿命设计,但配以合理的维修制度和更换零件的方法,以确保这些零件的工作可靠性。例如,机械产品中广泛采用的滚动轴承,就是按循环次数为 10^6 次、可靠度为 90% 条件下的承载能力而进行设计和选用的。

做有限寿命设计时,在指定寿命 $\lg N_e$ 处取疲劳强度的均值与标准差,如图 10-10 中 a、b 点所示的值,再与已求得的工作应力分布的均值、标准差按应力—强度分布干涉理论计算可靠度。如果应力分布与强度分布均服从正态分布,则易求解。在有限寿命疲劳强度可靠性设计中,一般取 $N = 10^3 \sim 10^6$ 次。

(1) 等幅变应力作用下零件的疲劳寿命与可靠度。承受对称或不对称循环的等幅变应力的机械零件的疲劳寿命,其分布函数常符合对数正态分布或威布尔分布。

疲劳寿命服从对数正态分布的情况如下:

在对称循环等幅变应力作用下的零件或试件,其疲劳寿命达到破坏的循环次数 N 时,通常服从对数正态分布,或者说 $\ln N$ 服从正态分布。则其概率密度函数为

$$f(N) = \frac{1}{\sigma \sqrt{2\pi}} \exp\left[-\frac{1}{2}\left(\frac{\ln N - \mu}{\sigma}\right)^2\right]$$

式中:μ、σ 分别为对数均值和对数标准差,即为 $\ln N$ 的均值和标准差。令

$$z = \frac{\ln N - \mu}{\sigma}$$

则零件在使用寿命即工作循环次数达 N_1 时的失效概率或对数正态分布的分布函数为

$$F(N) = P(N \leq N_1) = P(\ln N \leq \ln N_1)$$

$$= \int_{-\infty}^{\ln N_1} \frac{1}{\sigma \sqrt{2\pi}} \exp\left[-\frac{1}{2}\left(\frac{\ln N - \mu}{\sigma}\right)^2\right] \mathrm{d}\ln N$$

$$\Phi(z) = \Phi\left(\frac{\ln N - \mu}{\sigma}\right)$$

由此得可靠度为

$$R(N_1) = 1 - \Phi(z_1) = 1 - \Phi\left(\frac{\ln N - \mu}{\sigma}\right) \quad (10-53)$$

(2) 滚动轴承的疲劳寿命与可靠度。滚动轴承在等幅变应力作用下,其接触疲劳寿命近似地服从二参数威布尔分布,其失效概率为

$$F(N) = P(t \leq N) = 1 - \exp\left[-\left(\frac{N}{N_a}\right)^m\right]$$

式中,循环次数 N 通常以 10^6 次为单位,因此,轴承寿命表示为 $L = N/10^6$,换算成以小时为单位时,则为

$$L_h = \frac{10^6 L}{60n} \quad (10-54)$$

式中:n 为轴承的每分钟转数(r/min)。

在工程实践中,滚动轴承均按可靠度为 90% 时的额定寿命 L_{10} 作为依据。因可靠度为

$$R(N_{90}) = 1 - F(N_{90}) = \exp\left[-\left(\frac{N_{90}}{N_a}\right)^m\right] \quad (10-55)$$

故得额定寿命为

$$L_{10} = N_{90} = N_a\left[\ln\frac{1}{R(N_{90})}\right]^{1/m} \quad (10-56)$$

同理,可靠度为任意给定值 R 时的轴承寿命为

$$L_{(1-R)} = N_R = N_a\left[\ln\frac{1}{R(N_R)}\right]^{1/m}$$

将上式两边与式(10-56)两边分别相比,则得

$$L_{1-R} = \left[\frac{\ln\dfrac{1}{R(N_R)}}{\ln\dfrac{1}{R(N_{90})}}\right]^{1/m} \cdot L_{10} = \left[\frac{\ln R(N_R)}{\ln 0.9}\right]^{1/m} \cdot L_{10}$$

令

$$L_{(1-R)} = a_1 L_{10} \quad (10-57)$$

式中:a_1 为滚动轴承寿命可靠性因数,其计算式为

$$a_1 = \left[\frac{\ln R(N_R)}{\ln 0.9}\right]^{1/m} \quad (10-58)$$

式中:m 为威布尔分布的形状参数。大量的统计资料表明,对于球轴承,$m = 10/9$;对于滚子轴承,$m = 3/2$;对于圆锥滚子轴承;$m = 4/3$。

表 10-2 给出了几组常用的滚动轴承的寿命可靠性因数 a_1。

表 10-2 滚动轴承的寿命可靠性因数 a_1 值

$R(N_R)/\%$	50	80	85	90	95	97	99
$L_{(1-R)}$	L_{50}	L_{20}	L_{15}	L_{10}	L_5	L_3	L_1
球轴承	5.45	1.96	1.48	1.00	0.52	0.33	0.12
圆柱滚子轴承	3.51	1.65	1.34	1.00	0.62	0.44	0.21
圆锥滚子轴承	4.11	1.76	1.38	1.00	0.58	0.39	0.17
注:有些文献给出当 $R(N_R) \geq 95\%$ 时的 a_1 值,另外两种轴承与圆柱滚子轴承的相应值相同							

在实际设计中选轴承时,常常是给定在一定可靠度条件下的轴承寿命 $L_{(1-R)}$,而要求确定其所对应的额定寿命 L_{10} 值,即求

$$L_{10} = \frac{1}{a}L_{(1-R)} \quad (10-59)$$

然后从轴承手册或目录中选择其额定寿命值大于由式(10-59)确定的 L_{10} 值即可。

在轴承设计中,根据疲劳寿命曲线导出的轴承动载荷与其寿命之间的关系为

$$L_{10} = \left(\frac{C}{P}\right)^{\varepsilon} \tag{10-60}$$

式中：C 为额定动载荷(N)；P 为当量动载荷(N)；ε 为疲劳寿命指数，对球轴承，$\varepsilon = 3$，对滚子轴承，$\varepsilon = 10/3$。

考虑到对不同的可靠度、不同的轴承材料和润滑条件，式(10-60)修正为

$$L_{(1-R)} = a_1 a_2 a_3 \left(\frac{C}{P}\right)^{\varepsilon} \tag{10-61}$$

式中：a_1 为寿命可靠性因数，见表10-2；a_2 为材料因数，对于普通轴承钢，$a_2 = 1$；a_3 为润滑因数，一般情况下，取 $a_3 = 1$。

当多数情况下，当 $a_2 = a_3 = 1$ 时，式(10-61)可写为

$$C = a_1^{-1/\varepsilon} P L_{(1-R)}^{1/\varepsilon} = KPL_{(1-R)}^{1/\varepsilon} \tag{10-62}$$

式中：K 为额定动载荷可靠性因数，其计算式为

$$K = a_1^{-1/\varepsilon} = \left[\frac{\ln 0.9}{\ln R(N)}\right]^{1/m\varepsilon} \tag{10-63}$$

式中的指数 $1/m\varepsilon$，球轴承取 3/10，滚子轴承取 1/5，圆锥滚子轴承取 9/40，表10-3列出几组常用的滚动轴承的额定动载荷可靠性因数 K 值。

表 10-3 滚动轴承的额定动载荷可靠性因数 K 值

$R(N_R)/\%$	50	80	85	90	95	97	99
$L_{(1-R)}$	L_{50}	L_{20}	L_{15}	L_{10}	L_5	L_3	L_1
球轴承	0.5683	0.7984	0.8781	1.000	1.241	1.451	2.204
圆柱滚子轴承	0.6861	0.8606	0.9170	1.000	1.155	1.282	1.600
圆锥滚子轴承	0.6545	0.8446	0.9071	1.000	1.176	1.322	1.697

注：有些文献给出当 $R(N_R) \geq 95\%$ 时的 K 值，另外两种与圆柱滚子轴承的相应值相同。

当已知给定可靠度下的轴承寿命 $L_{(1-R)}$ 时，则可由式(10-62)确定相应的额定动载荷 C 值，然后再根据 C 值选择轴承。

例 10-7 某单列向心短圆柱滚子油承，受径向力 $F_r = 6\mathrm{kN}$ 作用，求在 $R(N) = 95\%$，$L_5 = 700\mathrm{h}$；$R(N) = 80\%$，$L_{20} = 7000\mathrm{h}$ 两种情况下所对应的额定动载荷 C 值和选用的轴承型号。

解 按式(10-62)并查表10-3，当 $R(N) = 95\%$ 时，$K = 1.155$；当 $R(N) = 80\%$ 时，$K = 0.8606$。又已知 $P = F_r = 6\mathrm{kN}$，$L_5 = L_{20} = 7000\mathrm{h}$，分别代入式(10-62)，得

$$C = 1.155 \times 6 \times 7000^{3/10} \mathrm{kN} = 98.688 \mathrm{kN}，选用 2310 轴承。$$

$$C = 0.8606 \times 6 \times 7000^{3/10} \mathrm{kN} = 73.533 \mathrm{kN}，选用 2309 轴承。$$

(3) 非稳定变应力作用下零件的疲劳寿命。在每次循环中，应力幅值 σ_e、平均应力 σ_m 或周期 T 之一发生变化的循环应力，称为非稳定变应力。如果经过一定的循环次数后又重复原来的应力变化规律，这种变应力称为规律性的非稳定变应力；否则，为非规律性的非稳定变应力，称为随机应力。

对于承受随机载荷(应力)的零件,在疲劳设计时,首先应搞清楚零件的疲劳危险点的位置,以及在随机载荷作用下危险点处的应力—时间历程,这可通过实测法得到。然后通过适当的计数方法,将它在整个应力—时间历程内出现的峰值载荷的频数加以确定,画出应力(载荷)累积频数分布曲线。如果把这种由样本所测得的分布曲线扩展到 10^6 次循环,即可得到相当于疲劳极限寿命的分布曲线。有了这种扩展的应力累积频数分布图,就可以把它分成若干级(一般为 8 级),即用一阶梯形曲线来近似它,形成程序加载谱。可作为疲劳试验和疲劳寿命估计的依据,当然,在绘制实测应力累积频数分布图时忽略了应力的先后次序对疲劳的影响。特别是当应力级数增加时,则应力前后次序的影响会减小。一般认为 8 级阶梯应力试验程序就足以代表连续的应力—时间历程。

对于规律性的非稳定变应力,进行这种应力谱的疲劳强度的计算,可利用迈纳(Miner)线性累积损伤理论及对其修正的理论,预测疲劳寿命。

① 迈纳线性累积损伤理论。当零件承受非稳定应力时,可采用迈纳疲劳累积损伤理论来估计零件的疲劳寿命。这一理论认为:在试样受载过程中,每一载荷循环都有损耗试样一定的有效寿命分量;又认为疲劳损伤与试样中所吸收的功成正比,这个功与应力作用的循环次数和在该应力值下达到破坏的循环次数之比成比例。此外,还认为试样达到破坏时的总损伤量(总功)是一个常数;低于疲劳限 S_r 以下的应力不再造成损伤;假设损伤与载荷的作用次序无关。最后认为,当各循环应力产生的所有损伤分量相加为 1 时,试件就发生疲劳破坏。归纳起来有以下的基本关系式,即

$$d_1 + d_2 + \cdots + d_k = \sum_{i=1}^{k} d_i = D$$

$$\frac{d_i}{D} = \frac{n_i}{N_i}$$

$$d_i = \frac{n_i}{N_i} D$$

或

$$\frac{n_1}{N_1} D + \frac{n_2}{N_2} D + \cdots + \frac{n_k}{N_k} D = D$$

因此,有

$$\frac{n_1}{N_1} + \frac{n_2}{N_2} + \cdots + \frac{n_k}{N_k} = \sum_{i=1}^{k} \frac{n_i}{N_i} = 1 \tag{10-64}$$

式中:d_i 为损伤分量和耗损的疲劳寿命分量;D 为总累积损伤分量(总功);n_i 为试样在应力水平为 S_i 的作用下的工作循环次数;N_i 为在该材料的 $S-N$ 曲线上对应于应力水平 S_i 的破坏循环次数。

式(10-64)称为迈纳定理。大量的试验数据统计表明,试样达到破坏时的实际总累积损伤量 D 值为 0.61~1.45。它不仅与载荷幅值有关,而且与加载次序关系更大。此外,迈纳理论未考虑低于疲劳极限 S_r 以下应力的损伤分量,因而有一定的局限性。但由于公式简单,且 D 作为一个随机变量而言其数学期望为 1.0。因此,这还是一个比较好的

估计疲劳寿命的手段，广泛用于有限寿命设计中。

设 N_L 为零件在非稳定变应力作用下的疲劳寿命，令

$$a_i = \frac{n_i}{\sum_{i=1}^{k} n_i} = \frac{n_i}{N_L}$$

即 a_i 为第 i 个应力水平 S_i 的作用下的工作循环次数 n_i 与各个应力水平下的总的循环次数 $\sum_{i=1}^{k} n_i = N_L$ 之比，则

$$n_1 = a_1 N_L, n_2 = a_2 N_L, \cdots, n_k = a_k N_L$$

代入式(10-64)，得

$$N_L \sum_{i=1}^{k} \frac{a_i}{N_i} = 1 \qquad (10-65)$$

又设 N_1 为最大应力水平 S_1 作用下材料的破坏循环次数，则按材料疲劳曲线 $S-N$ 的函数关系，有

$$\frac{N_1}{N_i} = \left(\frac{S_i}{S_1}\right)^m$$

代入式(10-65)，得按迈纳理论估计疲劳寿命的计算公式为

$$N_L = \frac{1}{\sum_{i=1}^{k} \frac{a_i}{N_i}} = \frac{N_1}{\sum_{i=1}^{k} a_i \left(\frac{S_i}{S_1}\right)^m} \qquad (10-66)$$

计算时，如果 S_i 与 N_i 的对应值是由 $S-N$ 为可靠度 $R=50\%$ 时的疲劳寿命；如果是按 $P-S-N$ 曲线中的某一存活率 P_i 值的曲线得出，则 N_L 为可靠度 $R=P_i$ 时的疲劳寿命。

② 修正的线性累积损伤理论。由于迈纳理论未考虑不同应力水平的相互影响和低于疲劳极限以下应力的损伤作用，因此有人对其进行了修正。其中应用较多的一种修正的线性累积损伤理论是柯特—多兰(Corten-Dolan)提出的。柯特—多兰理论是以最大循环应力作用下所产生的损伤数目与疲劳裂纹的扩展速率为依据，从而推导出多级载荷作用下估计疲劳寿命的计算公式为

$$N_L = \frac{N_1}{\sum_{i=1}^{k} a_i \left(\frac{S_i}{S_1}\right)^d} \qquad (10-67)$$

式(10-67)与式(10-66)非常相似，因此可以认为，柯特—多兰理论是对应于另一种形式疲劳曲线的迈纳理论。如图10-11所示，这种形式的疲劳曲线是从最高应力点 (S_1,N_1) 起向下倾斜的直线，其斜率 $d < m$，一般取 $d = (0.8 \sim 0.9)m$。因此，当低应力损伤分量占的比例较大时，柯特—多兰理论估计值相对地较短，这是因为它考虑了疲劳极限以下的应力损伤的作用，比较符合实际。

例10-8 某零件受非稳定变应力作用，表10-4所列为其应力谱统计分析结果。

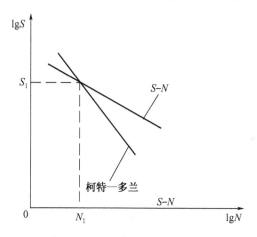

图 10-11 柯特—多兰疲劳曲线

如该表所示,9 级应力水平中最大的一级为 $S_1 = 2000\text{MPa}$,其在相应的疲劳曲线上达到破坏的循环次数为 6.0×10^4 次,设已知零件疲劳曲线的斜率 $m = 5.8$,疲劳极限 $S_r = 1000\text{MPa}$。试用迈纳法和柯特—多兰法估计该零件的疲劳寿命,并比较之。

表 10-4 例 10-8 计算用统计数据

应力级别 I	应力的实测及统计计算				迈纳法	柯特—多兰法
	应力水平 S_i/MPa	频数 n_i	相对频率 a_i	应力比 S_i/S_1	$a_i\left(\dfrac{S_i}{S_1}\right)^{5.8}$	$a_i\left(\dfrac{S_i}{S_1}\right)^{4.93}$
1	2000	1	0.0004	1.000	0.00040	0.00040
2	1800	4	0.0016	0.900	0.00087	0.00095
3	1600	12	0.0048	0.800	0.00132	0.00160
4	1400	53	0.0212	0.700	0.00268	0.00365
5	1100	130	0.0520	0.550	0.00162	0.00273
6	900	260	0.1040	0.450	0.00101	0.00203
7	590	480	0.1920	0.295	0.00016	0.00047
8	355	760	0.3040	0.1775	0.00001	0.00006
9	120	800	0.3200	0.0600		
$\sum$		2500	1.0000		0.00807	0.01189
$N_1 = 6.0 \times 10^4$ 次循环,疲劳极限 $S_r = 1000\text{MPa}$						

解 根据表 10-4 的数据及计算结果解答如下。

方法一:用迈纳法估计零件的疲劳寿命。

由于第 6 级以下的各应力水平均低于疲劳极限,故按迈纳理论,可以忽略。现由表 10-4 取数据,并按式(10-66)估计疲劳寿命为

$$N_L = \frac{N_1}{\sum_{i=1}^{k} a_i \left(\dfrac{S_i}{S_1}\right)^m} = \frac{6.0 \times 10^4}{\sum_{i=1}^{5} a_i \left(\dfrac{S_i}{S_1}\right)^{5.8}} = \frac{6.0 \times 10^4}{0.00689} = 0.871 \times 10^7 (\text{次})$$

方法二：用柯特—多兰法估计零件的疲劳寿命。

取柯特—多兰疲劳曲线的斜率 $d=0.85$，$m=4.93$，并由表 10-4 已算得的数据按式 (10-67) 估计疲劳寿命为

$$N_L = \frac{N_1}{\sum_{i=1}^{k} a_i \left(\frac{S_i}{S_1}\right)^d} = \frac{6.0 \times 10^4}{\sum_{i=1}^{9} a_i \left(\frac{S_i}{S_1}\right)^{4.95}} = \frac{6.0 \times 10^4}{0.01189} = 0.505 \times 10^7 (\text{次})$$

由于零件在低应力水平作用下的循环次数多，柯特—多兰法计入了这些低于疲劳极限应力的损伤作用，因此计算得到的疲劳寿命是用迈纳法得到的疲劳寿命的 58%（$0.505/0.871 \times 100\% = 58\%$），所以用此法更为安全。

(4) 疲劳强度可靠性设计的递推法。在工程实际中，有些零部件承受阶梯性载荷，如轧钢机等。图 10-12 给出了一种典型的阶梯性载荷情况。其中，第一个阶梯的载荷，其应力幅值为 σ_{a1}，平均应力为 σ_{m1}，工作循环次数为 n_1；以后各级的分别为 σ_{a2}，σ_{m2}，n_2，$\cdots$。各级载荷的不对称系数 $r = \sigma_{\min}/\sigma_{\max}$ 可能相同，也可能不同。若 r 相同，就可直接应用给定 r 值的 $S-N$ 曲线；若 r 不同，则应转化为等效应力后再应用相应的 $S-N$ 曲线。

以累积损伤理论为基础的迈纳理论，可以推广到疲劳强度可靠性设计中，这时 $S-N$ 曲线是一条分布带，如图 10-13 所示，该图是 40CrNiMoA 钢的光滑试样（$a_\sigma = 1$）以对称

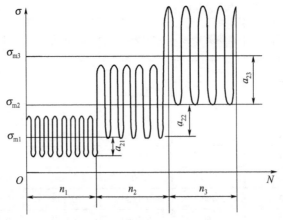

图 10-12 阶梯性载荷顺序加载

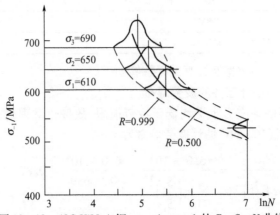

图 10-13 40CrNiMoA 钢 $r=-1$、$a_\sigma=1$ 的 $P-S-N$ 曲线

应力循环进行试验而得到的。图 10-13 所示为可靠度 $R=0.999$ 的应力寿命曲线,相应的标准正态分布变量 z 可由标准正态分布表查得,为 $z=-3.091$,而 $z_R=-z=3.091$,将 z_R 代入,将

$$\sigma_{r(R)} = \sigma_r - z_R S_{\sigma_r}$$

可求得给定应力水平与给定可靠度下的疲劳极限点的位置。

反之,如已知给定应力 σ_i 水平上一点的位置,即可根据该点与对数寿命正态分布均值之间的距离来计算出该点所对应的可靠度 R 值。当然,这里在给定应力水平 σ_i 下得到的寿命 N_i(循环数)本身不是正态分布,取其自然对数后才是正态分布。

要把迈纳理论推广到 $P-S-N$ 曲线上,必须注意损伤的等效概念。例如,如图 10-13 所示,当应力为 $\sigma_1=610\text{MPa}$ 进行工作循环 n_i 次后,在图上即可找出一点,该点位置对应一个标准正态分布变量 z。当转入下一级应力 $\sigma_2=650\text{MPa}$ 上进行工作时,则必须将前一级应力 σ_1 运行 n_1 次所引起的疲劳累积损伤用迈纳法转化在 σ_2 水平下造成的等效损伤所对应的寿命 n_{1e},且将 n_{1e} 并入到第二级应力 σ_2 的工作循环 n_2 中去,求得经过两级应力循环后在 σ_2 应力水平线上的点所在位置及其相应的 z。再转入第三级应力 $\sigma_3=650\text{MPa}$ 上进行工作,再将前两级应力所造成的累积损伤转化为在 σ_3 水平下造成的等效损伤所对应的寿命 $n_{1.2e}$,并将 $n_{1.2e}$ 归到第三级应力 σ_3 的工作循环 n_3 中去。与 n_3 相加,得到总的循环次数。求得经过 3 级应力循环后在 σ_3 应力水平线上点的位置及其相应的 z_R 值后,就可得到可靠度 R 值,此 R 值即为该零部件寿命的可靠度。上面所介绍的就是疲劳强度可靠性设计的递推法,下面用数学式表示其具体计算过程。

设 $n_1, n_2, \cdots$ 表示应力水平 $\sigma_1, \sigma_2, \cdots$ 的工作循环次数;$\overline{N}_1, \overline{N}_2, \cdots$ 表示相应条件下的对数寿命均值;$s_1, s_2, \cdots$ 表示相应的对数寿命正态分布的标准差;n_{1e} 表示 σ_1 经 n_1 后所造成的疲劳损伤等效于下一级应力 σ_2 的循环数;$n_{1.2e}$ 表示经 σ_1、σ_2 两级应力后所造成的累积疲劳损伤等效于第三级应力 σ_3 的循环数;n_{13e} 表示 σ_1、σ_2、σ_3 三级应力的累积疲劳损伤等效于第四级应力 σ_4 的循环数;依此类推,直到最后一级应力。计算步骤如下。

① 计算 z_1,即

$$z_1 = \frac{\ln n_1 - \overline{N}_1}{s_1} \tag{10-68}$$

② 计算 n_{1e},即

$$n_{1e} = e^{(\overline{N}_2 + z_1 s_2)} \tag{10-69}$$

③ 计算 z_2,即

$$z_2 = \frac{\ln^{-1}(n_{1e}+n_z) - \overline{N}_2}{s_2} \tag{10-70}$$

④ 计算 $n_{1.2e}$,即

$$n_{1.2e} = \ln(\overline{N}_3 + z_2 s_3) \tag{10-71}$$

⑤ 计算 z_3,即

$$z_3 = \frac{\ln(n_{1.2e}+n_3) - N_3}{s_3} \tag{10-72}$$

⑥ 按上述方法与步骤继续进行，直到完成全部应力的工作循环次数。

⑦ 由最后一级求得 z_n，查标准正态分布表中的 $z = x_n$ 并使 $z_{R_R} = -z_n$，即可得到该零部件的可靠度 R。

在利用本方法计算多级变应力作用的零件在给定寿命（各级应力的循环次数）下的可靠度时，所用的 $P-S-N$ 曲线应是考虑了有效应力集中因数 K_σ、尺寸因数 ε 和表面加工因数 β 后的 $P-S-N$ 曲线，如果给出的 $P-S-N$ 曲线是用标准光滑试样试验得到的，则本法中所用的各级应力，均应是名义应力乘上因数 K_σ、ε、β。

例 10-9 某转轴受三级等幅变应力作用，应力水平、循环次数及该轴材料的疲劳性能数据见表 10-5。求该轴在这三级应力工作了 $n = n_1 + n_2 + n_3 = 10000 + 6500 + 3000 = 19500$ 次循环时的可靠度。

表 10-5 例 10-9 的给定数据

级别 I	应力水平 σ_i/MPa	循环次数 n_i/次	疲劳破坏循环次数按对数正态分布的特征值	
			对数寿命均值 $\overline{N}_i$	对数寿命标准差 s_i
1	500	10000	11.200	0.208
2	600	6500	10.000	0.204
3	700	3000	9.300	0.200

解 根据表 10-5 的有关数据，计算如下：

$$z_1 = \frac{\ln n_1 - \overline{N}_1}{s_1} = \frac{\ln 10000 - 11.200}{0.208} = -9.5657$$

$$n_{1e} = \ln^{-1}(\overline{N}_2 + z_1 s_2) = \ln^{-1}(10.000 - 9.5657 \times 0.204) = e^{8.0486} = 3130$$

$$z_2 = \frac{\ln(n_{1e} + n_2) - \overline{N}_2}{s_2} = \frac{\ln(3130 + 6500) - 10.000}{0.204} = -4.0557$$

$$n_{1.2e} = \ln^{-1}(\overline{N}_3 + z_2 s_3) = \ln^{-1}(9.300 - 4.0557 \times 0.200) = e^{8.4889} = 4860.5$$

$$z_3 = \frac{\ln(n_{1.2e} + n_3) - \overline{N}_3}{s_3} = \frac{\ln(4861 + 3000) - 9.300}{0.200} = -1.652$$

$$R = \int_{-1.652}^{\infty} f(z) \mathrm{d}z = 1 - \phi(-1.652) = 1 - 0.04927 = 0.9507 = 95.07\%$$

即该轴在给定的三级载荷下总寿命的可靠度为 95.07%。

（5）疲劳强度设计中的安全因数。常规疲劳设计用的 $S-N$ 曲线是可靠度 $R = 0.5$ 的应力寿命曲线。考虑到疲劳强度工作应力的分散性，在常规设计中引入了一个大于1的安全因数，定义为

$$n = \frac{\text{强度均值}}{\text{应力均值}} = \frac{\mu_\delta}{\mu_S}$$

由于推荐的安全因数是经验值，考虑到疲劳强度可靠性设计，对于疲劳强度分布正态分布情况，有

$$z_R = -z = \frac{\mu_\delta - \mu_S}{\sqrt{\sigma_\delta^2 + \sigma_S^2}}$$

因为 $n = \dfrac{\mu_\delta}{\mu_S}$，得 $\mu_S = \dfrac{\mu_\delta}{n}$，因此求出在规定可靠度下的安全因数为

$$n = \dfrac{\mu_\delta}{\mu_\delta - z_R \sqrt{\sigma_\delta^2 + \sigma_S^2}} \qquad (10-73)$$

例 10-10 某轴的疲劳极限分布为正态分布，已知 $\mu_\delta = 26.00\text{MPa}, \sigma_\delta = 2.700\text{MPa}$。求当可靠度 $R = 0.999$ 时该轴的安全因数 n。

解 该轴工作应力的标准差 σ_S 是疲劳极限标准差的 2/3，即

$$\sigma_S = \dfrac{2}{3}\sigma_\delta = \dfrac{2}{3} \times 2.700 = 1.8(\text{MPa})$$

当 $R = 0.999$ 时，查标准正态分布表，得 $z_R = -z = 3.091$，则

$$n = \dfrac{\mu_\delta}{\mu_\delta - z_R \sqrt{\sigma_\delta^2 + \sigma_S^2}} = \dfrac{26.00}{26.00 - 3.091\sqrt{2.7^2 + 1.8^2}} = 1.628$$

即在给定可靠度 $R = 0.999$ 时，所要求的安全因数 $n \geqslant 1.628$。

10.2.4 机械摩擦零件的可靠性分析方法

1. 磨损的基本规律和磨损寿命线图

在机器与机构的报废零件中，由于磨损而引起失效的比例很大。因此，提高机械零件摩擦表面的耐磨性，对延长其使用寿命有很大作用。耐磨性已成为考核机械设备和机构可靠性与耐久性的重要指标。

影响机械零件摩擦表面的耐磨性的因素很多。例如，两摩擦体材料的物理、化学特性及摩擦副的匹配；摩擦表面的机械特性、结构特点及表面粗糙度，摩擦副的工况（载荷、速度）；外部摩擦条件（周围介质、润滑条件、温度及环境清洁度）等。因此，这方面的通用数据较难取得。考虑从各种影响因素中寻找磨损量和时间的变化规律或依据磨损机理建立物理、化学和机械特性参数的精确、通用的函数关系，都是极其复杂的。但从大量的工程实践和规定条件下的试验中不难发现磨损量随时间变化的基本规律或典型过程，如图 10-14 所示。在

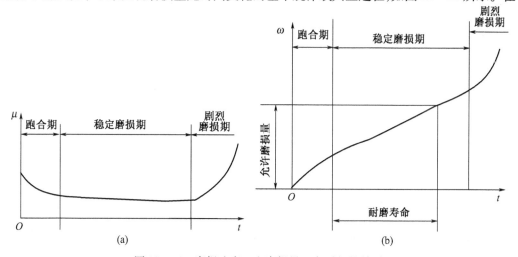

图 10-14 磨损速度 μ 和磨损量 ω 与时间的关系

跑合磨损阶段，由于新零件摩擦表面机械加工所形成的波峰极易磨去，磨损速度 μ 会从开始很高而后迅速下降，因此，磨损量 ω 随时间变化的曲线在这段时间是向下弯曲的。跑合期完成时，波峰基本磨平，磨损速度保持稳定而进入稳定磨损阶段，磨损量 ω 与时间 t 呈线性关系。当磨损量超过允许值时，摩擦副的摩擦表面间产生过大间隙，引起工作条件恶化，磨损速度和磨损量都会明显加快和增大，从而进入剧烈磨损阶段。这种非正常的磨损不仅与摩擦副的工作时间过久有关，而且有时也与磨损形式的改变有关。例如，由于磨料滞留而呈磨料磨损。当摩擦表面达到剧烈磨损阶段时，零件就会失去规定的精度，达不到工作性能要求而失效。

不正常的磨损过程有时也会发生在当许多影响磨损的不利因素组合在一起时，使磨损速度曲线呈单调上升趋势，而分不出上述第二和第三阶段。这种不正常的磨损过程会迅速导致零件报废，应设法找出原因加以排除。

就机器及其磨损过程而言，希望尽早由跑合阶段进入稳定磨损阶段，而且只有稳定磨损阶段的磨损才是稳定的和具有规律性的。因此，对于零件摩擦表面的耐磨性及其寿命的计算，应以稳定磨损阶段的参数及其特征值为依据。磨损量与时间的线性关系是稳定磨损阶段的典型磨损过程，可表示为

$$\omega = ut \qquad (10-74)$$

式中：ω 为线性磨损量，是沿摩擦面垂直方向测量的表面尺寸的减小量（μm）；μ 为磨损速度，为单位时间内的线性磨损量（$\mu m/h$）；t 为磨损时间（h）。

若考虑跑合阶段的磨损量 ω_1，则有

$$\omega = \omega_1 + ut \qquad (10-75)$$

一般情况下，零件的磨损速度 u 与载荷即摩擦表面的单位压力 p、摩擦表面的相对滑动速度 v，摩擦表面材料的性态及加工、处理情况和润滑情况（以磨损因数 k 表征）以及工作时间 t 有关，可表达为

$$u = kp^m v^n \qquad (10-76)$$

式中：$m = 0.5 \sim 3$，对于一般磨料磨损，取 $m = 1$；n 对于多数摩擦副可取 1；当摩擦副及其工作条件给定时，k 为定值。

显然，u、p、v 均具有分散性，属于随机变量，且 p 与 v 相互独立。当它们均符合正态分布时，可求得磨损速度 i 的均值 $\bar{u}$ 及标准差 s_u，即

$$\bar{u} = k\bar{p}^m \bar{v}^n \qquad (10-77)$$

$$s_u = \bar{u}\sqrt{\left(\frac{ms_p}{\bar{p}}\right)^2 + \left(\frac{ns_v}{\bar{v}}\right)^2} \qquad (10-78)$$

变异因数为

$$c_u = \frac{s_u}{\bar{u}}\sqrt{\left(\frac{ms_p}{\bar{p}}\right)^2 + \left(\frac{ns_v}{\bar{v}}\right)^2} \qquad (10-79)$$

式中：$\bar{p}$、$\bar{v}$ 和 s_p、s_v 分别为摩擦表面的单位面积压力 p、相对滑动速度 v 的均值和标准差。

在给定工作寿命 t 的条件下，当 $\bar{u}$、s_u 已知时，则可按式（10-74）求得磨损量 ω 的均值 $\bar{\omega}$ 及标准差 s_ω 为

$$\begin{cases} \overline{\omega} = \overline{u}t \\ s_\omega = s_u t \end{cases} \tag{10-80}$$

例 10 – 11 某摩擦副,其失效形式为磨料磨损,摩擦表面单位面积压力 p = 204.5MPa,相对滑动速度 $v = 1 \pm 0.2$m/s,运转 200h 时测得的正常磨损量为 8μm,已知载荷谱等有关随机变量均为正态分布,试计算磨损速度 u 及 4000h 内的磨损量 ω。

解 按已知条件,可求出磨损速度 u 的均值及压力 p,滑动速度 v 的均值与标准差为

$$\overline{u} = \frac{8}{200} = 0.04 \mu m/h$$

$$\overline{p} = 20\text{MPa}, s_p = \frac{4.5}{3} = 1.5\text{MPa}$$

$$\overline{v} = 1\text{m/s}, s_v = \frac{0.2}{3} = 0.06667\text{m/s}$$

对于磨料磨损,一般取 $m = 1, n = 1$,由式(10 – 78)得

$$s_u = \overline{u} = \sqrt{\left(\frac{ms_p}{\overline{p}}\right)^2 + \left(\frac{ns_v}{\overline{v}}\right)^2}$$

$$= 0.04\sqrt{\left(\frac{1.5}{20}\right)^2 + \left(\frac{0.06667}{1}\right)^2} = 0.0040\mu m/h$$

运转 4000h 时磨损量的均值为

$$\overline{\omega} = \overline{u}t = 0.04 \times 4000 = 160\mu m = 0.160\text{mm}$$

标准差为

$$s_\omega = s_u t = 0.0040 \times 4000 = 16\mu m = 0.016\text{mm}$$

即运转 4000h 的磨损量为 $(\overline{\omega}, s_\omega) = (0.160, 0.016)$mm。

机械摩擦副的磨损量和耐磨寿命均为随机变量,都具有一定的分散性,并且随着工作时间的增加,其累积磨损量的分散程度也越来越大,如图 10 – 15 所示的磨损寿命线图。

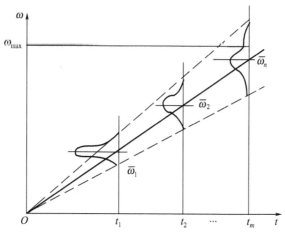

图 10 – 15 摩擦副的磨损寿命线图

该线图是根据试验所得的磨损数据,经过统计处理而绘制的。绘制磨损寿命线图的试验,需取容量为 n 的一组试件,在模拟实际工作条件下进行试验,当试验到时间 t_1 时,检测各试件的磨损量 $\omega_{t_1}, \omega_{t_2}, \cdots, \omega_{t_n}$,将这些数据进行统计处理,当磨损量 ω 服从正态分布时,则可求出其均值 $\overline{\omega}_i$ 和标准差 s_{ω_i}。这样,令 $i = 1,2,\cdots,m$,在时间为 $t_1, t_2, \cdots, t_m$ 时检测各试件的磨损量,可得到 $(\overline{\omega}_1, s_{\omega_1}), \cdots, (\overline{\omega}_m, s_{\omega_m})$,即 m 组数据,在坐标纸上各组磨损量数据的均值 $\overline{\omega}_i(i = 1,2,\cdots,m)$ 应近似地连成一条直线。当要求更精确时,可用回归方法确定其回归方程,再用各组数据的标准差 $s_{\omega_i}(i = 1,2,\cdots,m)$ 求出下界限的各点,即

$$\omega_{L_i} = \overline{\omega}_i - 3s_{\omega_i} \quad i = 1,2,\cdots,m \tag{10-81}$$

及上界限各点,即

$$\omega_{U_i} = \overline{\omega}_i - 3s_{\omega_i} \quad i = 1,2,\cdots,m \tag{10-82}$$

给定寿命下磨损量的均值和标准差分别为

$$\begin{cases} \overline{\omega} = \dfrac{\omega_U + \omega_L}{2} \\ s_\omega = \dfrac{\omega_U - \omega_L}{6} \end{cases} \tag{10-83}$$

式中:ω_U、ω_L 为由磨损寿命线图上求得的在给定寿命下磨损量的上、下界,或由回归方程求得。

磨损寿命线图也可由一组试件在 $t_1, t_2, \cdots, t_m$ 时测得的各时间下的最大和最小磨损量作为上、下界点而画出上、下界线的方法来绘制。

在磨损寿命线图上,也可求得在给定磨损量下,磨损寿命的均值 $\overline{t}$ 的标准差 s_t 为

$$\begin{cases} \overline{t} = \dfrac{t_U + t_L}{2} \\ s_t = \dfrac{t_U - t_L}{6} \end{cases} \tag{10-84}$$

式中,寿命的上、下限 t_U、t_L 可由图或回归方程求得。

2. 给定寿命时零件耐磨性的可靠度计算

若磨损量 ω 的分布规律符合正态分布(这已被某些试验研究所证实),且磨损量分布的均值 $\overline{\omega}$ 及标准差 s_ω 也已求出,则对于已规定极限磨损量 $\omega_{\max}$ 的摩擦副来说,可以计算出其失效或可靠度。该计算可利用磨损寿命线图,加画极限磨损量 $\omega_{\max}$ 的水平线后,便可看出给定寿命下的磨损量分布区域与极限磨损量 $\omega_{\max}$ 的水平线发生干涉的情况(图 10-15)。这类失效概率可按类似理论与方法,计算给定寿命下零件耐磨性的可靠度。

现在以滑动轴承为例,说明给定寿命时零件耐磨性的可靠度计算方法。

设轴承与轴的初始配合间隙为 C_0,显然它也是一个具有分散性的随机变量,且符合正态分布,其变化范围取决于配合公差。根据要求,磨损后的最大允许间隙设为 $C_{\max}$,则最大允许磨损量为

$$\omega_{\max} = C_{\max} - C_0 \tag{10-85}$$

因为 C_0 为符合正态分布的随机变量,而 C_{max} 为常量,故 ω_{max} 为符合正态分布的随机变量。

因此 $\omega_{max} = C_{max} - C_0$ 的均值为 $\overline{\omega}_{max} = C_{max} - \overline{C}_0$,标准差为 s_{C_0}。

如果已知轴承以轴间最大允许磨损量 $\omega_{max} = C_{max} - C_0$ 的分布规律,又已知磨损速度 u 的分布规律,则有

$$\begin{cases} C = C_0 + ut \\ \omega = C - C_0 = ut \end{cases} \quad (10-86)$$

式中:u 为磨损速度;t 为工作时间;$\omega = (C - C_0)$ 为磨损量;C 为磨损后的间隙。

根据式(10-86)可知磨损量 $\omega = C - C_0 = ut$ 的分布规律。这样,如果随机变量 $\omega_{max} = C_{max} - C_0$ 及随机变量 $\omega = C - C_0 = ut$ 均符合正态分布,则它们的概率密度函数曲线的干涉模型(类似于应力—强度干涉模型)即构成零件耐磨性可靠度计算的理论基础,干涉部分构成失效概率,如图 10-16 所示。

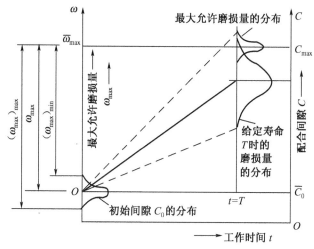

图 10-16 耐磨性可靠度计算的干涉模型

计算时只考虑磨损浴盆曲线路段的稳定磨损阶段。

根据上述计算模型,即磨损量 $\omega = ut$ 和最大允许磨损量 $\omega_{max} = C_{max} - C_0$。已知这两种正态分布干涉模型,就可求得机械摩擦零件的可靠度。此时,有

$$z = -\frac{\overline{\omega}_{max} - \overline{\omega}}{\sqrt{s_{\omega_{max}}^2 + s_{\omega}^2}} = \frac{(C_{max} - \overline{C}_0) - \overline{u}T}{\sqrt{s_{C_0}^2 + s_u^2 T^2}} \quad (10-87)$$

式中:$\overline{\omega}_{max}$、$\overline{\omega}$、$s_{\omega_{max}}$、s_{ω} 分别为最大允许磨损量和给定寿命 T 时的磨损量的均值及标准差;C_{max} 为摩擦副最大允许间隙,是一个常量;C_0 为摩擦副的初始配合间隙,是符合正态分布的随机变量,$\overline{C}_0$ 为其均值;$\overline{u}$ 为磨损速度的均值,$\overline{u}T$ 为给定寿命 T 时的磨损量的均值;s_{C_0} 为摩擦副初始配合间隙 C_0 的标准差;s_u 为摩擦速度 u 的标准差,$s_u T$ 为给定寿命 T 时的磨损量的标准差。

按式(10-87)计算出 z 值后,查标准正态分布表,即可求得机械摩擦零件在给定寿命 T 时的可靠度 R 值为

$$R = \Phi(z_R) = \Phi(-z) = \Phi\left[\frac{C_{\max} - \overline{C}_0 - \overline{u}T}{\sqrt{s_{C_0}^2 + s_u^2 T^2}}\right] \quad (10-88)$$

由式(10-88)及图10-16可以看出,随着寿命T的增长,可靠度R值将减小。

3. 给定可靠度时零件耐磨寿命的计算

为了计算寿命T,可将式(10-88)改写为

$$\Phi^{-1}(\overline{R}) = \frac{C_{\max} - \overline{C}_0 - \overline{u}T}{\sqrt{s_{C_0}^2 + s_u^2 T^2}} = z_R$$

令$B = C_{\max} - \overline{C}_0$,代入上式并整理后得

$$T^2(\overline{u}^2 - z_R^2 s_u^2) - 2B\overline{u}T + (B^2 - z_R^2 s_{C_0}^2) = 0$$

解上式,得

$$T = \frac{B\overline{u} \pm \sqrt{B^2\overline{u}^2 - (\overline{u}^2 - z_R^2 s_u^2)(B^2 - z_R^2 s_{C_0}^2)}}{\overline{u}^2 - z_R^2 s_u^2}$$

对上式中分子的后一项取"-",于是得

$$T = \frac{B\overline{u}}{\overline{u}^2 - z_R^2 s_u^2} = \sqrt{\left(\frac{B\overline{u}}{\overline{u}^2 - z_R^2 s_u^2}\right)^2 - \frac{B^2 - z_R^2 s_{C_0}^2}{\overline{u}^2 - z_R^2 s_u^2}} \quad (10-89)$$

如果磨损速度的标准差s_u很小,则$z_R^2 s_u^2 \ll \overline{u}^2$。为了简化计算,可忽略上式中的$z_R^2 s_u^2$,于是上式可简化为

$$T \approx \frac{B - z_R s_{C_0}}{\overline{u}} = \frac{C_{\max} - \overline{C}_0 - z_r s_{C_0}}{\overline{u}} \quad (10-90)$$

式中:T为给定可靠度时的磨损寿命;$B = C_{\max} - \overline{C}_0$;$C_{\max}$为磨损后的最大允许间隙;$\overline{C}_0$为初始配合间隙的均值;$s_{C_0}$为初始配合间隙的标准差;$\overline{u}$为磨损速度的均值;$s_u$为磨损速度的标准差。

比较式(10-89)与式(10-90)可以发现,由于简化式忽略了$z_R^2 s_u^2$,因此其计算值要比式(10-89)的计算结果略大些。

当可靠度$R = 0.50$时,$z_R = 0$,于是由式(10-90)可以求得零件磨损的平均寿命为

$$\overline{T} = \frac{B}{\overline{u}} = \frac{C_{\max} - \overline{C}_0}{\overline{u}} \quad (10-91)$$

例10-12 对12辆同一型号、在同一路段行驶了相同里程和相同时间的汽车制动蹄摩擦片进行磨损测量,测量结果由小到大排列于表10-6中,若最大允许磨损量为$\omega_{\max} = 0.3$mm,试估计制动蹄摩擦片的可靠度。

表10-6 例10-12的数据

磨损量/mm	0.105	0.121	0.146	0.160	0.175	0.188
中位秩/%	5.61	13.68	21.75	29.82	37.89	45.96
磨损量/mm	0.204	0.218	0.231	0.250	0.268	0.285
中位秩/%	54.04	62.11	70.18	78.25	86.32	94.39

解 从参考文献中查中位秩表,得出相应的中位秩表,并列入表 10-6 中。

将表 10-6 中的各点描到正态概率坐标纸上,如图 10-17 所示,磨损量 ω 服从正态分布。由图可求得磨损量均值 $\bar{\omega} \approx 0.195 \text{mm}$,标准差 $s_\omega \approx (0.285 - 0.105)/6 = 0.03 \text{mm}$。

将已知量 $\omega \approx 0.195 \text{mm}, s_\omega \approx 0.03 \text{mm}, \bar{\omega}_{\max} = 0.30 \text{mm}, s_{\omega_{\max}} = 0$(因 $\bar{\omega}_{\max}$ 为常量)代入式(10-87),得

$$z_R = -z = \frac{\bar{\omega}_{\max} - \bar{\omega}}{\sqrt{s_{\omega_{\max}}^2 + s_\omega^2}} = \frac{0.300 - 0.195}{\sqrt{0 + 0.03^2}} = \frac{0.105}{0.03} = 3.5$$

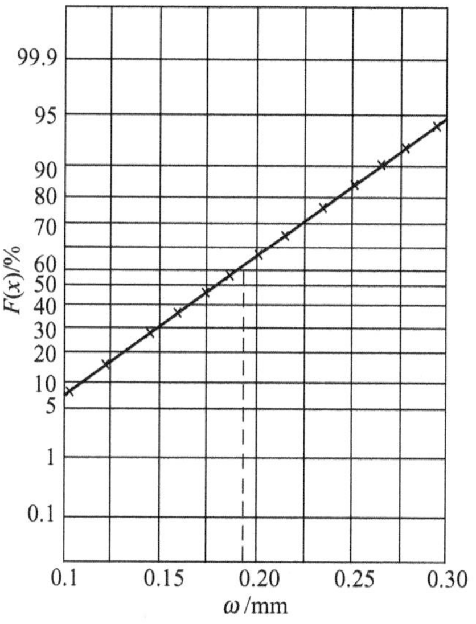

图 10-17 例 10-12 用图

查标准正态分布表,得

$$R = \Phi(3.5) = 0.99977$$

10.3 机构可靠性分析方法

一个机构系统,为了完成其静、动功能,应包含 6 个典型工作阶段:①维持初始位置不动阶段;②若有锁扣以保持其初始位置,则为了进入运动,需要一个开锁阶段;③启动阶段,把启动(或出始)阶段从整个运动阶段中单独划分出来,是因为静摩擦力或力矩较大;④继续运动阶段;⑤定位阶段;⑥若定位固定采用位锁扣,则有一个闭锁阶段。①与③的定位固定与定位可靠性有关;②与④与锁系统有关;③、④与⑤的定位过程为整个运动阶段,若不考虑磨损、老化、卡住等失效模式,而只考虑在正常情况下是否有足够的剩余力或力矩使其继续运动,则称之为机构正常运动的可靠性。

10.3.1 机构启动可靠性分析方法

以图 10-18 所示的卫星上用单臂可收放天线为例来说明,此机构为一单臂天线杆绕一端的铰链轴转动,原为卧式,藏于卫星体内,到超高空时转动至垂直定位。单臂机构要

能启动,而启动时的主动力矩 $M_{a,b}$(下标 b 代表启动阶段,a 代表主动,符号大写字母 M 代表力矩随机变量)大于启动时的阻尼力矩 $M_{r,b}$(下标 r 代表阻尼)即可。故有安全边界方程为

$$M_b = M_{a,b} - M_{r,b} = 0 \tag{10-92}$$

一般取 $M_{a,b}$ 与 $M_{r,b}$ 为正态分布,且为彼此无关变量,故有

$$z_b = \frac{uM_{a,b} - uM_{r,b}}{\sqrt{\sigma_{M_{a,b}}^2 + \sigma_{M_{r,b}}^2}} \tag{10-93}$$

查标准正态分布表,有失效概率为

$$P_{fb} = \Phi(-z_b) \tag{10-94}$$

10.3.2 继续运动可靠性分析方法

令初始位置对应 θ_b,张开终了对应 θ_e,中间任意位置用 θ 角表示,只要有向前运动的角速度即可,而不是要求任意 θ 角都有向前的角加速度,也即对于任意 θ,不要求有剩余力矩,只要求剩余功即可,故有安全边界方程为

$$M_{c\theta} = W_a(\theta) - W_r(\theta) \tag{10-95}$$

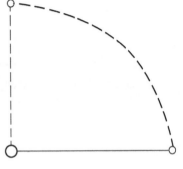

图 10-18 单臂天线机构

式中:$W(\theta)$ 为从 θ_b 到 θ 时力矩所做的功,下标 a 与 r 分别对应主动力矩与阻尼力矩。同样取随机变量 $W_a(\theta)$ 与 $W_r(\theta)$ 为正态分布,且彼此无关的随机变量,则有失效概率为

$$z_{c\theta} = \frac{\mu_{W_a(\theta)} - \mu_{W_r(\theta)}}{\sqrt{\sigma_{W_a(\theta)}^2 + \sigma_{W_r(\theta)}^2}} \tag{10-96}$$

$$P_b = \Phi(-z_\theta) \tag{10-97}$$

10.3.3 防卡可靠性分析方法

防卡可靠性分析又称卡滞可靠性,卡滞失效指机构因卡死而不能按规定运动或因受到滞迟使运动时间过长而超过规定要求。

卡滞失效又可分为下述几种:①多支点绕转轴线转动时的变形卡滞;②锁不能按规定要求打开而导致不能按规定进入运动的卡死;③各种原因引起的错位卡死;④各种原因引起的变形卡死;⑤环境因素引起的卡死。限于篇幅,具体的可靠性分析方法可参阅有关文献。

10.3.4 机构运动精度可靠性分析方法

1. 机构运动的精度要求

设机构为转角运动,若运转的最大转角为 θ_m,则精度要求为

$$\theta \leq \theta_m + \Delta\theta_1^* \qquad (10-98)$$

$$\theta \geq \theta_m - \Delta\theta_2^* \qquad (10-99)$$

式中：$\Delta\theta_1^*$、$\Delta\theta_2^*$ 为正值；θ_m 为理论最大偏角。根据情况 $\Delta\theta_1^*$ 可不等于 $\Delta\theta_2^*$，且有时可能只有单向容差 $\Delta\theta_1^*$ 或 $\Delta\theta_2^*$。

2. 机构精度可靠性

其对应的安全边界方程为

$$M_{\Delta\theta} = \Delta\theta^* - \Delta\theta = 0 \qquad (10-100)$$

若近似认为 $\Delta\theta^*$ 为定值量，$\Delta\theta$ 为正态分布，则

$$z_{\Delta\theta} = \frac{\Delta\theta^* - \mu_{\Delta\theta}}{\sigma_{\Delta\theta}} \qquad (10-101)$$

若有条件作进一步的精确计算，也可采用更精确方法。

习题与思考题

10-1 假如 N_t 和 N^* 分别是某机构的真实寿命和允许寿命，二者是相互独立的，服从正态分布的随机变量。安全余量方程为 $M = N_t - N^*$。已知 $\mu_{N_t} = 10^8$h，$\sigma_{N_t} = 10^7$h，$\mu_{N^*} = 10^7$h，$\sigma_{N^*} = 10^6$h。求安全指标及失效概率。

10-2 已知条件同第 10-1 题，若安全余量函数改写为 $M = \ln N_t - \ln N^*$。试分别用 FOSM 和 AFOOSM 法求安全指标及失效概率，并与第 10-1 题结果进行比较。

10-3 某零件疲劳寿命呈对数正态分布，且其均值为 μ、标准差为 σ。求该零件的额定寿命和中位寿命。

10-4 对某试件在最大应力 $\sigma_{max} = 20$MPa 和 $r = 0.1$ 的变应力作用下，测得一组试件的疲劳寿命为 124、134、135、138、140、147、154、160、166、181（千次），试估计当该试件的可靠度分别为 0.99、0.9、0.5 时的总体安全寿命 $N_{99.9}$、N_{90}、N_{50}。

10-5 某零件在对称循环等幅变应力条件下工作，其疲劳寿命服从对数正态分布。由试验知，在应力水平 $S = 610$MPa 时疲劳寿命的对数均值 $\mu = 10.647$，对数标准差 $\sigma = 0.292$。求该零件在该应力水平下工作到 16800 次循环时的可靠度。

10-6 某零件磨损速度的均值 $\bar{u} = 0.025\mu$m/h，标准差 $s_u = 0.0027\mu$m/h。最大磨损量 $\omega_{max} = 12.5\mu$m，设初始配合间隙的均值 $\bar{C}_0 = 0$，标准差 $s_{C_0} = 1.25\mu$m。试计算零件的平均磨损寿命及 $R = 0.90$、0.99 及 0.999 时的磨损寿命。

参 考 文 献

[1] 刘品,刘岚岚.可靠性工程基础.4版.北京:中国计量出版社,2014.
[2] 杨为民.可靠性·维修性·保障性总论.北京:国防工业出版社,1995.
[3] 郭波,武小悦,等.系统可靠性分析.长沙:国防科技大学出版社,2001.
[4] 左洪福,蔡景,等.航空维修工程学.北京:科学出版社,2011.
[5] 陈学楚.维修基础理论.北京:科学出版社,1998.
[6] 陆延孝,郑鹏洲,等.可靠性设计与分析.北京:国防工业出版社,1995.
[7] 金星,洪延姬,等.工程系统可靠性数值分析方法.北京:国防工业出版社,2002.
[8] 宋保维.系统可靠性设计与分析.西安:西北工业大学出版社,2000.
[9] 曾声奎,赵延弟,张建国,等.系统可靠性设计分析教程.北京:北京航空航天大学出版社,2000.
[10] 高社生,张玲霞.可靠性理论与工程应用.北京:国防工业出版社,2002.
[11] 曾天翔,等.可靠性维修性保障性术语集.北京:国防工业出版社,2002.
[12] Elsayed E A. Reliability Engineering. New York : Addison Wesley Longman,Inc,1996.
[13] Kececioglu D. Reliaility Engineering Handbook. Vol 1,New Jersey: PTR Prentice Hall,1991.
[14] 蔡俊.可靠性工程学.哈尔滨:黑龙江科学技术出版社,1990.
[15] 周广涛.计算机辅助可靠性工程.北京:宇航出版社,1990.
[16] Henley E J,Kumamoto H. Probability Risk Assessment,Reliability Engineering,Design and Analysis. New York: IEEE Press,Inc,1992.
[17] Chelson P. Reliability Math Modeling Using the Digital Computer. NASA/JPL TR32 – 1089,1977.
[18] Dhillon B S,Singh C Engineering Reliability,New York:John and Wiley,1981.
[19] Tocher K D. The Art of Simulation. Van Nostrand,Princeton,N. J.,1963.
[20] Rand Corppration. A Million Random with 1. 000.000 Normal Devates. New Yord:Free Press,1955.
[21] 盛骤,谢式千,潘承毅.概率论与数理统计.北京:高等教育出版社,1989.
[22] Sobol I M. The Monte Carlo Method. Chicago:The Univetsity of Chicago Press Press,1974.
[23] Conway R W. Some Tactical Problems in Digital Simulation. Manag,Sci. 1963. 10(1):47 – 61.
[24] Kobayashi M. More on Fortran Random Number Generators. Communications of the ACM,1969(11),12(11):639.
[25] Phillips D T. Applied Coodness of Fit Testing. AIIE Monograph Series,AIIE – OR – 72 – 1,Atlanta,Georgia,1972.
[26] Schmidt J W,TaylorR E. Simulation and Analysis of Imdustrial Systems. Richard D. Irwin,Inc. Homewood,Illinois,1970.
[27] Box G E P. Muller M E. A Note on the Generation of Normal Deviates. Annals of Mathematical Statistics,XXIX,1958,611 – 611.
[28] 王时任,陈继平.可靠性工程概论.武汉:华中工学院出版社,1983.
[29] Marsaglia G,Maclaren M D. A Fast Procedure for Generating Normal Random Variabies. Communication of the ACM,1964(7):4 – 10.
[30] 石全,郭金茂.维修性设计技术案例汇编.北京:国防工业出版社,2001.
[31] 甘茂治.维修性设计与验证.北京:国防工业出版社,1995.
[32] 甘茂治,等.军用装备维修工程学.北京:国防工业出版社,1999.
[33] 盐见弘.可靠性与维修性.姚普,译.北京:机械工业出版社,1987.
[34] Ⅱ安采利奥维奇.飞机可靠性、安全性和生存性.唐比铭,等译.北京:宇航出版社,1993.
[35] 格涅钦科 B B.可靠性数学理论问题.徐维新,等译.北京:兵器工业出版社,1990.

[36] 英布雷 J. 以可靠性为中心的维修. 石磊,谷宁昌,译. 北京:机械工业出版社,2000.
[37] Nowlan F S,Heap H F. Reliability-centered Maintenance,AD/A066579,1978.
[38] 可靠性维修性术语(GJB451—90),国防科工委军标出版发行部,1990.
[39] 飞机、发动机及设备以可靠性为中心的维修大纲的制订(HB6211—89). 航空航天工业部,1989.
[40] 装备预防性维修大纲的制订要求与方法(GJB1378—92). 国防科工委军标出版发行部,1992.
[41] 国家军用标准"装备预防性维修大纲的制订要求与方法"实施指南. 国防科工委军用标准化中心,1994.
[42] 装备综合保障通用要求(GJB3872—99),中国人民解放军总装备部,1999.
[43] 装备保障性分析(GJB1371—92),中国人民解放军总装备部,1992.
[44] 保障性分析记录(GJB3837—99),中国人民解放军总装备部,1999.
[45] 马绍民,章国栋. 综合保障工程. 北京:国防工业出版社,1995.
[46] 王立群. 国外飞机保障性发展动态及我国宜采取的对策,航空标准化与质量,1999(3):34-38.
[47] 宋太亮. 装备保障性工程. 北京:国防工业出版社,2002.
[48] 鲍承昌. 试析综合保障工程与保障性工程. 中国修船,2000(4):37-40.
[49] 杨为民,屠庆慈. 21世纪初装备可靠性维修性保障性工程发展框架研究. 中国机械工程,1998,9(12):28-45.
[50] 陶梅贞,等. 现代飞机结构设计. 西安:西北工业大学出版社,1997.
[51] 刘惟信. 机械可靠性设计. 北京:清华大学出版社,1995.
[52] 宋笔锋. 工程可靠性分析讲义. 西安:西北工业大学,1993.
[53] 何水清. 结构可靠性分析与设计. 北京:国防工业出版社,1993.
[54] 冯蕴雯. 结构、机构可靠性若干重要专题研究. 西安:西北工业大学,2000.